线性代数选讲

邵海琴　主编

科学出版社

北京

内 容 简 介

本书是选修课程线性代数选讲的教材. 内容包括行列式的计算方法、矩阵、线性方程组、向量空间、相似矩阵与矩阵的对角化以及二次型. 全书涵盖了最新的全国硕士研究生入学考试大纲中有关线性代数部分的相关内容及相应的历年全国硕士研究生入学考试试题. 每章后均配有检测题, 并在书后附有答案与提示.

本书可作为普通高等院校理工、经济及管理等专业线性代数选讲课程的教材, 也可作为线性代数和高等代数课程的教学参考书, 并可作为自学考试、研究生入学考试的参考用书.

图书在版编目 (CIP) 数据

线性代数选讲 / 邵海琴主编. —北京：科学出版社, 2020.1
ISBN 978-7-03-063360-6

Ⅰ. ①线… Ⅱ. ①邵… Ⅲ. ①线性代数-高等学校-教材 Ⅳ. ①O151.2

中国版本图书馆 CIP 数据核字 (2019) 第 255351 号

责任编辑：胡海霞 孙翠勤 / 责任校对：杨聪敏
责任印制：张 伟 / 封面设计：华路天然工作室

科 学 出 版 社 出版
北京东黄城根北街 16 号
邮政编码：100717
http://www.sciencep.com

北京凌奇印刷有限责任公司 印刷
科学出版社发行 各地新华书店经销

*

2020 年 1 月第 一 版 开本：720×1 000 1/16
2020 年 10 月第二次印刷 印张：12 3/4
字数：260 000
定价：59.00 元
（如有印装质量问题，我社负责调换）

前　言

　　线性代数是高等院校理工、经济及管理等专业学生必修的一门重要数学基础课，也是硕士研究生入学考试的重要课程. 为了巩固和加深学生在线性代数课程里所学的知识，同时也为报考研究生的学生提供更多的学习内容和复习资料，笔者所在院校专门针对理工、经济及管理等专业学生开设了考研线性代数选讲这门选修课程. 本书是笔者根据最新的全国硕士研究生入学考试大纲，结合多年教学经验，参考了大量相关教材以及历年全国硕士研究生入学考试试题，以教学讲义为基础编写而成的.

　　本书具有如下特点：

　　1. 本书共六章. 每节(章)由基础理论、题型与方法两部分构成. 每章后都配有相应的检测题，并在书后附有答案与提示.

　　2. 基础理论部分系统地概括了线性代数的基础知识，并结合历年线性代数考研知识点，适当补充了一些相关理论和方法；题型与方法部分将各章节涉及的题型进行分类，对每一类题型的常用解题方法和技巧进行归纳与总结，选择有代表性的典型例题和考研真题进行详细的分析与求解，突出一题多解，并对不同的方法进行比较说明，对重点内容和方法进行注解和引申，方便学生理解掌握，以学会举一反三.

　　3. 书中所选例题、检测题大都是一些典型例题，比如考研真题，且基本涵盖了近十年来经典的全国硕士研究生入学统一考试线性代数考试试题. 检测题题型包含客观题和主观题两种，旨在检测学生对线性代数考研知识点、经典题型解题方法的掌握程度，题型丰富多样，适合读者巩固提高之用.

　　本书由天水师范学院资助出版. 非常感谢天水师范学院科研处、教务处和天水师范学院数学与统计学院对本书编写工作的大力支持. 唐保祥教授、高金泰副教授、杨随义副教授、郭莉琴副教授和梁茂林老师对本书提出了许多建设性的修改意见，在此表示衷心的感谢. 同时，感谢邵灵玲同志为本书付出的辛勤劳动，感谢科学出版社胡海霞编辑在本书编写过程中给予的鼓励与支持.

　　由于编者水平有限，不妥之处在所难免，恳请读者批评指正.

编　者

2019 年 4 月

目　　录

第1章　行列式的计算方法

1.1　基础理论

性质 1.1.1　行列互换, 行列式的值不变, 即 $D^{\mathrm{T}} = D$.

性质 1.1.2　对换行列式中两行(列)的位置, 行列式变号.

性质 1.1.3　以数 k 乘行列式中某一行(列)中所有元素,等于用 k 去乘此行列式.

性质 1.1.4

$$\begin{vmatrix} a_{11} & a_{12} & \cdots & a_{1n} \\ \vdots & \vdots & & \vdots \\ b_1+c_1 & b_2+c_2 & \cdots & b_n+c_n \\ \vdots & \vdots & & \vdots \\ a_{n1} & a_{n2} & \cdots & a_{nn} \end{vmatrix} = \begin{vmatrix} a_{11} & a_{12} & \cdots & a_{1n} \\ \vdots & \vdots & & \vdots \\ b_1 & b_2 & \cdots & b_n \\ \vdots & \vdots & & \vdots \\ a_{n1} & a_{n2} & \cdots & a_{nn} \end{vmatrix} + \begin{vmatrix} a_{11} & a_{12} & \cdots & a_{1n} \\ \vdots & \vdots & & \vdots \\ c_1 & c_2 & \cdots & c_n \\ \vdots & \vdots & & \vdots \\ a_{n1} & a_{n2} & \cdots & a_{nn} \end{vmatrix}.$$

性质 1.1.5　行列式的某一行(列)元素加上另一行(列)对应元素的 k 倍, 行列式不变.

定理 1.1.1　设 n 阶行列式 $D = \left| a_{ij} \right|_n$, 则

$$a_{i1}A_{j1} + a_{i2}A_{j2} + \cdots + a_{in}A_{jn} = \begin{cases} D, & i = j, \\ 0, & i \neq j; \end{cases}$$

$$a_{1i}A_{1j} + a_{2i}A_{2j} + \cdots + a_{ni}A_{nj} = \begin{cases} D, & i = j, \\ 0, & i \neq j, \end{cases}$$

其中 A_{ij} 为行列式 D 中元素 a_{ij} 的代数余子式, $1 \leqslant i \leqslant n$, $1 \leqslant j \leqslant n$.

定义 1.1.1　在一个 n 阶行列式 D 中任意选定 k 行 k 列 $(k \leqslant n)$, 位于这些行和列的交点上的 k^2 个元素按照原来的次序组成一个 k 阶行列式 M, 称为行列式 D 的一个 k 阶子式. 当 $k < n$ 时, 在 D 中划去这 k 行 k 列后余下的元素按照原来的次序组成的 $n-k$ 阶行列式 M' 称为 k 阶子式 M 的余子式. 如果 M 的行与列在 D 中的行标和列标分别为 $i_1, i_2, \cdots, i_k$ 和 $j_1, j_2, \cdots, j_k$, 则 $(-1)^{(i_1+i_2+\cdots+i_k)+(j_1+j_2+\cdots+j_k)} M'$ 称为 M 的代数余子式.

定理 1.1.2 (Laplace 定理)　设在 n 阶行列式 D 中任意取定了 $k(1 \leqslant k \leqslant n-1)$ 行, 由这 k 行元素所组成的一切 k 阶子式与它们的代数余子式的乘积的和等于行列式 D.

定理 1.1.3　设 A, B 均为 n 阶矩阵, 则 $|AB|=|A||B|$.

1.2　题型与方法

1.2.1　低阶行列式的计算

计算低阶行列式常见的方法一般有利用行列式的定义计算, 利用行列式的性质、定理 1.1.2 和定理 1.1.3 等化为特殊行列式或降为二阶和三阶行列式计算.

例 1.2.1(2014 年全国硕士研究生入学统一考试数学一、二、三真题)　行列式

$$D=\begin{vmatrix} 0 & a & b & 0 \\ a & 0 & 0 & b \\ 0 & c & d & 0 \\ c & 0 & 0 & d \end{vmatrix}$$ 等于(　　).

(A) $(ad-bc)^2$　　(B) $-(ad-bc)^2$　　(C) $a^2d^2-b^2c^2$　　(D) $-a^2d^2+b^2c^2$

解法一　先交换行列式 D 的第一行与第二行, 再将第四行依次与第三行、第二行交换, 将第四列依次与第三列、第二列交换, 得

$$D=-\begin{vmatrix} a & 0 & 0 & b \\ 0 & a & b & 0 \\ 0 & c & d & 0 \\ c & 0 & 0 & d \end{vmatrix}=-\begin{vmatrix} a & 0 & 0 & b \\ c & 0 & 0 & d \\ 0 & a & b & 0 \\ 0 & c & d & 0 \end{vmatrix}=-\begin{vmatrix} a & b & 0 & 0 \\ c & d & 0 & 0 \\ 0 & 0 & a & b \\ 0 & 0 & c & d \end{vmatrix}=-\begin{vmatrix} a & b \\ c & d \end{vmatrix}^2=-(ad-cb)^2,$$

故选项(B)正确.

解法二　行列式 D 中, 位于第二行、第四行的可能不为零的二阶子式只有 $\begin{vmatrix} a & b \\ c & d \end{vmatrix}$, 其代数余子式为 $(-1)^{(2+4)+(1+4)}\begin{vmatrix} a & b \\ c & d \end{vmatrix}$, 因此, 根据 Laplace 定理可得

$$D=\begin{vmatrix} a & b \\ c & d \end{vmatrix}(-1)^{(2+4)+(1+4)}\begin{vmatrix} a & b \\ c & d \end{vmatrix}=-\begin{vmatrix} a & b \\ c & d \end{vmatrix}^2=-(ad-bc)^2,$$

故选项(B)正确.

例 1.2.2　设 $\alpha,\beta,\gamma_1,\gamma_2,\gamma_3$ 均为四维列向量, 且 $|A|=|\alpha,\gamma_1,\gamma_2,\gamma_3|=-4$, $|B|=|\beta,\gamma_1,2\gamma_2,\gamma_3|=10$, 求 $|A+B|$.

分析　可根据行列式的性质计算.

解　由题设得 $|\beta,\gamma_1,\gamma_2,\gamma_3|=5$, 因此,

$$|A+B|=12|\alpha+\beta,\gamma_1,\gamma_2,\gamma_3|=12(|\alpha,\gamma_1,\gamma_2,\gamma_3|+|\beta,\gamma_1,\gamma_2,\gamma_3|)=12(-4+5)=12.$$

例 1.2.3　计算行列式 $D = \begin{vmatrix} 1 & 1 & 1 & 1 \\ a & b & c & d \\ a^2 & b^2 & c^2 & d^2 \\ a^4 & b^4 & c^4 & d^4 \end{vmatrix}$.

分析　可借助于 Vandermonde(范德蒙德)行列式计算.

解　给行列式 D 添加一行一列得 Vandermonde 行列式 $D^* = \begin{vmatrix} 1 & 1 & 1 & 1 & 1 \\ a & b & c & d & x \\ a^2 & b^2 & c^2 & d^2 & x^2 \\ a^3 & b^3 & c^3 & d^3 & x^3 \\ a^4 & b^4 & c^4 & d^4 & x^4 \end{vmatrix}$,

很显然, D 是 D^* 中元素 x^3 的余子式, 而

$$D^* = (b-a)(c-a)(d-a)(x-a)(c-b)(d-b)(x-b)(d-c)(x-c)(x-d),$$

由于 D^* 中元素 x^3 的代数余子式为其展开式中 x^3 的系数, D^* 的展开式中 x^3 的系数为 $(b-a)(c-a)(d-a)(c-b)(d-b)(d-c)[-(a+b+c+d)]$, 故

$$D = -(b-a)(c-a)(d-a)(c-b)(d-b)(d-c)[-(a+b+c+d)]$$
$$= (b-a)(c-a)(d-a)(c-b)(d-b)(d-c)(a+b+c+d).$$

1.2.2　n 阶行列式的计算

计算 n 阶行列式, 需要一定的技巧与方法, 其宗旨是化为特殊行列式或者降为低阶行列式计算. 下面给出几种常见的计算方法.

1. 利用行列式的定义计算

例 1.2.4　设 $A = (a_{ij})_n$, $B = (b_{ij})_n$ 均为 n 阶矩阵, $|A| = d$, 且 $b_{ij} = c^{i-2j}a_{ij}(i,j = 1,2,\cdots,n)$, 其中 c 为非零常数, 用行列式的定义求 $|B|$.

解　由行列式的定义得

$$|B| = \sum_{j_1 j_2 \cdots j_n} (-1)^{\tau(j_1 j_2 \cdots j_n)} b_{1j_1} b_{2j_2} \cdots b_{nj_n}$$

$$= \sum_{j_1 j_2 \cdots j_n} (-1)^{\tau(j_1 j_2 \cdots j_n)} c^{1-2j_1} a_{1j_1} c^{2-2j_2} a_{2j_2} \cdots c^{n-2j_n} a_{nj_n}$$

$$= \sum_{j_1 j_2 \cdots j_n} (-1)^{\tau(j_1 j_2 \cdots j_n)} c^{(1+2+\cdots+n)-2(j_1+j_2+\cdots+j_n)} a_{1j_1} a_{2j_2} \cdots a_{nj_n}$$

$$= c^{-\frac{n(n+1)}{2}} \sum_{j_1 j_2 \cdots j_n} (-1)^{\tau(j_1 j_2 \cdots j_n)} a_{1j_1} a_{2j_2} \cdots a_{nj_n} = c^{-\frac{n(n+1)}{2}} d.$$

例 1.2.5 设 $a_{ij}(t)(i,j=1,2,\cdots,n)$ 为实连续函数，$D(t)=\left|a_{ij}(t)\right|_n$，证明

$$D'(t)=\sum_{j=1}^n\begin{vmatrix}a_{11}(t)&\cdots&a_{1,j-1}(t)&a'_{1j}(t)&a_{1,j+1}(t)&\cdots&a_{1n}(t)\\a_{21}(t)&\cdots&a_{2,j-1}(t)&a'_{2j}(t)&a_{2,j+1}(t)&\cdots&a_{2n}(t)\\\vdots&&\vdots&\vdots&\vdots&&\vdots\\a_{n1}(t)&\cdots&a_{n,j-1}(t)&a'_{nj}(t)&a_{n,j+1}(t)&\cdots&a_{nn}(t)\end{vmatrix}.$$

分析 在行列式 $D(t)$ 的展开式中，先对每一项都求导，再合并成 n 个 n 阶行列式即可.

解 由行列式的定义得 $D(t)=\sum_{j_1j_2\cdots j_n}(-1)^{\tau(j_1j_2\cdots j_n)}a_{1j_1}(t)a_{2j_2}(t)\cdots a_{nj_n}(t)$，两边求导得

$$D'(t)=\sum_{j_1j_2\cdots j_n}(-1)^{\tau(j_1j_2\cdots j_n)}(a'_{1j_1}(t)a_{2j_2}(t)\cdots a_{nj_n}(t)+\cdots+a_{1j_1}(t)a_{2j_2}(t)\cdots a'_{nj_n}(t))$$

$$=\sum_{j_1j_2\cdots j_n}(-1)^{\tau(j_1j_2\cdots j_n)}a'_{1j_1}(t)a_{2j_2}(t)\cdots a_{nj_n}(t)+\cdots$$

$$+\sum_{j_1j_2\cdots j_n}(-1)^{\tau(j_1j_2\cdots j_n)}a_{1j_1}(t)a_{2j_2}(t)\cdots a'_{nj_n}(t)$$

$$=\sum_{j=1}^n\begin{vmatrix}a_{11}(t)&\cdots&a_{1,j-1}(t)&a'_{1j}(t)&a_{1,j+1}(t)&\cdots&a_{1n}(t)\\a_{21}(t)&\cdots&a_{2,j-1}(t)&a'_{2j}(t)&a_{2,j+1}(t)&\cdots&a_{2n}(t)\\\vdots&&\vdots&\vdots&\vdots&&\vdots\\a_{n1}(t)&\cdots&a_{n,j-1}(t)&a'_{nj}(t)&a_{n,j+1}(t)&\cdots&a_{nn}(t)\end{vmatrix}.$$

注 1.2.1 例 1.2.5 给出了求行列式的一阶导数的方法.

2. 化为特殊行列式计算

利用行列式的定义、性质及展开法则，将行列式化为三角形行列式、Vandermonde 行列式和形如下面例题中的特殊行列式计算.

例 1.2.6 设 A,B 分别为 m 阶，n 阶矩阵，C,D 分别为 $m\times n,n\times m$ 矩阵，证明

(1) $\begin{vmatrix}A&O\\O&B\end{vmatrix}=\begin{vmatrix}A&C\\O&B\end{vmatrix}=\begin{vmatrix}A&O\\D&B\end{vmatrix}=|A||B|$；

(2) $\begin{vmatrix}O&A\\B&O\end{vmatrix}=\begin{vmatrix}C&A\\B&O\end{vmatrix}=\begin{vmatrix}O&A\\B&D\end{vmatrix}=(-1)^{mn}|A||B|.$

分析 可化为三角形行列式证明，具体参见文献(同济大学数学系，2014)[14]，这里，利用定理 1.1.2 证明.

证明 (1) 行列式 $\begin{vmatrix} A & C \\ O & B \end{vmatrix}$ 中, 位于后 n 行可能不为零的 n 阶子式只有 $|B|$, 它的余子式为 $|A|$, 代数余子式为 $(-1)^{(m+1+m+2+\cdots+m+n)+(m+1+m+2+\cdots+m+n)}|A|=|A|$, 因此, 根据 Laplace 定理可得 $\begin{vmatrix} A & C \\ O & B \end{vmatrix}=|A||B|$. 其他情形可类似证明, 这里从略.

(2) **证法一** 把行列式 $\begin{vmatrix} C & A \\ B & O \end{vmatrix}$ 的第 $n+1$ 列依次和第 n 列、第 $n-1$ 列、$\cdots$、第 1 列交换, 第 $n+2$ 列依次和第 $n+1$ 列、第 n 列、$\cdots$、第 2 列交换,$\cdots$, 第 $n+m$ 列依次和第 $n+m-1$ 列、第 $n+m-2$ 列、$\cdots$、第 m 列交换得 $\begin{vmatrix} C & A \\ B & O \end{vmatrix}=(-1)^{mn}\begin{vmatrix} A & C \\ O & B \end{vmatrix}$, 于是由(1)得 $\begin{vmatrix} C & A \\ B & O \end{vmatrix}=(-1)^{mn}|A||B|$.

证法二 行列式 $\begin{vmatrix} C & A \\ B & O \end{vmatrix}$ 中, 位于后 n 行可能不为零的 n 阶子式只有 $|B|$, 它的余子式为 $|A|$, 代数余子式为 $(-1)^{(m+1+m+2+\cdots+m+n)+(1+2+\cdots+n)}|A|=(-1)^{mn+2(1+2+\cdots+n)}|A|=(-1)^{mn}|A|$, 因此, 根据 Laplace 定理可得 $\begin{vmatrix} C & A \\ B & O \end{vmatrix}=(-1)^{mn}|A||B|$. 其他情形可类似证明, 这里从略.

例 1.2.7 计算 n 阶行列式 $D=\left|a_{ij}\right|_n$, 其中 $a_{ij}=|i-j|(i,j=1,2,\cdots,n)$.

分析 利用行列式的性质将 D 化为三角形行列式计算.

解 由题设得

$$D=\begin{vmatrix} 0 & 1 & 2 & 3 & \cdots & n-1 \\ 1 & 0 & 1 & 2 & \cdots & n-2 \\ 2 & 1 & 0 & 1 & \cdots & n-3 \\ \vdots & \vdots & \vdots & \vdots & & \vdots \\ n-1 & n-2 & n-3 & n-4 & \cdots & 0 \end{vmatrix}.$$

先从第二行起每行的 (-1) 倍都加到前一行, 再将第 n 列分别加到第 $j(j=1,2,\cdots,n-1)$ 列, 然后按第一列展开, 得

$$D=\begin{vmatrix} -1 & 1 & 1 & \cdots & 1 & 1 \\ -1 & -1 & 1 & \cdots & 1 & 1 \\ \vdots & \vdots & \vdots & & \vdots & \vdots \\ -1 & -1 & -1 & \cdots & -1 & 1 \\ n-1 & n-2 & n-3 & \cdots & 1 & 0 \end{vmatrix}=\begin{vmatrix} 0 & 2 & 2 & \cdots & 2 & 1 \\ 0 & 0 & 2 & \cdots & 2 & 1 \\ \vdots & \vdots & \vdots & & \vdots & \vdots \\ 0 & 0 & 0 & \cdots & 0 & 1 \\ n-1 & n-2 & n-3 & \cdots & 1 & 0 \end{vmatrix}$$

$$= (n-1) \times (-1)^{n+1} \begin{vmatrix} 2 & 2 & \cdots & 2 & 1 \\ 0 & 2 & \cdots & 2 & 1 \\ \vdots & \vdots & & \vdots & \vdots \\ 0 & 0 & \cdots & 0 & 1 \end{vmatrix} = (-1)^{n+1}(n-1)2^{n-2}.$$

例 1.2.8 计算 n 阶行列式 $D_n = \begin{vmatrix} a_1 & 1 & 1 & \cdots & 1 \\ 1 & a_2 & 0 & \cdots & 0 \\ 1 & 0 & a_3 & \cdots & 0 \\ \vdots & \vdots & \vdots & & \vdots \\ 1 & 0 & 0 & \cdots & a_n \end{vmatrix}$ $(a_i \neq 0, i = 1, 2, \cdots, n).$

分析 可利用主对角线上的非零元素将行列式 D_n 化为三角形行列式计算.

解 将行列式 D_n 的第 $i(i=2,3,\cdots,n)$ 行的 $\left(-\dfrac{1}{a_i}\right)$ 倍都加到第一行, 得

$$D_n = \begin{vmatrix} a_1 - \sum_{i=2}^{n} \dfrac{1}{a_i} & 0 & 0 & \cdots & 0 \\ 1 & a_2 & 0 & \cdots & 0 \\ 1 & 0 & a_3 & \cdots & 0 \\ \vdots & \vdots & \vdots & & \vdots \\ 1 & 0 & 0 & \cdots & a_n \end{vmatrix} = \left(a_1 - \sum_{i=2}^{n} \dfrac{1}{a_i} \right) \prod_{i=2}^{n} a_i.$$

例 1.2.9 计算 n 阶行列式 $D_n = \begin{vmatrix} a & b & \cdots & b \\ b & a & \cdots & b \\ \vdots & \vdots & & \vdots \\ b & b & \cdots & a \end{vmatrix}.$

解 先将行列式 D_n 的第 $i(i=2,3,\cdots,n)$ 列都加到第一列, 提出公因子 $[a+(n-1)b]$, 再将第一列的 $(-b)$ 倍分别加到第 $i(i=2,3,\cdots,n)$ 列, 得

$$D_n = \begin{vmatrix} a+(n-1)b & b & \cdots & b \\ a+(n-1)b & a & \cdots & b \\ \vdots & \vdots & & \vdots \\ a+(n-1)b & b & \cdots & a \end{vmatrix} = [a+(n-1)b] \begin{vmatrix} 1 & b & \cdots & b \\ 1 & a & \cdots & b \\ \vdots & \vdots & & \vdots \\ 1 & b & \cdots & a \end{vmatrix}$$

$$= [a+(n-1)b] \begin{vmatrix} 1 & 0 & \cdots & 0 \\ 1 & a-b & \cdots & 0 \\ \vdots & \vdots & & \vdots \\ 1 & 0 & \cdots & a-b \end{vmatrix} = [a+(n-1)b](a-b)^{n-1}.$$

3. 加边法

若将 n 阶行列式 D_n 适当添加一行一列得较易计算的 $n+1$ 阶行列式 D_{n+1}，则可借助 D_{n+1} 来计算行列式 D_n，一般有下面两种情形.

情形 1　加边后所得行列式 D_{n+1} 的值与行列式 D_n 的值相等. 如例 1.2.10.

情形 2　加边后所得行列式 D_{n+1} 的值与行列式 D_n 的值不相等. 如例 1.2.3.

例 1.2.10　计算 n 阶行列式 $D_n = \begin{vmatrix} 1+a_1 & a_2 & a_3 & \cdots & a_n \\ a_1 & 1+a_2 & a_3 & \cdots & a_n \\ a_1 & a_2 & 1+a_3 & \cdots & a_n \\ \vdots & \vdots & \vdots & & \vdots \\ a_1 & a_2 & a_3 & \cdots & 1+a_n \end{vmatrix}$.

解　先将行列式 D_n 添加一行一列得与其相等的 $n+1$ 阶行列式 D_{n+1}，再将行列式 D_{n+1} 的第一行的 (-1) 倍分别加到第 $i(i=2,3,\cdots,n+1)$ 行，然后把第 $i(i=2,3,\cdots,n)$ 列分别加到第 1 列，即

$$
D_n = D_{n+1} = \begin{vmatrix} 1 & a_1 & a_2 & a_3 & \cdots & a_n \\ 0 & 1+a_1 & a_2 & a_3 & \cdots & a_n \\ 0 & a_1 & 1+a_2 & a_3 & \cdots & a_n \\ 0 & a_1 & a_2 & 1+a_3 & \cdots & a_n \\ \vdots & \vdots & \vdots & \vdots & & \vdots \\ 0 & a_1 & a_2 & a_3 & \cdots & 1+a_n \end{vmatrix} = \begin{vmatrix} 1 & a_1 & a_2 & a_3 & \cdots & a_n \\ -1 & 1 & 0 & 0 & \cdots & 0 \\ -1 & 0 & 1 & 0 & \cdots & 0 \\ -1 & 0 & 0 & 1 & \cdots & 0 \\ \vdots & \vdots & \vdots & \vdots & & \vdots \\ -1 & 0 & 0 & 0 & \cdots & 1 \end{vmatrix}
$$

$$
= \begin{vmatrix} 1+\sum\limits_{i=1}^{n} a_i & a_1 & a_2 & a_3 & \cdots & a_n \\ 0 & 1 & 0 & 0 & \cdots & 0 \\ 0 & 0 & 1 & 0 & \cdots & 0 \\ 0 & 0 & 0 & 1 & \cdots & 0 \\ \vdots & \vdots & \vdots & \vdots & & \vdots \\ 0 & 0 & 0 & 0 & \cdots & 1 \end{vmatrix} = 1+\sum\limits_{i=1}^{n} a_i.
$$

4. 分拆法

利用行列式的性质 1.1.4，将行列式拆成两(若干)个行列式的和，再求行列式的值.

例 1.2.11　用分拆法求例 1.2.9 中行列式 D_n 的值.

解　由行列式的性质 1.1.4 得

$$D_n = \begin{vmatrix} a & b & \cdots & 0+b \\ b & a & \cdots & 0+b \\ \vdots & \vdots & & \vdots \\ b & b & \cdots & (a-b)+b \end{vmatrix} = \begin{vmatrix} a & b & \cdots & 0 \\ b & a & \cdots & 0 \\ \vdots & \vdots & & \vdots \\ b & b & \cdots & a-b \end{vmatrix} + \begin{vmatrix} a & b & \cdots & b \\ b & a & \cdots & b \\ \vdots & \vdots & & \vdots \\ b & b & \cdots & b \end{vmatrix}$$

$$= (a-b)D_{n-1} + \begin{vmatrix} a-b & 0 & \cdots & b \\ 0 & a-b & \cdots & b \\ \vdots & \vdots & & \vdots \\ 0 & 0 & \cdots & b \end{vmatrix} = (a-b)D_{n-1} + b(a-b)^{n-1}$$

$$= (a-b)^2 D_{n-2} + 2b(a-b)^{n-1} = \cdots = (a-b)^{n-1}D_1 + (n-1)b(a-b)^{n-1}$$

$$= (a-b)^{n-1}[a+(n-1)b].$$

例 1.2.12 设 $A = (a_{ij})_n$ 为 n 阶方阵, 证明

$$\begin{vmatrix} a_{11}+x & a_{12}+x & \cdots & a_{1n}+x \\ a_{21}+x & a_{22}+x & \cdots & a_{2n}+x \\ \vdots & \vdots & & \vdots \\ a_{n1}+x & a_{n2}+x & \cdots & a_{nn}+x \end{vmatrix} = |A| + x\sum_{i=1}^{n}\sum_{j=1}^{n} A_{ij},$$

其中 $A_{ij}(i,j=1,2,\cdots,n)$ 为行列式 $|A|$ 中元素 a_{ij} 的代数余子式.

证明 由行列式性质 1.1.4 得

$$\begin{vmatrix} a_{11}+x & a_{12}+x & \cdots & a_{1n}+x \\ a_{21}+x & a_{22}+x & \cdots & a_{2n}+x \\ \vdots & \vdots & & \vdots \\ a_{n1}+x & a_{n2}+x & \cdots & a_{nn}+x \end{vmatrix}$$

$$= \begin{vmatrix} a_{11} & a_{12} & \cdots & a_{1n} \\ a_{21} & a_{22} & \cdots & a_{2n} \\ \vdots & \vdots & & \vdots \\ a_{n1} & a_{n2} & \cdots & a_{nn} \end{vmatrix} + \begin{vmatrix} x & a_{12}+x & \cdots & a_{1n}+x \\ x & a_{22}+x & \cdots & a_{2n}+x \\ \vdots & \vdots & & \vdots \\ x & a_{n2}+x & \cdots & a_{nn}+x \end{vmatrix}$$

$$+ \begin{vmatrix} a_{11} & x & \cdots & a_{1n}+x \\ a_{21} & x & \cdots & a_{2n}+x \\ \vdots & \vdots & & \vdots \\ a_{n1} & x & \cdots & a_{nn}+x \end{vmatrix} + \cdots + \begin{vmatrix} a_{11} & \cdots & a_{1,n-1} & x \\ a_{21} & \cdots & a_{2,n-1} & x \\ \vdots & & \vdots & \vdots \\ a_{n1} & \cdots & a_{n,n-1} & x \end{vmatrix}$$

$$= |A| + x\sum_{i=1}^{n} A_{i1} + x\sum_{i=1}^{n} A_{i2} + \cdots + x\sum_{i=1}^{n} A_{in} = |A| + x\sum_{i=1}^{n}\sum_{j=1}^{n} A_{ij}.$$

例 1.2.13 设 A_{ij} 为 n 阶行列式 $D = |a_{ij}|_n$ 中元素 $a_{ij}(i,j=1,2,\cdots,n)$ 的代数余子式, 证明

$$\sum_{i=1}^{n}\sum_{j=1}^{n}A_{ij}=\begin{vmatrix} a_{11}-a_{12} & a_{12}-a_{13} & \cdots & a_{1,n-1}-a_{1n} & 1 \\ a_{21}-a_{22} & a_{22}-a_{23} & \cdots & a_{2,n-1}-a_{2n} & 1 \\ \vdots & \vdots & & \vdots & \vdots \\ a_{n1}-a_{n2} & a_{n2}-a_{n3} & \cdots & a_{n,n-1}-a_{nn} & 1 \end{vmatrix}.$$

证明 在例 1.2.12 中, 取 $x=1$, 得

$$\sum_{i=1}^{n}\sum_{j=1}^{n}A_{ij}=\begin{vmatrix} a_{11}+1 & a_{12}+1 & \cdots & a_{1,n-1}+1 & a_{1n}+1 \\ a_{21}+1 & a_{22}+1 & \cdots & a_{2,n-1}+1 & a_{2n}+1 \\ \vdots & \vdots & & \vdots & \vdots \\ a_{n1}+1 & a_{n2}+1 & \cdots & a_{n,n-1}+1 & a_{nn}+1 \end{vmatrix}-\begin{vmatrix} a_{11} & a_{12} & \cdots & a_{1,n-1} & a_{1n} \\ a_{21} & a_{22} & \cdots & a_{2,n-1} & a_{2n} \\ \vdots & \vdots & & \vdots & \vdots \\ a_{n1} & a_{n2} & \cdots & a_{n,n-1} & a_{nn} \end{vmatrix}$$

$$=\begin{vmatrix} a_{11}-a_{12} & a_{12}-a_{13} & \cdots & a_{1,n-1}-a_{1n} & a_{1n}+1 \\ a_{21}-a_{22} & a_{22}-a_{23} & \cdots & a_{2,n-1}-a_{2n} & a_{2n}+1 \\ \vdots & \vdots & & \vdots & \vdots \\ a_{n1}-a_{n2} & a_{n2}-a_{n3} & \cdots & a_{n,n-1}-a_{nn} & a_{nn}+1 \end{vmatrix}$$

$$-\begin{vmatrix} a_{11}-a_{12} & a_{12}-a_{13} & \cdots & a_{1,n-1}-a_{1n} & a_{1n} \\ a_{21}-a_{22} & a_{22}-a_{23} & \cdots & a_{2,n-1}-a_{2n} & a_{2n} \\ \vdots & \vdots & & \vdots & \vdots \\ a_{n1}-a_{n2} & a_{n2}-a_{n3} & \cdots & a_{n,n-1}-a_{nn} & a_{nn} \end{vmatrix}$$

$$=\begin{vmatrix} a_{11}-a_{12} & a_{12}-a_{13} & \cdots & a_{1,n-1}-a_{1n} & 1 \\ a_{21}-a_{22} & a_{22}-a_{23} & \cdots & a_{2,n-1}-a_{2n} & 1 \\ \vdots & \vdots & & \vdots & \vdots \\ a_{n1}-a_{n2} & a_{n2}-a_{n3} & \cdots & a_{n,n-1}-a_{nn} & 1 \end{vmatrix}.$$

注 1.2.2 例 1.2.13 也可类似例 1.2.12 利用行列式性质证明.

5. 数学归纳法

先利用不完全归纳法寻找行列式的猜想值, 再利用数学归纳法给出证明. 一般分两步进行, 第一步是发现和猜想, 第二步是证明猜想结果的正确性, 其中第一步是前提, 第二步是关键, 此方法的难点是发现和猜想.

例 1.2.14 计算下列 n 阶行列式的值

$$D_n=\begin{vmatrix} \alpha+\beta & \alpha\beta & 0 & \cdots & 0 & 0 \\ 1 & \alpha+\beta & \alpha\beta & \cdots & 0 & 0 \\ 0 & 1 & \alpha+\beta & \cdots & 0 & 0 \\ \vdots & \vdots & \vdots & & \vdots & \vdots \\ 0 & 0 & 0 & \cdots & \alpha+\beta & \alpha\beta \\ 0 & 0 & 0 & \cdots & 1 & \alpha+\beta \end{vmatrix}.$$

解　$D_1 = \alpha + \beta = \begin{cases} \dfrac{\alpha^2 - \beta^2}{\alpha - \beta}, & \alpha \neq \beta, \\ 2\alpha, & \alpha = \beta, \end{cases}$ $D_2 = \alpha^2 + \beta^2 + \alpha\beta = \begin{cases} \dfrac{\alpha^3 - \beta^3}{\alpha - \beta}, & \alpha \neq \beta, \\ 3\alpha^2, & \alpha = \beta. \end{cases}$

猜想，$D_n = \begin{cases} \dfrac{\alpha^{n+1} - \beta^{n+1}}{\alpha - \beta}, & \alpha \neq \beta, \\ (n+1)\alpha^n, & \alpha = \beta. \end{cases}$　下面用数学归纳法证明.

当 $n = 1, 2$ 时，结论显然成立.

假设对阶数小于 n 的同类型行列式，结论都成立. 对 n 阶行列式 D_n，按第一行展开得 $D_n = (\alpha + \beta)D_{n-1} - \alpha\beta D_{n-2}$，于是由归纳假设得

当 $\alpha \neq \beta$ 时，$D_n = (\alpha + \beta)\dfrac{\alpha^n - \beta^n}{\alpha - \beta} - \alpha\beta\dfrac{\alpha^{n-1} - \beta^{n-1}}{\alpha - \beta} = \dfrac{\alpha^{n+1} - \beta^{n+1}}{\alpha - \beta}$；

当 $\alpha = \beta$ 时，$D_n = (2\alpha)n\alpha^{n-1} - \alpha^2(n-1)\alpha^{n-2} = (n+1)\alpha^n$.

根据归纳法原理，结论对 n 阶行列式 D_n 也成立.

6. 递推法

对元素分布比较有规律的行列式，可先利用行列式的性质和按行(列)展开法则，找出行列式与较低阶的同类型行列式之间的递推关系式，然后从递推关系式出发来计算行列式.

递推关系式常见的有一级递推关系式和二级递推关系式.

一级递推关系式一般为 $D_n = pD_{n-1}$ 或 $D_n = pD_{n-1} + q$，其中 p, q 是常数，且 $q \neq 0$.

若 $D_n = pD_{n-1}$，则 $D_n = p^{n-1}D_1$；

若 $D_n = pD_{n-1} + q(q \neq 0)$，则 $D_n = p^{n-1}D_1 + q(p^{n-2} + p^{n-3} + \cdots + 1)$.

二级递推关系式一般为 $D_n = pD_{n-1} + qD_{n-2}(n > 2)$，其中 p, q 是常数，且 $q \neq 0$.

对二级递推关系式，除用数学归纳法求行列式 D_n 的值外，还可用下列方法求 D_n 的值.

设递推关系式 $D_n = pD_{n-1} + qD_{n-2}$ 的特征方程 $x^2 - px - q = 0$ 的两个根为 x_1, x_2，则

$$D_n = \frac{x_1^{n-1}(D_2 - x_2D_1) - x_2^{n-1}(D_2 - x_1D_1)}{x_1 - x_2} \quad (x_1 \neq x_2); \tag{1.2.1}$$

$$D_n = x_1^{n-1}D_1 + (n-1)x_1^{n-2}(D_2 - x_1D_1) \quad (x_1 = x_2). \tag{1.2.2}$$

若行列式 D_n 中的元素具有对称性，则利用对称性，构造关于行列式 D_n 和 D_{n-1} 的方程组，解方程组，消去 D_{n-1} 即可得行列式 D_n 的值.

例 1.2.15 用递推法求例 1.2.14 中行列式 D_n 的值.

解法一 将行列式 D_n 按第一行元素展开得 $D_n = (\alpha+\beta)D_{n-1} - \alpha\beta D_{n-2}$, 于是

$$D_n - \beta D_{n-1} = \alpha(D_{n-1} - \beta D_{n-2}) = \alpha^2(D_{n-2} - \beta D_{n-3}) = \cdots = \alpha^{n-2}(D_2 - \beta D_1), \quad (1.2.3)$$

$$D_n - \alpha D_{n-1} = \beta(D_{n-1} - \alpha D_{n-2}) = \beta^2(D_{n-2} - \alpha D_{n-3}) = \cdots = \beta^{n-2}(D_2 - \alpha D_1). \quad (1.2.4)$$

当 $\alpha \neq \beta$ 时, 给(1.2.3)式和(1.2.4)式两边分别乘以 α 和 β, 然后两式相减, 得

$$D_n = \frac{\alpha^{n-1}(D_2 - \beta D_1) - \beta^{n-1}(D_2 - \alpha D_1)}{\alpha - \beta}.$$

因为 $D_1 = \alpha+\beta, D_2 = \alpha^2 + \alpha\beta + \beta^2$, 所以 $D_n = \frac{\alpha^{n+1} - \beta^{n+1}}{\alpha - \beta}$.

当 $\alpha = \beta$ 时, 将 $D_1 = 2\alpha$, $D_2 = 3\alpha^2$ 代入(1.2.3)式得

$$D_n = \alpha^n + \alpha D_{n-1} = \alpha^n + \alpha(\alpha^{n-1} + \alpha D_{n-2}) = 2\alpha^n + \alpha^2 D_{n-2}$$

$$= \cdots = (n-1)\alpha^n + \alpha^{n-1}D_1 = (n+1)\alpha^n.$$

解法二 同解法一可得 $D_n = (\alpha+\beta)D_{n-1} - \alpha\beta D_{n-2}$, 其特征方程 $x^2 - (\alpha+\beta)x + \alpha\beta = 0$ 的两个根为 $x_1 = \alpha, x_2 = \beta$. 当 $\alpha \neq \beta$ 时, 将 α, β 代入(1.2.1)式得

$$D_n = \frac{\alpha^{n-1}(D_2 - \beta D_1) - \beta^{n-1}(D_2 - \alpha D_1)}{\alpha - \beta}$$

$$= \frac{\alpha^{n-1}[\alpha^2 + \beta^2 + \alpha\beta - \beta(\alpha+\beta)] - \beta^{n-1}[\alpha^2 + \beta^2 + \alpha\beta - \alpha(\alpha+\beta)]}{\alpha - \beta} = \frac{\alpha^{n+1} - \beta^{+1}}{\alpha - \beta}.$$

当 $\alpha = \beta$ 时, 将 α, β 代入(1.2.2)式得

$$D_n = \alpha^{n-1}2\alpha + (n-1)\alpha^{n-2}(3\alpha^2 - 2\alpha^2) = (n+1)\alpha^n.$$

注 1.2.3 形如例 1.2.14 中的行列式都可直接利用(1.2.1)式和(1.2.2)式求其值.

例如, 在 $D_5 = \begin{vmatrix} 1-\alpha & \alpha & 0 & 0 & 0 \\ -1 & 1-\alpha & \alpha & 0 & 0 \\ 0 & -1 & 1-\alpha & \alpha & 0 \\ 0 & 0 & -1 & 1-\alpha & \alpha \\ 0 & 0 & 0 & -1 & 1-\alpha \end{vmatrix}$ 中每一行提取 (-1) 可化为形如例 1.2.14

中的行列式, 即 $D_5 = -\begin{vmatrix} \alpha-1 & -\alpha & 0 & 0 & 0 \\ 1 & \alpha-1 & -\alpha & 0 & 0 \\ 0 & 1 & \alpha-1 & -\alpha & 0 \\ 0 & 0 & 1 & \alpha-1 & -\alpha \\ 0 & 0 & 0 & 1 & \alpha-1 \end{vmatrix}$, 于是, 令 $n=5$, $\beta=-1$, 则当

$\alpha = -1$ 时, $D_5 = -(5+1)(-1)^5 = 6$; 当 $\alpha \neq -1$ 时, $D_5 = -\dfrac{\alpha^6 - 1}{\alpha + 1} = 1 - \alpha + \alpha^2 - \alpha^3 + \alpha^4$ $-\alpha^5$.

例 1.2.16　计算 n 阶行列式 $D_n = \begin{vmatrix} x & 0 & 0 & \cdots & 0 & a_0 \\ -1 & x & 0 & \cdots & 0 & a_1 \\ 0 & -1 & x & \cdots & 0 & a_2 \\ \vdots & \vdots & \vdots & & \vdots & \vdots \\ 0 & 0 & 0 & \cdots & x & a_{n-2} \\ 0 & 0 & 0 & \cdots & -1 & x+a_{n-1} \end{vmatrix}$.

分析　可利用行列式的性质化为三角形行列式计算, 也可用递推法计算.

解法一　先将行列式 D_n 的第 j 行的 $x^{j-1}(j=2,3,\cdots,n)$ 倍都加到第一行, 再按第一行展开, 得

$$D_n = \begin{vmatrix} 0 & 0 & 0 & \cdots & 0 & \sum\limits_{i=0}^{n-1} a_i x^i + x^n \\ -1 & x & 0 & \cdots & 0 & a_1 \\ 0 & -1 & x & \cdots & 0 & a_2 \\ \vdots & \vdots & \vdots & & \vdots & \vdots \\ 0 & 0 & 0 & \cdots & x & a_{n-2} \\ 0 & 0 & 0 & \cdots & -1 & x+a_{n-1} \end{vmatrix} = (-1)^{n+1} \left(\sum_{i=0}^{n-1} a_i x^i + x^n \right) \begin{vmatrix} -1 & x & 0 & \cdots & 0 \\ 0 & -1 & x & \cdots & 0 \\ \vdots & \vdots & \vdots & & \vdots \\ 0 & 0 & 0 & \cdots & x \\ 0 & 0 & 0 & \cdots & -1 \end{vmatrix}$$

$$= (-1)^{n+1}(-1)^{n-1} \left(\sum_{i=0}^{n-1} a_i x^i + x^n \right) = \sum_{i=0}^{n-1} a_i x^i + x^n.$$

解法二　将行列式 D_n 按第一行展开, 得

$$D_n = xD_{n-1} + a_0 = x^2 D_{n-2} + a_1 x + a_0 = x^3 D_{n-3} + a_2 x^2 + a_1 x + a_0 = \cdots$$
$$= x^{n-1} D_1 + \sum_{i=0}^{n-2} a_i x^i = x^{n-1}(x+a_{n-1}) + \sum_{i=0}^{n-2} a_i x^i = x^n + \sum_{i=0}^{n-1} a_i x^i.$$

注 1.2.4　形如例 1.2.16 中的行列式, 除用递推法和化为三角形行列式计算外, 也可利用 Laplace 定理计算.

7. 利用定理 1.1.3 计算行列式

利用定理 1.1.3 将行列式分解成两个较简单行列式的乘积, 然后计算行列式的值.

例 1.2.17　计算 n 阶行列式 $D_n = \begin{vmatrix} a_1+b_1 & a_1+b_2 & \cdots & a_1+b_n \\ a_2+b_1 & a_2+b_2 & \cdots & a_2+b_n \\ \vdots & \vdots & & \vdots \\ a_n+b_1 & a_n+b_2 & \cdots & a_n+b_n \end{vmatrix}$.

解　$D_n = \begin{vmatrix} a_1 & 1 & 0 & \cdots & 0 \\ a_2 & 1 & 0 & \cdots & 0 \\ a_3 & 1 & 0 & \cdots & 0 \\ \vdots & \vdots & \vdots & & \vdots \\ a_n & 1 & 0 & \cdots & 0 \end{vmatrix} \begin{vmatrix} 1 & 1 & 1 & \cdots & 1 \\ b_1 & b_2 & b_3 & \cdots & b_n \\ 0 & 0 & 0 & \cdots & 0 \\ \vdots & \vdots & \vdots & & \vdots \\ 0 & 0 & 0 & \cdots & 0 \end{vmatrix} = 0.$

8. 利用 Laplace 定理计算行列式

例 1.2.18　计算 $2n$ 阶行列式 $D_{2n} = \begin{vmatrix} a & & & & & b \\ & \ddots & & & \ddots & \\ & & a & b & & \\ & & c & d & & \\ & \ddots & & & \ddots & \\ c & & & & & d \end{vmatrix}$，其中未写出的元素

都为零.

分析　可化为三角形行列式或化为例1.2.6中的特殊行列式计算，也可利用定理 1.1.2 计算.

解法一　将行列式 D_{2n} 的第 $2n$ 列依次和第 $2n-1$ 列、第 $2n-2$ 列、$\cdots$、第 2 列交换，再将第 $2n$ 行依次和第 $2n-1$ 行、第 $2n-2$ 行、$\cdots$、第 2 行交换，得

$$D_{2n} = (-1)^{2(2n-2)} \begin{vmatrix} a & b & & & & \\ c & d & & & & \\ & & a & & & b \\ & & & \ddots & \ddots & \\ & & & a & b & \\ & & & c & d & \\ & & \ddots & & & \ddots \\ & & c & & & d \end{vmatrix} = \begin{vmatrix} a & b \\ c & d \end{vmatrix} \begin{vmatrix} a & & & b \\ & \ddots & \ddots & \\ & a & b & \\ & c & d & \\ & \ddots & & \ddots \\ c & & & d \end{vmatrix}_{2n-2}$$

$$= (ad - bc)D_{2n-2} = (ad-bc)^2 D_{2n-4} = \cdots = (ad-bc)^{n-1} D_2 = (ad-bc)^n.$$

解法二　行列式 D_{2n} 位于第一行、第 $2n$ 行的可能不等于零的二阶子式只有 $\begin{vmatrix} a & b \\ c & d \end{vmatrix} = ad - bc$，其代数余子式为 $(-1)^{(1+2n)+(1+2n)} D_{2n}$，因此，根据 Laplace 定理可得

$$D_{2n} = (-1)^{(1+2n)+(1+2n)}(ad-bc)D_{2n-2} = (ad-bc)D_{2n-2} = \cdots = (ad-bc)^{n-1}D_2 = (ad-bc)^n.$$

例 1.2.19 证明(1) 设 $P = \begin{pmatrix} A & B \\ C & D \end{pmatrix}$ 为 n 阶矩阵, 其中 A, B, C, D 分别为 $r \times r, r \times (n-r), (n-r) \times r, (n-r) \times (n-r)$ 矩阵, 则若 A 可逆, 则 $|P| = |A| \left| D - CA^{-1}B \right|$; 若 D 可逆, 则 $|P| = |D| \left| A - BD^{-1}C \right|$.

(2) 设 $P = \begin{pmatrix} A & B \\ C & D \end{pmatrix}$ 为 n 阶矩阵, 其中 A, B, C, D 分别为 $r \times (n-r), r \times r, (n-r) \times (n-r), (n-r) \times r$ 矩阵, 则若 B 可逆, 则 $|P| = (-1)^{r \times (n-r)} |B| \left| C - DB^{-1}A \right|$; 若 C 可逆, 则 $|P| = (-1)^{r \times (n-r)} |C| \left| B - AC^{-1}D \right|$.

(3) 设 A, B 分别是 $m \times n, n \times m (m \geqslant n)$ 矩阵, λ 是非零常数, 则
$$\left| \lambda E_m - AB \right| = \lambda^{m-n} \left| \lambda E_n - BA \right|.$$

证明　(1) 只对(1)中 A 可逆的情形进行证明, D 可逆的情形可类似证明, 这里从略.

若 A 可逆, 则 $\begin{pmatrix} E_r & O \\ -CA^{-1} & E_{n-r} \end{pmatrix} P = \begin{pmatrix} E_r & O \\ -CA^{-1} & E_{n-r} \end{pmatrix} \begin{pmatrix} A & B \\ C & D \end{pmatrix} = \begin{pmatrix} A & B \\ O & D - CA^{-1}B \end{pmatrix}$,
上式两边分别求行列式得 $|P| = |A| \left| D - CA^{-1}B \right|$.

(2) 可类似(1)证明, 这里从略.

(3) 当 $m = n$ 时, 由于
$$\begin{pmatrix} E & -A \\ O & E \end{pmatrix} \begin{pmatrix} \lambda E & A \\ B & E \end{pmatrix} = \begin{pmatrix} \lambda E - AB & O \\ B & E \end{pmatrix}, \quad \begin{pmatrix} \lambda E & A \\ B & E \end{pmatrix} \begin{pmatrix} E & -A \\ O & \lambda E \end{pmatrix} = \begin{pmatrix} \lambda E & O \\ B & \lambda E - BA \end{pmatrix},$$

上面两式两边分别求行列式得 $\begin{vmatrix} \lambda E & A \\ B & E \end{vmatrix} = |\lambda E - AB|$, $\lambda^n \begin{vmatrix} \lambda E & A \\ B & E \end{vmatrix} = \lambda^n |\lambda E - BA|$, 因此,
$$|\lambda E - AB| = |\lambda E - BA|.$$

当 $m > n$ 时, 令 $A_1 = (A, O_{m \times (m-n)})$, $B_1 = \begin{pmatrix} B \\ O_{(m-n) \times m} \end{pmatrix}$, 则由上述证明知, $\left| \lambda E_m - A_1 B_1 \right|$ $= \left| \lambda E_m - B_1 A_1 \right|$, 于是
$$\left| \lambda E_m - AB \right| = \left| \lambda E_m - A_1 B_1 \right| = \left| \lambda E_m - B_1 A_1 \right|$$
$$= \left| \lambda E_m - \begin{pmatrix} B \\ O \end{pmatrix} (A, O) \right| = \begin{vmatrix} \lambda E_n - BA & O \\ O & \lambda E_{m-n} \end{vmatrix} = \lambda^{m-n} \left| \lambda E_n - BA \right|.$$

注 1.2.5　可利用例 1.2.19 计算行列式.

例 1.2.20　利用例 1.2.19 求例 1.2.8 中的 n 阶行列式 D_n 的值.

解　令矩阵 $A = (a_1), B = (1, 1, \cdots, 1), C = (1, 1, \cdots, 1)^{\mathrm{T}}, D = \begin{pmatrix} a_2 & 0 & \cdots & 0 \\ 0 & a_3 & \cdots & 0 \\ \vdots & \vdots & & \vdots \\ 0 & 0 & \cdots & a_n \end{pmatrix}$，则

$$D_n = \begin{vmatrix} A & B \\ C & D \end{vmatrix}, \quad |D| = \prod_{i=2}^{n} a_i \neq 0, \quad D \text{ 可逆}, \quad \text{且 } D^{-1} = \begin{pmatrix} \dfrac{1}{a_2} & 0 & \cdots & 0 \\ 0 & \dfrac{1}{a_3} & \cdots & 0 \\ \vdots & \vdots & & \vdots \\ 0 & 0 & \cdots & \dfrac{1}{a_n} \end{pmatrix}, \quad \text{于是由例}$$

1.2.19 中(1)得 $D_n = \prod_{i=2}^{n} a_i \left| a_1 - BD^{-1}C \right| = \prod_{i=2}^{n} a_i \left(a_1 - \sum_{i=2}^{n} \dfrac{1}{a_i} \right)$.

例 1.2.21　利用例 1.2.19 求例 1.2.9 中的 n 阶行列式 D_n 的值.

解　当 $a = b$ 时，很显然，$D_n = 0$；当 $a \neq b$ 时，令 $A = (a - b)E_n, \beta = (1, 1, \cdots, 1)$，则
$$D_n = \left| A + b\beta^{\mathrm{T}}\beta \right| = \left| (a - b)E + b\beta^{\mathrm{T}}\beta \right| = (-1)^n \left| (b - a)E - b\beta^{\mathrm{T}}\beta \right|,$$
于是由例 1.2.19 中(3)得
$$D_n = (-1)^n (b - a)^{n-1} \left| (b - a) - b\beta\beta^{\mathrm{T}} \right| = (-1)^n (b - a)^{n-1} [(b - a) - bn]$$
$$= [a + (n - 1)b](a - b)^{n-1}.$$

例 1.2.22　利用例 1.2.19 求例 1.2.18 中 $2n$ 阶行列式 D_{2n} 的值.

解　令矩阵 $A = aE_n, B = b\begin{pmatrix} & & & 1 \\ & & 1 & \\ & \iddots & & \\ 1 & & & \end{pmatrix}_n, C = c\begin{pmatrix} & & & 1 \\ & & 1 & \\ & \iddots & & \\ 1 & & & \end{pmatrix}_n, D = dE_n$，则

$$D_{2n} = \begin{vmatrix} A & B \\ C & D \end{vmatrix}, \quad |B| = (-1)^{\frac{n(n-1)}{2}} b^n, \quad |C| = (-1)^{\frac{n(n-1)}{2}} c^n, \quad BC = bcE_n.$$

当 $d = 0$ 时，$D_{2n} = \begin{vmatrix} A & B \\ C & O \end{vmatrix} = (-1)^{n \times n} |B||C| = (-1)^n b^n c^n = (-bc)^n$；

当 $d \neq 0$ 时，$|D| = d^n \neq 0$，即 D 为 n 阶可逆矩阵，而 $D^{-1} = \dfrac{1}{d}E_n$，于是由例 1.2.19 中(1)得

$$D_{2n} = |D| \left| A - BD^{-1}C \right| = d^n \left| \left(a - \dfrac{bc}{d} \right) E_n \right| = d^n \left(a - \dfrac{bc}{d} \right)^n = (ad - bc)^n.$$

9. 变换行列式中的元素, 利用例 1.2.12 计算

对行列式 D 的各元素都加上一个变量(数) t, 再利用例 1.2.12 计算, 一般分为下列两种情形:

情形 1　直接将行列式 D 的各元素都加上一个数化为较易计算的行列式 D^*, 求出 D^* 中所有元素的代数余子式之和, 代入例 1.2.12 中的公式可得行列式 D 的值, 如例 1.2.23.

情形 2　先给行列式 D 的每一个元素都加一参数 t 得行列式 $D(t)$, 由例 1.2.12 得 $D(t) = D + tr$, 其中参数 r 表示 D 中所有元素的代数余子式之和(与参数 t 无关), 再通过给 t 取不同值, 得到关于 D 和 r 的方程组, 解方程组可得 D 的值, 如例 1.2.24.

例 1.2.23　计算 n 阶行列式 $D_n = \begin{vmatrix} 1+a_1 & 1 & \cdots & 1 \\ 1 & 1+a_2 & \cdots & 1 \\ \vdots & \vdots & & \vdots \\ 1 & 1 & \cdots & 1+a_n \end{vmatrix}$ 的值, 其中 $\prod\limits_{i=1}^{n} a_i \neq 0$.

解　取 $x=1$, 给行列式 D_n 的各元素都加上 (-1), 由例 1.2.12 知

$$D_n = \begin{vmatrix} a_1 & & & \\ & a_2 & & \\ & & \ddots & \\ & & & a_n \end{vmatrix} + \sum_{i=1}^{n}\sum_{j=1}^{n} A_{ij}$$

$$= \prod_{i=1}^{n} a_i + \left(\prod_{i=2}^{n} a_i + a_1\prod_{i=3}^{n} a_i + \cdots + \prod_{i=1}^{n-1} a_i \right) = \prod_{i=1}^{n} a_i \left(1 + \sum_{i=1}^{n} \frac{1}{a_i} \right).$$

注 1.2.6　例 1.2.23 还可用加边法、分拆法、化特殊行列式等方法计算.

例 1.2.24　计算 n 阶行列式 $D_n = \begin{vmatrix} x & b & b & \cdots & b \\ a & x & b & \cdots & b \\ a & a & x & \cdots & b \\ \vdots & \vdots & \vdots & & \vdots \\ a & a & a & \cdots & x \end{vmatrix}$, 其中 $a \neq b$.

解　给行列式 D_n 的各元素都加上参数 t 得 $D_n(t) = \begin{vmatrix} x+t & b+t & b+t & \cdots & b+t \\ a+t & x+t & b+t & \cdots & b+t \\ a+t & a+t & x+t & \cdots & b+t \\ \vdots & \vdots & \vdots & & \vdots \\ a+t & a+t & a+t & \cdots & x+t \end{vmatrix}$,

由例 1.2.12 得 $D_n(t) = D_n(0) + tr = D_n + tr$, 其中 r 是 D_n 中所有元素的代数余子式之

和. 很显然,

$$D_n(-a) = (x-a)^n, \quad D_n(-b) = (x-b)^n,$$

于是有方程组 $\begin{cases} D_n(-a) = D_n(0) - ar = D_n - ar = (x-a)^n, \\ D_n(-b) = D_n(0) - br = D_n - br = (x-b)^n, \end{cases}$ 即 $\begin{cases} D_n - ar = (x-a)^n, \\ D_n - br = (x-b)^n, \end{cases}$ 解得

$$D_n = D_n(0) = \frac{a(x-b)^n - b(x-a)^n}{a-b}.$$

1.2.3　余子式和代数余子式

当 n 阶行列式 $D = \left| a_{ij} \right|_n$ 中某一行(列)的元素改变时, 该行(列)元素对应的余子

式和代数余子式都不变, 于是由定理 1.1.1 得 $\displaystyle\sum_{j=1}^{n} k_j A_{ij} = \begin{vmatrix} a_{11} & a_{12} & \cdots & a_{1n} \\ \vdots & \vdots & & \vdots \\ a_{i-1,1} & a_{i-1,2} & \cdots & a_{i-1,n} \\ k_1 & k_2 & \cdots & k_n \\ a_{i+1,1} & a_{i+1,2} & \cdots & a_{i+1,n} \\ \vdots & \vdots & & \vdots \\ a_{n1} & a_{n2} & \cdots & a_{nn} \end{vmatrix}$, 可

利用此公式求 $\displaystyle\sum_{j=1}^{n} A_{ij}$ 和 $\displaystyle\sum_{j=1}^{n} M_{ij}$ 或求 $\displaystyle\sum_{j=1}^{n} k_j A_{ij}$ 和 $\displaystyle\sum_{j=1}^{n} k_j M_{ij}$. 而求行列式 D 中所有元素
的代数余子式之和, 可先求出 D 中所有元素的代数余子式, 再求和. 这种方法适
用于阶数比较低的行列式或一些特殊行列式. 也可利用例 1.2.12 和例 1.2.13 化为
n 阶行列式计算. 当行列式 D 所对应的矩阵 A 为可逆矩阵时, 也可利用 $A^* = DA^{-1}$
中的元素计算.

例 1.2.25　(2019 年全国硕士研究生入学统一考试数学二真题)已知矩阵

$A = \begin{pmatrix} 1 & -1 & 0 & 0 \\ -2 & 1 & -1 & 1 \\ 3 & -2 & 2 & -1 \\ 0 & 0 & 3 & 4 \end{pmatrix}$, 其中 A_{ij} 表示 $|A|$ 中元素 a_{ij} 的代数余子式, 则 $A_{11} - A_{12} = $

_____.

解　$A_{11} - A_{12} = \begin{vmatrix} 1 & -1 & 0 & 0 \\ -2 & 1 & -1 & 1 \\ 3 & -2 & 2 & -1 \\ 0 & 0 & 3 & 4 \end{vmatrix} = \begin{vmatrix} 1 & 0 & 0 & 0 \\ -2 & -1 & -1 & 1 \\ 3 & 1 & 2 & -1 \\ 0 & 0 & 3 & 4 \end{vmatrix} = \begin{vmatrix} -1 & -1 & 1 \\ 0 & 1 & 0 \\ 0 & 3 & 4 \end{vmatrix} = -4.$

例 1.2.26 求行列式 $D = \begin{vmatrix} 3 & 1 & 1 & 1 \\ 1 & 3 & 1 & 1 \\ 1 & 1 & 3 & 1 \\ 1 & 1 & 1 & 3 \end{vmatrix}$ 中所有元素的代数余子式之和.

分析 可利用例 1.2.12、例 1.2.13 和行列式 D 所对应的矩阵的伴随矩阵求解,这里,只利用例 1.2.13 求解.

解 由例 1.2.13 得

$$\sum_{i=1}^{4}\sum_{j=1}^{4} A_{ij} = \begin{vmatrix} 3-1 & 1-1 & 1-1 & 1 \\ 1-3 & 3-1 & 1-1 & 1 \\ 1-1 & 1-3 & 3-1 & 1 \\ 1-1 & 1-1 & 1-3 & 1 \end{vmatrix} = \begin{vmatrix} 2 & 0 & 0 & 1 \\ -2 & 2 & 0 & 1 \\ 0 & -2 & 2 & 1 \\ 0 & 0 & -2 & 1 \end{vmatrix} = \begin{vmatrix} 2 & 0 & 0 & 1 \\ 0 & 2 & 0 & 2 \\ 0 & -2 & 2 & 1 \\ 0 & 0 & -2 & 1 \end{vmatrix}$$

$$= 2\begin{vmatrix} 2 & 0 & 2 \\ -2 & 2 & 1 \\ 0 & -2 & 1 \end{vmatrix} = 2\begin{vmatrix} 2 & 0 & 2 \\ 0 & 2 & 3 \\ 0 & 0 & 4 \end{vmatrix} = 32.$$

例 1.2.27 设 A_{ij} 为 n 阶行列式 $D_1 = \left| a_{ij} \right|_n$ 中元素 a_{ij} 的代数余子式. 若 $\sum_{i=1}^{n}\sum_{j=1}^{n} A_{ij} = d$,求 n 阶行列式 $D_2 = \left| a_{ij} + k \right|_n$ 中所有元素的代数余子式之和,其中 k 是任意常数.

分析 可利用例 1.2.12 和利用例 1.2.13 两种方法求解.

解法一 设行列式 D_2 中所有元素的代数余子式之和为 x,由例 1.2.12 得

$$D_2 = \begin{vmatrix} a_{11} & a_{12} & \cdots & a_{1,n-1} & a_{1n} \\ a_{21} & a_{22} & \cdots & a_{2,n-1} & a_{2n} \\ \vdots & \vdots & & \vdots & \vdots \\ a_{n1} & a_{n2} & \cdots & a_{n,n-1} & a_{nn} \end{vmatrix} + k\sum_{i=1}^{n}\sum_{j=1}^{n} A_{ij} = D_1 + kd,$$

$$\left| a_{ij} + k + 1 \right|_n = \begin{vmatrix} a_{11} & a_{12} & \cdots & a_{1,n-1} & a_{1n} \\ a_{21} & a_{22} & \cdots & a_{2,n-1} & a_{2n} \\ \vdots & \vdots & & \vdots & \vdots \\ a_{n1} & a_{n2} & \cdots & a_{n,n-1} & a_{nn} \end{vmatrix} + (k+1)\sum_{i=1}^{n}\sum_{j=1}^{n} A_{ij} = D_1 + (k+1)d,$$

$$\left| (a_{ij} + k) + 1 \right|_n = \begin{vmatrix} a_{11}+k & a_{12}+k & \cdots & a_{1,n-1}+k & a_{1n}+k \\ a_{21}+k & a_{22}+k & \cdots & a_{2,n-1}+k & a_{2n}+k \\ \vdots & \vdots & & \vdots & \vdots \\ a_{n1}+k & a_{n2}+k & \cdots & a_{n,n-1}+k & a_{nn}+k \end{vmatrix} + x = D_2 + x,$$

由此得，$D_1 + kd + x = D_1 + (k+1)d$，解得 $x = d$.

    解法二　设行列式 D_2 中所有元素的代数余子式之和为 x，由例 1.2.13 得

$$x = \begin{vmatrix} a_{11} - a_{12} & a_{12} - a_{13} & \cdots & a_{1,n-1} - a_{1n} & 1 \\ a_{21} - a_{22} & a_{22} - a_{23} & \cdots & a_{2,n-1} - a_{2n} & 1 \\ \vdots & \vdots & & \vdots & \vdots \\ a_{n1} - a_{n2} & a_{n2} - a_{n3} & \cdots & a_{n,n-1} - a_{nn} & 1 \end{vmatrix} = \sum_{i=1}^{n} \sum_{j=1}^{n} A_{ij} = d.$$

检 测 题 1

一、选择题

1. 设 $A = (a_{ij})_3$ 是三阶对称矩阵，即 $a_{ij} = a_{ji}(i, j = 1,2,3)$. 设 $|A|$ 的元素 a_{13} 的代数余子式等于 -2，若矩阵 $B = 5A$，且 $B = (b_{ij})_3$，则 $|B|$ 的元素 b_{31} 的代数余子式等于(　　).

    (A) -40　　　　　(B) -10　　　　　(C) -20　　　　　(D) -50

2. 设 A 为三阶方阵，$|A| = -2$，将 A 按列分块为 (A_1, A_2, A_3)，其中 $A_j(j = 1,2,3)$ 是 A 的第 j 列，则 $|A_3 - 2A_1, 3A_2, A_1| = ($　　$)$.

    (A) 2　　　　　　(B) -2　　　　　(C) 6　　　　　　(D) -6

3. 若 a, b, c 是方程 $x^3 + px + q = 0$ 的三个根，则 $\begin{vmatrix} a & b & c \\ c & a & b \\ b & c & a \end{vmatrix} = ($　　$)$.

    (A) 0　　　　　　(B) -1　　　　　(C) 1　　　　　　(D) 2

4. 设 A 是奇数阶方阵，则下列结论一定成立的是(　　).

    (A) $\left|A + A^{\mathrm{T}}\right| = 0$　(B) $\left|A + A^{\mathrm{T}}\right| \neq 0$　(C) $\left|A - A^{\mathrm{T}}\right| = 0$　(D) $\left|A - A^{\mathrm{T}}\right| \neq 0$

5. 方程 $\begin{vmatrix} x-2 & x-1 & x-2 & x-3 \\ 2x-2 & 2x-1 & 2x-2 & 2x-3 \\ 3x-3 & 3x-2 & 4x-5 & 3x-5 \\ 4x & 4x-3 & 5x-7 & 4x-3 \end{vmatrix} = 0$ 的根为(　　).

    (A) $x = 0$ 或 $x = -1$　　　　　　　(B) $x = 0$ 或 $x = 1$

    (C) $x = 2$ 或 $x = 1$　　　　　　　(D) $x = -1$ 或 $x = 1$

二、填空题

1. 设 $\alpha_1, \alpha_2, \alpha_3, \beta_1, \beta_2$ 均为四维列向量，且 $|\alpha_1, \alpha_2, \alpha_3, \beta_1| = m, |\alpha_1, \alpha_2, \beta_2, \alpha_3| = n$，则

$|\alpha_3, \alpha_2, \alpha_1, (\beta_1 - 2\beta_2)| = $ _____.

2. n 阶行列式
$$\begin{vmatrix} 0 & 1 & 1 & \cdots & 1 & 1 \\ 1 & 0 & 1 & \cdots & 1 & 1 \\ \vdots & \vdots & \vdots & & \vdots & \vdots \\ 1 & 1 & 1 & \cdots & 0 & 1 \\ 1 & 1 & 1 & \cdots & 1 & 0 \end{vmatrix} = $$ _____.

3. (2016 年全国硕士研究生入学统一考试数学一、三真题) 行列式
$$D = \begin{vmatrix} \lambda & -1 & 0 & 0 \\ 0 & \lambda & -1 & 0 \\ 0 & 0 & \lambda & -1 \\ 4 & 3 & 2 & \lambda+1 \end{vmatrix} = $$ _____.

4. (2015 年全国硕士研究生入学统一考试数学一真题) n 阶行列式
$$\begin{vmatrix} 2 & 0 & \cdots & 0 & 2 \\ -1 & 2 & \cdots & 0 & 2 \\ \vdots & \vdots & & \vdots & \vdots \\ 0 & 0 & \cdots & 2 & 2 \\ 0 & 0 & \cdots & -1 & 2 \end{vmatrix} = $$ _____.

5. n 阶行列式
$$\begin{vmatrix} 1 & 1 & \cdots & 1 & 1 \\ 0 & 1 & \cdots & 1 & 1 \\ \vdots & \vdots & & \vdots & \vdots \\ 0 & 0 & \cdots & 1 & 1 \\ 0 & 0 & \cdots & 0 & 1 \end{vmatrix}$$ 中所有元素的代数余子式之和为 _____.

三、计算题与证明题

1. 已知 $D = \begin{vmatrix} 3 & 0 & 4 & 1 \\ 2 & 3 & 1 & 4 \\ 0 & -7 & 8 & 3 \\ 5 & 3 & -2 & 2 \end{vmatrix}$, $A_{ij}(i,j=1,2,3,4)$ 为 D 中元素 a_{ij} 的代数余子式, 求

(1) $A_{21} + A_{22} + A_{23} + A_{24}$;

(2) $A_{31} + A_{34}$;

(3) $M_{41} + M_{42} + M_{43} + M_{44}$;

(4) $\sum\limits_{i=1}^{n}\sum\limits_{j=1}^{n} A_{ij}$.

2. 设 n 阶行列式 $D_n = \begin{vmatrix} 1 & 2 & 3 & \cdots & n \\ 1 & 2 & 0 & \cdots & 0 \\ 1 & 0 & 3 & \cdots & 0 \\ \vdots & \vdots & \vdots & & \vdots \\ 1 & 0 & 0 & \cdots & n \end{vmatrix}$，求 $A_{11} + A_{12} + \cdots + A_{1n}$.

3. 计算下列 n 阶行列式 D_n.

(1) $\begin{vmatrix} x & y & 0 & \cdots & 0 & 0 \\ 0 & x & y & \cdots & 0 & 0 \\ \vdots & \vdots & \vdots & & \vdots & \vdots \\ 0 & 0 & 0 & \cdots & x & y \\ y & 0 & 0 & \cdots & 0 & x \end{vmatrix}$;

(2) $\begin{vmatrix} x_1 & a_2 & a_3 & \cdots & a_{n-1} & a_n \\ a_1 & x_2 & a_3 & \cdots & a_{n-1} & a_n \\ a_1 & a_2 & x_3 & \cdots & a_{n-1} & a_n \\ \vdots & \vdots & \vdots & & \vdots & \vdots \\ a_1 & a_2 & a_3 & \cdots & a_{n-1} & x_n \end{vmatrix}$ $(x_i \neq a_i, i = 1, 2, \cdots, n)$;

(3) $\begin{vmatrix} 1 & 1 & \cdots & 1 \\ 2 & 2^2 & \cdots & 2^n \\ 3 & 3^2 & \cdots & 3^n \\ \vdots & \vdots & & \vdots \\ n & n^2 & \cdots & n^n \end{vmatrix}$;

(4) $\begin{vmatrix} 1 & 2 & 3 & \cdots & n-1 & n \\ -1 & a_2 & 3 & \cdots & n-1 & n \\ -1 & -2 & a_3 & \cdots & n-1 & n \\ \vdots & \vdots & \vdots & & \vdots & \vdots \\ -1 & -2 & -3 & \cdots & a_{n-1} & n \\ -1 & -2 & -3 & \cdots & 1-n & a_n \end{vmatrix}$;

(5) $D_n = \begin{vmatrix} 4 & 3 & & & \\ 1 & 4 & 3 & & \\ & \ddots & \ddots & \ddots & \\ & & 1 & 4 & 3 \\ & & & 1 & 4 \end{vmatrix}$;

(6) $D_n = \begin{vmatrix} a_1 & a_2 & & a_{n-1} & 0 \\ 1 & 0 & \cdots & 0 & b_1 \\ 0 & 1 & \cdots & 0 & b_2 \\ \vdots & \vdots & & \vdots & \vdots \\ 0 & 0 & \cdots & 1 & b_{n-1} \end{vmatrix}$;

(7) $D_n = \begin{vmatrix} x & a & a & \cdots & a \\ -a & x & a & \cdots & a \\ -a & -a & x & \cdots & a \\ \vdots & \vdots & \vdots & & \vdots \\ -a & -a & -a & \cdots & x \end{vmatrix}$;

(8) $D_n = \begin{vmatrix} x_1 + a_1 b_1 & x_1 + a_1 b_2 & \cdots & x_1 + a_1 b_n \\ x_2 + a_2 b_1 & x_2 + a_2 b_2 & \cdots & x_2 + a_2 b_n \\ \vdots & \vdots & & \vdots \\ x_n + a_n b_1 & x_n + a_n b_2 & \cdots & x_n + a_n b_n \end{vmatrix}$.

4. 计算 $n+1$ 阶行列式 $D_{n+1} = \begin{vmatrix} a^n & (a-1)^n & (a-2)^n & (a-3)^n & \cdots & (a-n)^n \\ a^{n-1} & (a-1)^{n-1} & (a-2)^{n-1} & (a-3)^{n-1} & \cdots & (a-n)^{n-1} \\ \vdots & \vdots & \vdots & \vdots & & \vdots \\ a & (a-1) & a-2 & (a-3) & \cdots & (a-n) \\ 1 & 1 & 1 & 1 & \cdots & 1 \end{vmatrix}$.

5. 计算 $n+1$ 阶行列式 $D_{n+1} = \begin{vmatrix} 1 & x_1 & x_2 & \cdots & x_n \\ 1 & x_1+y_1 & x_2 & \cdots & x_n \\ 1 & x_1 & x_2+y_2 & \cdots & x_n \\ \vdots & \vdots & \vdots & & \vdots \\ 1 & x_1 & x_2 & \cdots & x_n+y_n \end{vmatrix}$.

6. 设 n 阶矩阵 $A = \begin{pmatrix} 0 & 1 & 0 & \cdots & 0 & 0 \\ 0 & 0 & 1 & \cdots & 0 & 0 \\ \vdots & \vdots & \vdots & & \vdots & \vdots \\ 0 & 0 & 0 & \cdots & 0 & 1 \\ 10^{10} & 0 & 0 & \cdots & 0 & 0 \end{pmatrix}$, 计算行列式 $|\lambda E - A|$ 的值, 其中 E 为

n 阶单位矩阵, λ 为常数.

7. 证明 $\begin{vmatrix} a & b & c & d \\ b & a & d & c \\ c & d & a & b \\ d & c & b & a \end{vmatrix} = \begin{vmatrix} a+c & b+d \\ b+d & a+c \end{vmatrix} \begin{vmatrix} a-c & b-d \\ b-d & a-c \end{vmatrix}$.

8. 设 n 阶矩阵 $A = (a_{ij})_n$, $B = (b^{i-j} a_{ij})_n$, 其中 b 为非零常数, 且 $|A| = d$. 证明 $|B| = d$.

9. 求 $n(n>1)$ 阶行列式 $D_n = \begin{vmatrix} x & -x & -x & \cdots & -x & -x \\ x & x & -x & \cdots & -x & -x \\ \vdots & \vdots & \vdots & & \vdots & \vdots \\ x & x & x & \cdots & x & -x \\ x & x & x & \cdots & x & x \end{vmatrix}$ 的展开式中正项总数(不

计 x 本身的符号).

10. 设 n 阶矩阵 $A = \begin{pmatrix} 2a & 1 & & \\ a^2 & 2a & \ddots & \\ & \ddots & \ddots & 1 \\ & & a^2 & 2a \end{pmatrix}$, 证明 $|A| = (n+1)a^n$.

第 2 章 矩 阵

2.1 矩阵高次幂的计算

2.1.1 基础理论

定义 2.1.1 设 $A = (a_{ij})_{s \times n}, B = (b_{ij})_{n \times m}$，那么矩阵 $C = (c_{ij})_{s \times m}$，其中

$$c_{ij} = a_{i1}b_{1j} + a_{i2}b_{2j} + \cdots + a_{in}b_{nj} = \sum_{k=1}^{n} a_{ik}b_{kj} \quad (i = 1, 2, \cdots, s; j = 1, 2, \cdots, m)$$

称为 A 与 B 的乘积，记为 $C = AB$.

设 A 为 n 阶矩阵，k 是正整数，定义

$$A^k = \overbrace{AA \cdots A}^{k\uparrow},$$

称 A^k 为 A 的 k 次幂. 规定 $A^0 = E$.

设 A 是 n 阶方阵，E 是 n 阶单位矩阵，$f(x) = a_n x^n + a_{n-1}x^{n-1} + \cdots + a_1 x + a_0$ 为 x 的 n 次多项式，则 $f(A) = a_n A^n + a_{n-1}A^{n-1} + \cdots + a_1 A + a_0 E$ 称为矩阵 A 的多项式.

定理 2.1.1 设 $A = (a_{ij})$ 为 n 阶方阵，$f(\lambda) = |\lambda E - A|$ 是 A 的特征多项式，则

$$f(A) = A^n - (a_{11} + a_{22} + \cdots + a_{nn})A^{n-1} + \cdots + (-1)^n |A| E_n = O.$$

定理 2.1.1 称为哈密顿-凯莱(Hamilton-Cayley)定理，证明可参阅文献(北京大学数学系前代数小组, 2013)[297].

2.1.2 题型与方法

1. 矩阵高次幂(矩阵多项式)的计算

计算矩阵高次幂(矩阵多项式)的常见方法，一般有下列几种.

1) 数学归纳法

例 2.1.1 设 $A = \begin{pmatrix} -1 & 1 & 1 & -1 \\ 1 & -1 & -1 & 1 \\ 1 & -1 & -1 & 1 \\ -1 & 1 & 1 & -1 \end{pmatrix}$，$n$ 为正整数，求 A^n.

解 由于 $A^2 = -4A, A^3 = -4A^2 = (-4)^2 A, A^4 = (-4)^2 A^2 = (-4)^3 A$, 猜想, $A^n = (-4)^{n-1} A$. 下面用数学归纳法证明.

当 $n = 2,3$ 时, 结论成立;

假设 $n = k$ 时, 结论成立, 即 $A^k = (-4)^{k-1} A$, 则当 $n = k+1$ 时, 由归纳假设得

$$A^{k+1} = A^k A = (-4)^{k-1} A^2 = (-4)^{k-1}(-4A) = (-4)^k A,$$

根据归纳法原理, 对任意正整数 n, $A^n = (-4)^{n-1} A$.

2) 利用特殊矩阵的方幂计算

例 2.1.2 设 $A = \begin{pmatrix} 1 & 2 & 3 \\ 4 & 5 & 6 \\ 7 & 8 & 9 \end{pmatrix}, B = \begin{pmatrix} 1 & 0 & 0 \\ 0 & 1 & 0 \\ 0 & 1 & 1 \end{pmatrix}, C = \begin{pmatrix} 0 & 0 & 1 \\ 0 & 1 & 0 \\ 1 & 0 & 0 \end{pmatrix}$, 求 $B^{2019} A C^{2020}$.

解 很显然, B, C 均为初等矩阵, 且 $B^{2019} = \begin{pmatrix} 1 & 0 & 0 \\ 0 & 1 & 0 \\ 0 & 2019 & 1 \end{pmatrix}, C^{2020} = E_3$, 于是

$$B^{2019} A C^{2020} = \begin{pmatrix} 1 & 0 & 0 \\ 0 & 1 & 0 \\ 0 & 2019 & 1 \end{pmatrix} AE = \begin{pmatrix} 1 & 0 & 0 \\ 0 & 1 & 0 \\ 0 & 2019 & 1 \end{pmatrix} A = \begin{pmatrix} 1 & 2 & 3 \\ 4 & 5 & 6 \\ 8083 & 10103 & 12123 \end{pmatrix}.$$

3) 将矩阵写成行向量与列向量的乘积计算

设 $A = \alpha^T \beta$, 其中 α, β 均为 n 维行向量, 则 $A^m = k^{m-1} A$, 其中 $k = \beta\alpha^T$, m 是正整数. 此方法适用于秩为 1 的矩阵.

例 2.1.3 设 $A = \begin{pmatrix} 1 & 2 & 3 \\ 2 & 4 & 6 \\ 3 & 6 & 9 \end{pmatrix}$, n 为正整数, 求 A^n.

解 令 $\alpha = (1,2,3)$, 则 $A = \alpha^T \alpha$. 又由于 $\alpha\alpha^T = 14$, 因此,

$$A^n = (\alpha\alpha^T)^{n-1} \alpha^T \alpha = 14^{n-1} \alpha^T \alpha - 14^{n-1} A.$$

4) 利用矩阵 A 的矩阵多项式计算

设 A 为 n 阶方阵, k 为正整数, 由定理 2.1.1 知, 存在多项式 $g(x)$, 使得 $g(A) = O$, 于是可利用 $g(A) = O$ 求 A^k (A 的多项式), 具体步骤如下:

先根据题设条件, 求使 $g(A) = O$ 的一个多项式 $g(x)$;

再令 $f(x) = x^k$, 则 $A^k = f(A)$, 由带余除法(参阅文献(陈维新, 2008)), 可设 $f(x) = g(x)q(x) + r(x)$, 其中 $r(x) = 0$ 或 $r(x)$ 的次数小于 $g(x)$ 的次数, 则

$$A^k = f(A) = r(A);$$

最后, 确定 $r(x)$ 中参数的值, 即得 A^k.

例 2.1.4 设 $A = \begin{pmatrix} 1 & 0 & 2 \\ 0 & -1 & 1 \\ 0 & 1 & 0 \end{pmatrix}$, 多项式 $g(x) = 2x^{11} + 2x^8 - 8x^7 + 3x^5 + x^4 + 17x^2 - 4$, 求 $g(A)$.

解 A 的特征多项式为 $f(x) = |xE - A| = x^3 - 2x + 1$, 用 $f(x)$ 除 $g(x)$ 得 $g(x) = f(x)q(x) + 27x - 14$, 于是由定理 2.1.1 得

$$g(A) = Oq(A) + 27A - 14E = 27A - 14E = \begin{pmatrix} 13 & 0 & 54 \\ 0 & -41 & 27 \\ 0 & 27 & -14 \end{pmatrix}.$$

例 2.1.5 设 $A = \begin{pmatrix} 1 & 0 & 0 \\ 1 & 0 & 1 \\ 0 & 1 & 0 \end{pmatrix}$.

(1) 证明对任意正整数 $n(n > 2)$, $A^n = A^{n-2} + A^2 - E$;

(2) 求 A^{100}.

(1) **证明** 当 $n = 3$ 时, 由 $A^2 = \begin{pmatrix} 1 & 0 & 0 \\ 1 & 1 & 0 \\ 1 & 0 & 1 \end{pmatrix}, A^3 = \begin{pmatrix} 1 & 0 & 0 \\ 2 & 0 & 1 \\ 1 & 1 & 0 \end{pmatrix}$ 得

$$A + A^2 - E = \begin{pmatrix} 1 & 0 & 0 \\ 1 & 0 & 1 \\ 0 & 1 & 0 \end{pmatrix} + \begin{pmatrix} 1 & 0 & 0 \\ 1 & 1 & 0 \\ 1 & 0 & 1 \end{pmatrix} - \begin{pmatrix} 1 & 0 & 0 \\ 0 & 1 & 0 \\ 0 & 0 & 1 \end{pmatrix} = \begin{pmatrix} 1 & 0 & 0 \\ 2 & 0 & 1 \\ 1 & 1 & 0 \end{pmatrix} = A^3.$$

假设对小于 $n(n > 2)$ 的正整数, 结论成立, 则对正整数 $n(n > 2)$, 由归纳假设得

$$A^n = AA^{n-1} = A(A^{n-3} + A^2 - E) = A^{n-2} + A^3 - A$$
$$= A^{n-2} + A + A^2 - E - A = A^{n-2} + A^2 - E.$$

根据归纳法原理, 对任意正整数 $n(n > 2)$, 有 $A^n = A^{n-2} + A^2 - E$.

(2) **解** 由 (1) 得 $A^3 - A^2 - A + E = O$, 令 $g(x) = x^3 - x^2 - x + 1$, 则 $g(A) = O$, 可求得 $1, -1$ 是 $g(x)$ 的根, 1 是 $g'(x)$ 的根, 于是 $g(1) = 0, g(-1) = 0, g'(1) = 0$.

令 $f(x) = x^{100}$, 则 $f(A) = A^{100}$, 设 $f(x) = g(x)q(x) + ax^2 + bx + c$, 两边求导得

$$100x^{99} = g'(x)q(x) + g(x)q'(x) + 2ax + b,$$

于是有 $\begin{cases} a + b + c = 1, \\ a - b + c = 1, \\ 2a + b = 100, \end{cases}$ 解得 $a = 50, b = 0, c = -49$, 因此,

$$A^{100} = Oq(A) + aA^2 + bA + cE = 50A^2 - 49E = \begin{pmatrix} 1 & 0 & 0 \\ 50 & 1 & 0 \\ 50 & 0 & 1 \end{pmatrix}.$$

5) 分解为两个矩阵的和计算

例 2.1.6 设 $A = \begin{pmatrix} 1 & 0 & 1 \\ 0 & 2 & 0 \\ 1 & 0 & 1 \end{pmatrix}$, n 为正整数, 求 A^n.

解 令 $A = B + C$, 其中 $B = \begin{pmatrix} 1 & 0 & 1 \\ 0 & 0 & 0 \\ 1 & 0 & 1 \end{pmatrix}$, $C = \begin{pmatrix} 0 & 0 & 0 \\ 0 & 2 & 0 \\ 0 & 0 & 0 \end{pmatrix}$, 很显然, $BC = CB = O$.

由于 $B = \begin{pmatrix} 1 \\ 0 \\ 1 \end{pmatrix} (1,0,1)$, 因此, $B^i = 2^{i-1} B (i = 2,3,\cdots,n)$, 于是

$$A^n = (B+C)^n = B^n + C^n = 2^{n-1}B + C^n = 2^{n-1}(B+C) = 2^{n-1}A.$$

例 2.1.7 设 $A = \begin{pmatrix} \lambda & 1 & 0 \\ 0 & \lambda & 1 \\ 0 & 0 & \lambda \end{pmatrix}$, n 为正整数, 求 A^n.

解 令 $A = B + C$, 其中 $B = \lambda E_3, C = \begin{pmatrix} 0 & 1 & 0 \\ 0 & 0 & 1 \\ 0 & 0 & 0 \end{pmatrix}$, 则

$$BC = CB = \lambda C, \quad C^2 = \begin{pmatrix} 0 & 0 & 1 \\ 0 & 0 & 0 \\ 0 & 0 & 0 \end{pmatrix}, \quad C^3 = O,$$

于是

$$A^n = (B+C)^n = (\lambda E + C)^n = \lambda^n E + n\lambda^{n-1}C + \frac{n(n-1)}{2}\lambda^{n-2}C^2$$

$$= \lambda^n E + n\lambda^{n-1}\begin{pmatrix} 0 & 1 & 0 \\ 0 & 0 & 1 \\ 0 & 0 & 0 \end{pmatrix} + \frac{n(n-1)}{2}\lambda^{n-2}\begin{pmatrix} 0 & 0 & 1 \\ 0 & 0 & 0 \\ 0 & 0 & 0 \end{pmatrix}$$

$$= \begin{pmatrix} \lambda^n & n\lambda^{n-1} & \dfrac{n(n-1)}{2}\lambda^{n-2} \\ 0 & \lambda^n & n\lambda^{n-1} \\ 0 & 0 & \lambda^n \end{pmatrix}.$$

注 2.1.1　例 2.1.7 也可用数学归纳法求解. 在例 2.1.7 中, 若 $\lambda = 0$, 则 $A^n = O(n \geqslant 3)$.

例 2.1.8　设 $A = \begin{pmatrix} 2 & 1 & 0 \\ 0 & 2 & 2 \\ 0 & 0 & 2 \end{pmatrix}$, n 为正整数, 求 A^n.

解　令 $A = B + C$, 其中 $B = 2E_3, C = \begin{pmatrix} 0 & 1 & 0 \\ 0 & 0 & 2 \\ 0 & 0 & 0 \end{pmatrix}$, 而

$$BC = CB = 2C, \quad C^2 = \begin{pmatrix} 0 & 0 & 2 \\ 0 & 0 & 0 \\ 0 & 0 & 0 \end{pmatrix}, \quad C^3 = O,$$

于是

$$A^n = (B+C)^n = B^n + nB^{n-1}C + \frac{n(n-1)}{2}B^{n-2}C^2 = 2^n E_3 + n2^{n-1}C + \frac{n(n-1)}{2}2^{n-2}C^2$$

$$= 2^n E_3 + n2^{n-1}\begin{pmatrix} 0 & 1 & 0 \\ 0 & 0 & 2 \\ 0 & 0 & 0 \end{pmatrix} + \frac{n(n-1)}{2}2^{n-2}\begin{pmatrix} 0 & 0 & 2 \\ 0 & 0 & 0 \\ 0 & 0 & 0 \end{pmatrix} = \begin{pmatrix} 2^n & n2^{n-1} & n(n-1)2^{n-2} \\ 0 & 2^n & n2^n \\ 0 & 0 & 2^n \end{pmatrix}.$$

6) 利用分块矩阵计算

例 2.1.9　设 $A = \begin{pmatrix} 3 & 4 & 0 & 0 \\ 4 & -3 & 0 & 0 \\ 0 & 0 & 2 & 4 \\ 0 & 0 & 0 & 2 \end{pmatrix}$, 求 A^{2k}, 其中 k 是正整数.

解　令 $B = \begin{pmatrix} 3 & 4 \\ 4 & -3 \end{pmatrix}, C = \begin{pmatrix} 2 & 4 \\ 0 & 2 \end{pmatrix}$, 则 $B^2 = 25E_2, B^{2k} = (B^2)^k = 25^k E_2$,

$$C = 2^2 \begin{pmatrix} \dfrac{1}{2} & 1 \\ 0 & \dfrac{1}{2} \end{pmatrix}, \quad C^{2k} = 2^{4k}\begin{pmatrix} \dfrac{1}{2^{2k}} & \dfrac{2k}{2^{2k-1}} \\ 0 & \dfrac{1}{2^{2k}} \end{pmatrix} = \begin{pmatrix} 2^{2k} & k \cdot 2^{2k+2} \\ 0 & 2^{2k} \end{pmatrix},$$

故

$$A^{2k} = \begin{pmatrix} B^{2k} & O \\ O & C^{2k} \end{pmatrix} = \begin{pmatrix} 25^k & 0 & 0 & 0 \\ 0 & 25^k & 0 & 0 \\ 0 & 0 & 2^{2k} & k2^{2k+2} \\ 0 & 0 & 0 & 2^{2k} \end{pmatrix}.$$

注 2.1.2　对可对角化的矩阵,可利用相似矩阵计算其方幂, 具体例题见第 5 章, 这里从略.

2. 其他题型

例 2.1.10　设 A,B 均为 n 阶方阵, 试问下列结论是否正确?

(1) 若 $A^2 = A$, 则 $A = E$ 或 $A = O$;

(2) 若 $A \neq O$, 则 $A^2 \neq O$;

(3) $(A+B)(A-B) = A^2 - B^2$.

解　(1) 不正确. 例如, 取 $A = \begin{pmatrix} 1 & 0 \\ 0 & 0 \end{pmatrix}$, 则 $A^2 = A$, 但 $A \neq E$, 且 $A \neq O$.

(2) 不正确. 例如, 取 $A = \begin{pmatrix} 0 & 1 \\ 0 & 0 \end{pmatrix} \neq O$, 但 $A^2 = O$.

(3) 不正确. 因为 AB 不一定等于 BA. 例如, 取 $A = \begin{pmatrix} 1 & 1 \\ 2 & 2 \end{pmatrix}, B = \begin{pmatrix} 1 & -1 \\ -1 & 1 \end{pmatrix}$, 则

$AB = O$, 但 $BA = \begin{pmatrix} -1 & -1 \\ 1 & 1 \end{pmatrix} \neq O$.

例 2.1.11　设 A 为 n 阶实方阵, 证明 $A^{\mathrm{T}} A = O$ 当且仅当 $A = O$.

证明　将 A 按列分块为 $A = (\alpha_1, \alpha_2, \cdots, \alpha_n)$, 则 $A^{\mathrm{T}} A = (\alpha_i^{\mathrm{T}} \alpha_j)$. 于是 $A = O$ 当且仅当 $\alpha_i = 0 (i = 1, 2, \cdots, n)$ 当且仅当 $\alpha_i^{\mathrm{T}} \alpha_j = 0 (i, j = 1, 2, \cdots, n)$, 即 $A^{\mathrm{T}} A = O$.

注 2.1.3　例 2.1.11 中, 若 A 是复矩阵, 则结论不一定成立.

例 2.1.12　设 A 为 n 阶反对称矩阵, 即 $A^{\mathrm{T}} = -A$, 证明 $\left| A^2 - E \right| = (-1)^n \left| A + E \right|^2$.

证明　由于 $A^{\mathrm{T}} = -A$, 因此,

$$\left| A^2 - E \right| = \left| (A+E)(A-E) \right| = \left| A+E \right| \left| A-E \right| = \left| A+E \right| \left| (A-E)^{\mathrm{T}} \right|$$

$$= \left| (A+E) \right| \left| A^{\mathrm{T}} - E \right| = \left| (A+E) \right| \left| -A - E \right| = \left| (A+E) \right| \left| -(A+E) \right| = (-1)^n \left| A+E \right|^2.$$

2.2　矩阵的初等变换和初等矩阵

2.2.1　基础理论

定义 2.2.1　下面三种变换称为矩阵的初等行变换:

(1) 互换矩阵中两行的位置(互换 i, j 两行的位置, 记为 $r_i \leftrightarrow r_j$);

(2) 以一个非零的数乘矩阵的某一行(第 i 行乘数 k, 记为 $r_i \times k$);

(3) 把矩阵某一行的 c 倍加到另一行(第 j 行的 c 倍加到第 i 行上, 记为 $r_i + cr_j$).

把定义 2.2.1 中的"行"换成"列", 即得矩阵的初等列变换的定义(所用记号是把"r"换成"c").

矩阵的初等行变换和初等列变换统称初等变换. 初等变换都是可逆的, 且它们的逆变换是同一类型的初等变换.

任何一个非零矩阵 $A_{m \times n}$ 总可经有限次初等行(列)变换化为行(列)阶梯形矩阵(行(列)最简形矩阵).

定义 2.2.2 单位矩阵 E 经过一次初等变换得到的矩阵称为初等矩阵.

三种初等变换对应有三种初等矩阵:

(1) 互换单位矩阵 E 的第 i 行(列)与第 j 行(列)的位置所得的初等矩阵, 记为 $E(i,j)$;

(2) 以非零数 k 乘单位矩阵 E 的第 i 行(列) 所得的初等矩阵, 记为 $E(i(k))$;

(3) 把单位矩阵 E 的第 j 行的 c 倍加到第 i 行(将单位矩阵 E 的第 i 列的 c 倍加到第 j 列) 所得的初等矩阵, 记为 $E(ij(c))$.

定理 2.2.1 对矩阵 $A_{m \times n}$ 施行一次初等行变换相当于在 $A_{m \times n}$ 的左边乘一个相应的 m 阶初等矩阵; 对 $A_{m \times n}$ 施行一次初等列变换相当于在 $A_{m \times n}$ 的右边乘一个相应的 n 阶初等矩阵.

由定理 2.2.1, 可得下面结论.

命题 2.2.1 设 m 是任意正整数, 则

(1) 当 m 为偶数时, $E(i,j)^m = E$; 当 m 为奇数时, $E(i,j)^m = E(i,j)$;

(2) $E(i(k))^m = E(i(k^m))$, 其中 k 为非零常数;

(3) $E(ij(c))^m = E(ij(mc))$, 其中 c 为任意常数.

定义 2.2.3 下面三种变换称为分块矩阵的初等行(列)变换:

(1) 交换分块矩阵的两行(列);

(2) 用一适当阶数的可逆矩阵左(右)乘分块矩阵的某一行(列)的各子块;

(3) 用一适当阶数的矩阵左(右)乘分块矩阵的某一行(列)加到另一行(列)的对应子块上.

分块矩阵的初等行变换和初等列变换统称为分块矩阵的初等变换. 三种分块矩阵的初等变换都是可逆的, 且它们的逆变换是同一类型的分块矩阵的初等变换.

对分块单位矩阵施行一次分块矩阵的初等变换得到的矩阵称为分块初等矩阵. 三种分块矩阵的初等变换也对应有三种分块初等矩阵.

定理 2.2.2 对分块矩阵 A 施行一次分块矩阵的初等行(列)变换, 相当于用相应的分块初等矩阵左(右)乘 A .

命题 2.2.2 初等变换(分块矩阵的初等变换)不改变矩阵(分块矩阵)的秩.

2.2.2　题型与方法

1. 初等变换与初等矩阵的应用

例 2.2.1(2011 年全国硕士研究生入学统一考试数学一、二、三真题)　设 A 为三阶方阵,将 A 的第二列加到第一列得矩阵 B,再交换 B 的第二行与第三行得单

位矩阵 E,令 $P_1 = \begin{pmatrix} 1 & 0 & 0 \\ 1 & 1 & 0 \\ 0 & 0 & 1 \end{pmatrix}, P_2 = \begin{pmatrix} 1 & 0 & 0 \\ 0 & 0 & 1 \\ 0 & 1 & 0 \end{pmatrix}$, 则 $A = ($　　$)$.

(A) $P_1 P_2$　　　　(B) $P_1^{-1} P_2$　　　　(C) $P_2 P_1$　　　　(D) $P_2 P_1^{-1}$

分析　P_1 和 P_2 都是初等矩阵, 因此, 可利用定理 2.2.1 求解.

解　P_1 和 P_2 都是初等矩阵, 即 $P_1 = E(21(1)), P_2 = E(2,3)$, 由定理 2.2.1 知, $B = AP_1, P_2 B = E$, 于是 $A = BP_1^{-1}, B = P_2^{-1} = P_2$, 由此得, $A = P_2 P_1^{-1}$, 故选项(D)正确.

例 2.2.2　设 A, P 均为三阶矩阵, P^{T} 为矩阵 P 的转置矩阵, 且 $P^{\mathrm{T}}AP = \begin{pmatrix} 1 & & \\ & 1 & \\ & & 2 \end{pmatrix}$, 若 $P = (\alpha_1, \alpha_2, \alpha_3), Q = (\alpha_1 + \alpha_2, \alpha_2, \alpha_3)$, 则 $Q^{\mathrm{T}}AQ$ 为(　　).

(A) $\begin{pmatrix} 2 & 1 & 0 \\ 1 & 1 & 0 \\ 0 & 0 & 2 \end{pmatrix}$　　(B) $\begin{pmatrix} 1 & 1 & 0 \\ 1 & 2 & 0 \\ 0 & 0 & 2 \end{pmatrix}$　　(C) $\begin{pmatrix} 2 & & \\ & 1 & \\ & & 2 \end{pmatrix}$　　(D) $\begin{pmatrix} 1 & & \\ & 2 & \\ & & 2 \end{pmatrix}$

解　由题设知, $Q = P \begin{pmatrix} 1 & 0 & 0 \\ 1 & 1 & 0 \\ 0 & 0 & 1 \end{pmatrix}$, 于是

$$Q^{\mathrm{T}}AQ = \begin{pmatrix} 1 & 0 & 0 \\ 1 & 1 & 0 \\ 0 & 0 & 1 \end{pmatrix}^{\mathrm{T}} P^{\mathrm{T}}AP \begin{pmatrix} 1 & 0 & 0 \\ 1 & 1 & 0 \\ 0 & 0 & 1 \end{pmatrix} = \begin{pmatrix} 1 & 1 & 0 \\ 0 & 1 & 0 \\ 0 & 0 & 1 \end{pmatrix} \begin{pmatrix} 1 & 0 & 0 \\ 0 & 1 & 0 \\ 0 & 0 & 2 \end{pmatrix} \begin{pmatrix} 1 & 0 & 0 \\ 1 & 1 & 0 \\ 0 & 0 & 1 \end{pmatrix}$$

$$= \begin{pmatrix} 1 & 1 & 0 \\ 0 & 1 & 0 \\ 0 & 0 & 2 \end{pmatrix} \begin{pmatrix} 1 & 0 & 0 \\ 1 & 1 & 0 \\ 0 & 0 & 1 \end{pmatrix} = \begin{pmatrix} 2 & 1 & 0 \\ 1 & 1 & 0 \\ 0 & 0 & 2 \end{pmatrix},$$

故选项(A)正确.

例 2.2.3　设 A, B 均为 n 阶方阵, 证明 $\begin{vmatrix} A & B \\ B & A \end{vmatrix} = |A+B||A-B|$.

分析　可利用分块矩阵的初等变换证明.

证明 先将 $\begin{pmatrix} A & B \\ B & A \end{pmatrix}$ 的第一行加到第二行, 再以 $(-E_n)$ 右乘第二列加到第一列

得矩阵 $\begin{pmatrix} A-B & B \\ O & A+B \end{pmatrix}$, 即有 $\begin{pmatrix} E_n & O \\ E_n & E_n \end{pmatrix} \begin{pmatrix} A & B \\ B & A \end{pmatrix} \begin{pmatrix} E_n & O \\ -E_n & E_n \end{pmatrix} = \begin{pmatrix} A-B & B \\ O & A+B \end{pmatrix}$, 两边

求行列式得 $\begin{vmatrix} A & B \\ B & A \end{vmatrix} = \begin{vmatrix} A-B & B \\ O & A+B \end{vmatrix} = |A+B||A-B|$.

注 2.2.1 形如例 2.2.3 的行列式, 填空题中可直接利用例 2.2.3 的结论求行列式的值.

2. 矩阵的行(列)最简形

例 2.2.4 设 $A = \begin{pmatrix} 2 & 1 & -3 & 1 & -1 \\ 1 & 2 & -2 & 2 & 0 \\ -1 & 3 & 2 & -2 & 5 \end{pmatrix}$, 求 A 的行最简形和列最简形.

解 对 A 施行下列初等行变换, 得

$$A = \begin{pmatrix} 2 & 1 & -3 & 1 & -1 \\ 1 & 2 & -2 & 2 & 0 \\ -1 & 3 & 2 & -2 & 5 \end{pmatrix} \xrightarrow[\substack{r_2-2r_1 \\ r_3+r_1}]{r_1 \leftrightarrow r_2} \begin{pmatrix} 1 & 2 & -2 & 2 & 0 \\ 0 & -3 & 1 & -3 & -1 \\ 0 & 5 & 0 & 0 & 5 \end{pmatrix}$$

$$\xrightarrow[\substack{r_2 \leftrightarrow r_3 \\ r_3+3r_2}]{r_3 \times \frac{1}{5}} \begin{pmatrix} 1 & 2 & -2 & 2 & 0 \\ 0 & 1 & 0 & 0 & 1 \\ 0 & 0 & 1 & -3 & 2 \end{pmatrix} \xrightarrow[\substack{r_1+2r_3}]{r_1-2r_2} \begin{pmatrix} 1 & 0 & 0 & -4 & 2 \\ 0 & 1 & 0 & 0 & 1 \\ 0 & 0 & 1 & -3 & 2 \end{pmatrix},$$

可见, A 的行最简形为 $\begin{pmatrix} 1 & 0 & 0 & -4 & 2 \\ 0 & 1 & 0 & 0 & 1 \\ 0 & 0 & 1 & -3 & 2 \end{pmatrix}$.

类似地, 对 A 施行初等列变换可得其列最简形为 $\begin{pmatrix} 1 & 0 & 0 & 0 & 0 \\ 0 & 1 & 0 & 0 & 0 \\ 0 & 0 & 1 & 0 & 0 \end{pmatrix}$.

2.3 伴随矩阵与可逆矩阵

2.3.1 基础理论

定义 2.3.1 设 A 是 n 阶方阵, 若存在 n 阶方阵 B, 使得 $AB = BA = E$, 则称 A 为可逆矩阵, B 为 A 的逆矩阵.

若 A 是可逆矩阵, 则 A 的逆矩阵是唯一的, 记为 A^{-1}. 初等矩阵都为可逆矩阵, 且

$$E(i,j)^{-1} = E(i,j), \quad E(i(k))^{-1} = E\left(i\left(\frac{1}{k}\right)\right), \quad E(ij(c))^{-1} = E(ij(-c)),$$

其中 k 是任意非零常数, c 是任意常数.

定义 2.3.2　设 $A = (a_{ij})$ 为 n 阶方阵, 称矩阵 $\begin{pmatrix} A_{11} & A_{21} & \cdots & A_{n1} \\ A_{12} & A_{22} & \cdots & A_{n2} \\ \vdots & \vdots & & \vdots \\ A_{1n} & A_{2n} & \cdots & A_{nn} \end{pmatrix}$ 为 A 的伴随

矩阵, 记为 A^*, 其中 A_{ij} 为 A 的行列式 $|A|$ 中元素 a_{ij} 的代数余子式 $(i, j = 1, 2, \cdots, n)$.

对任意 n 阶方阵 A, $AA^* = A^*A = |A|E$, 其中 E 为 n 阶单位矩阵.

定理 2.3.1　设 A 为 n 阶方阵, E 为 n 阶单位矩阵, 则下列结论等价:

(1) A 是可逆矩阵, 即存在 n 阶方阵 B, 使得 $AB = BA = E$;

(2) 存在 n 阶方阵 B, 使得 $AB = E$ $(BA = E)$;

(3) A 是非退化的, 即 $|A| \neq 0$;

(4) $r(A) = n$;

(5) A 等价于 E;

(6) A 可经若干次初等变换化为 E;

(7) A 可表示为初等矩阵的乘积;

(8) A 可经若干次初等行(列)变换化为 E;

(9) A 的行(列)最简形为 E;

(10) A 的行(列)向量组线性无关;

(11) 对任意 n 维列向量 β, 线性方程组 $AX = \beta$ 都有唯一解;

(12) A 的 n 个特征值都不等于零.

性质 2.3.1　设 A, B 均为 n 阶可逆矩阵, k 为任意非零常数, 则 $A^{-1}, kA, A^{\mathrm{T}}, A^*$ 和 AB 均为可逆矩阵, 且

$$(A^{-1})^{-1} = A, \quad (kA)^{-1} = \frac{1}{k}A^{-1}, \quad (A^{\mathrm{T}})^{-1} = (A^{-1})^{\mathrm{T}},$$

$$(A^*)^{-1} = (A^{-1})^* = \frac{1}{|A|}A, \quad (AB)^{-1} = B^{-1}A^{-1}.$$

性质 2.3.2　设 A, B 均为 n 阶方阵, k 为任意常数, 则

(1) 若 A 为可逆矩阵, 则 $A^{-1} = \frac{1}{|A|}A^*$, 从而 $A^* = |A|A^{-1}$;

(2) $r(A^*) = \begin{cases} n, & r(A) = n, \\ 1, & r(A) = n-1, \\ 0, & r(A) < n-1; \end{cases}$

(3) $\left|A^*\right| = |A|^{n-1} (n \geqslant 2)$;

(4) $(AB)^* = B^* A^*, (kA)^* = k^{n-1} A^*, (A^{\mathrm{T}})^* = (A^*)^{\mathrm{T}}, (A^*)^* = |A|^{n-2} A$.

性质 2.3.2 中 (2) 和 (3) 的证明见例 2.4.7, (4) 的证明参阅文献 (杨子胥, 2008)[89-91].

2.3.2 题型与方法

1. 矩阵可逆的判断(证明)及矩阵可逆时, 其逆矩阵的求法

判断(证明) n 阶方阵 A 是否为可逆矩阵, 且当 A 为可逆矩阵时, 求 A^{-1}, 一般有下列几种常见的方法.

1) 利用可逆矩阵的定义判断(证明)及求解

此方法只需找到一个与 A 的乘积等于 n 阶单位矩阵 E 的方阵即可.

例 2.3.1 设 A 为 n 阶方阵, E 为 n 阶单位矩阵, 且 $A^k = O(k$ 是正整数), 证明 $E - A$ 为可逆矩阵, 并求 $(E-A)^{-1}$.

证明 由于 $(E-A)(E+A+A^2+\cdots+A^{k-1}) = E - A^k = E$, 故 $E - A$ 为可逆矩阵, 且

$$(E-A)^{-1} = E + A + A^2 + \cdots + A^{k-1}.$$

注 2.3.1 在例 2.3.1 中, $E + A$ 也为可逆矩阵, 且

$$(E+A)^{-1} = \begin{cases} E - A + A^2 - \cdots - A^{k-1}, & k = 2s, \\ E - A + A^2 - \cdots + A^{k-1}, & k = 2s+1, \end{cases}$$

其中 s 为正整数.

例 2.3.2 设 A, B 均为 n 阶矩阵, 若 $A, B, A+B$ 都为可逆矩阵, 证明 $A^{-1} + B^{-1}$ 也为可逆矩阵, 并求其逆矩阵.

证明 由题设知, A^{-1}, B^{-1} 都为可逆矩阵, 因为

$$A^{-1} + B^{-1} = A^{-1}(E + AB^{-1}) = A^{-1}(BB^{-1} + AB^{-1}) = A^{-1}(A+B)B^{-1},$$

所以 $A^{-1} + B^{-1}$ 也为可逆矩阵, 上式两边求逆得 $(A^{-1}+B^{-1})^{-1} = B(A+B)^{-1}A$.

注 2.3.2 在例 2.3.2 中, 令 $A^{-1} = B^{-1}BA^{-1}$, 类似可得 $(A^{-1}+B^{-1})^{-1} = A(A+B)^{-1}B$.

2) 利用方阵 A 的行列式判断(证明)及求解

由定理 2.3.1 知, 若方阵 A 的 $|A| \neq 0$, 则 A 可逆, 否则, A 不可逆. 当 A 可逆时, $A^{-1} = \dfrac{1}{|A|} A^*$. 此方法适用于阶数比较低(一些特殊)的矩阵.

例 2.3.3 设 $A = \begin{pmatrix} 1 & 1 & 1 \\ 2 & -1 & 1 \\ 1 & 2 & 0 \end{pmatrix}$, 求 A^{-1}.

解 由 $|A| = 4 \neq 0$ 知, A 可逆, 不难计算 $|A|$ 中各元素的代数余子式为

$$A_{11} = -2, \quad A_{12} = 1, \quad A_{13} = 5; \quad A_{21} = 2, \quad A_{22} = -1, \quad A_{23} = -1;$$

$$A_{31} = 2, \quad A_{32} = 1, \quad A_{33} = -3,$$

故 $A^{-1} = \dfrac{A^*}{|A|} = \dfrac{1}{4} \begin{pmatrix} -2 & 2 & 2 \\ 1 & -1 & 1 \\ 5 & -1 & -3 \end{pmatrix}$.

注 2.3.3 例 2.3.3 也可以利用矩阵的初等变换求解.

3) 初等变换法

设 A 为 n 阶方阵, E 为 n 阶单位矩阵.

对矩阵 (A, E) 施行初等行变换化为行最简形, 若 A 能化为 E, 则 A 可逆, 且 E 所化得的矩阵为 A^{-1}; 若 A 不能化为 E, 则 A 不可逆. 此方法主要适用于具体矩阵, 称此方法为初等行变换法, 类似有初等列变换法和初等变换法.

例 2.3.4 设 $A = \begin{pmatrix} -1 & -2 & -1 & -2 \\ -2 & -3 & -2 & 3 \\ -1 & -2 & 1 & 2 \\ -2 & -3 & 2 & -3 \end{pmatrix}$, 判断 A 是否为可逆矩阵, 若是, 求 A^{-1}.

解 $(A, E) \xrightarrow[\substack{r_4-r_2 \\ r_4-2r_3 \\ r_3 \times \frac{1}{2} \\ r_4 \times \left(-\frac{1}{14}\right)}]{\substack{r_1 \times (-1) \\ r_2+2r_1 \\ r_3+r_1 \\ r_4+2r_1}}$

$\begin{pmatrix} 1 & 2 & 1 & 2 & -1 & 0 & 0 & 0 \\ 0 & 1 & 0 & 7 & -2 & 1 & 0 & 0 \\ 0 & 0 & 1 & 2 & -\dfrac{1}{2} & 0 & \dfrac{1}{2} & 0 \\ 0 & 0 & 0 & 1 & -\dfrac{1}{7} & \dfrac{1}{14} & \dfrac{1}{7} & -\dfrac{1}{14} \end{pmatrix}$

$\xrightarrow[\substack{r_1-r_3 \\ r_1-2r_2}]{\substack{r_3-2r_4 \\ r_2-7r_4 \\ r_1-2r_4}}$ $\begin{pmatrix} 1 & 0 & 0 & 0 & \dfrac{3}{2} & -1 & \dfrac{3}{2} & -1 \\ 0 & 1 & 0 & 0 & -1 & \dfrac{1}{2} & -1 & \dfrac{1}{2} \\ 0 & 0 & 1 & 0 & -\dfrac{3}{14} & -\dfrac{1}{7} & \dfrac{3}{14} & \dfrac{1}{7} \\ 0 & 0 & 0 & 1 & -\dfrac{1}{7} & \dfrac{1}{14} & \dfrac{1}{7} & -\dfrac{1}{14} \end{pmatrix}$,

故 A 可逆, 且 $A^{-1}=\dfrac{1}{14}\begin{pmatrix} 21 & -14 & 21 & -14 \\ -14 & 7 & -14 & 7 \\ -3 & -2 & 3 & 2 \\ -2 & 1 & 2 & -1 \end{pmatrix}$.

4) 利用分块矩阵的初等变换判断(证明)及求解

类似初等变换可利用分块矩阵的初等变换判断(证明)方阵 A 是否可逆, 且当 A 可逆时, 求 A^{-1}. 一般分为分块矩阵的初等行变换法、分块矩阵的初等列变换法和分块矩阵的初等变换法.

例 2.3.5　用分块矩阵的初等行变换法求解例 2.3.4.

解　令 $B=\begin{pmatrix} -1 & -2 \\ -2 & -3 \end{pmatrix}, C=\begin{pmatrix} -1 & -2 \\ -2 & 3 \end{pmatrix}$, 则 $A=\begin{pmatrix} B & C \\ B & -C \end{pmatrix}$,　由 $|B|=-1, |C|=-7$ 知,

B, C 均为可逆矩阵, 且 $B^{-1}=\begin{pmatrix} 3 & -2 \\ -2 & 1 \end{pmatrix}, C^{-1}=-\dfrac{1}{7}\begin{pmatrix} 3 & 2 \\ 2 & -1 \end{pmatrix}$.

对 $D=\begin{pmatrix} B & C & E_2 & O \\ B & -C & O & E_2 \end{pmatrix}$ 施行下列分块矩阵的初等行变换, 得

$$D\rightarrow\begin{pmatrix} B & O & \dfrac{1}{2}E_2 & \dfrac{1}{2}E_2 \\ O & -2C & -E_2 & E_2 \end{pmatrix}\rightarrow\begin{pmatrix} E_2 & O & \dfrac{1}{2}B^{-1} & \dfrac{1}{2}B^{-1} \\ O & E_2 & \dfrac{1}{2}C^{-1} & -\dfrac{1}{2}C^{-1} \end{pmatrix},$$

故 A 可逆, 且 $A^{-1}=\dfrac{1}{2}\begin{pmatrix} B^{-1} & B^{-1} \\ C^{-1} & -C^{-1} \end{pmatrix}=\dfrac{1}{14}\begin{pmatrix} 21 & -14 & 21 & -14 \\ -14 & 7 & -14 & 7 \\ -3 & -2 & 3 & 2 \\ -2 & 1 & 2 & -1 \end{pmatrix}$.

例 2.3.6　设 A, B 分别为 m 阶和 n 阶可逆矩阵, 证明

(1) $\begin{pmatrix} A & O \\ C & B \end{pmatrix}, \begin{pmatrix} A & C \\ O & B \end{pmatrix}$ 均为可逆矩阵, 且

$$\begin{pmatrix} A & O \\ C & B \end{pmatrix}^{-1}=\begin{pmatrix} A^{-1} & O \\ -B^{-1}CA^{-1} & B^{-1} \end{pmatrix},\quad \begin{pmatrix} A & C \\ O & B \end{pmatrix}^{-1}=\begin{pmatrix} A^{-1} & -A^{-1}CB^{-1} \\ O & B^{-1} \end{pmatrix}.$$

特别地, 当 $C=O$ 时, $\begin{pmatrix} A & O \\ O & B \end{pmatrix}^{-1}=\begin{pmatrix} A^{-1} & O \\ O & B^{-1} \end{pmatrix}$.

(2) $\begin{pmatrix} C & A \\ B & O \end{pmatrix}, \begin{pmatrix} O & A \\ B & C \end{pmatrix}$ 均为可逆矩阵, 且

$$\begin{pmatrix} C & A \\ B & O \end{pmatrix}^{-1} = \begin{pmatrix} O & B^{-1} \\ A^{-1} & -A^{-1}CB^{-1} \end{pmatrix}, \quad \begin{pmatrix} O & A \\ B & C \end{pmatrix}^{-1} = \begin{pmatrix} -B^{-1}CA^{-1} & B^{-1} \\ A^{-1} & O \end{pmatrix}.$$

特别地, 当 $C = O$ 时, $\begin{pmatrix} O & A \\ B & O \end{pmatrix}^{-1} = \begin{pmatrix} O & B^{-1} \\ A^{-1} & O \end{pmatrix}$.

证明 (1) 只对矩阵 $\begin{pmatrix} A & O \\ C & B \end{pmatrix}$ 证明, 其他情形可类似证明, 这里从略.

对矩阵 $\begin{pmatrix} A & O & E_m & O \\ C & B & O & E_n \end{pmatrix}$ 施行下列分块矩阵的初等行变换, 得

$$\begin{pmatrix} A & O & E_m & O \\ C & B & O & E_n \end{pmatrix} \rightarrow \begin{pmatrix} A & O & E_m & O \\ O & B & -CA^{-1} & E_n \end{pmatrix} \rightarrow \begin{pmatrix} E_m & O & A^{-1} & O \\ O & E_n & -B^{-1}CA^{-1} & B^{-1} \end{pmatrix},$$

故 $\begin{pmatrix} A & O \\ C & B \end{pmatrix}$ 为可逆矩阵, 且 $\begin{pmatrix} A & O \\ C & B \end{pmatrix}^{-1} = \begin{pmatrix} A^{-1} & O \\ -B^{-1}CA^{-1} & B^{-1} \end{pmatrix}$.

(2) 只对矩阵 $\begin{pmatrix} C & A \\ B & O \end{pmatrix}$ 证明, 其他情形可类似证明, 这里从略.

对矩阵 $\begin{pmatrix} C & A & E_m & O \\ B & O & O & E_n \end{pmatrix}$ 施行下列分块矩阵的初等行变换, 得

$$\begin{pmatrix} C & A & E_m & O \\ B & O & O & E_n \end{pmatrix} \rightarrow \begin{pmatrix} O & A & E_m & -CB^{-1} \\ B & O & O & E_n \end{pmatrix}$$

$$\rightarrow \begin{pmatrix} O & E_m & A^{-1} & -A^{-1}CB^{-1} \\ E_n & O & O & B^{-1} \end{pmatrix} \rightarrow \begin{pmatrix} E_n & O & O & B^{-1} \\ O & E_m & A^{-1} & -A^{-1}CB^{-1} \end{pmatrix},$$

故 $\begin{pmatrix} C & A \\ B & O \end{pmatrix}$ 为可逆矩阵, 且 $\begin{pmatrix} C & A \\ B & O \end{pmatrix}^{-1} = \begin{pmatrix} O & B^{-1} \\ A^{-1} & -A^{-1}CB^{-1} \end{pmatrix}$.

注 2.3.4 可直接利用例 2.3.6 求可逆矩阵的逆矩阵.

例 2.3.7 设 A, B 均为 n 阶方阵, 且 $A+B$, $A-B$ 均为可逆矩阵, 证明矩阵 $D = \begin{pmatrix} A & B \\ B & A \end{pmatrix}$ 为可逆矩阵, 并求 D^{-1}.

证明 由题设和例 2.2.3 知, $|D| = |A+B||A-B| \neq 0$, 故 D 为可逆矩阵.

对 (D, E_{2n}) 施行下列分块矩阵的初等行变换, 得

$$(D,E_{2n}) \rightarrow \begin{pmatrix} A & B & E_n & O \\ A+B & A+B & E_n & E_n \end{pmatrix} \rightarrow \begin{pmatrix} A & B & E_n & O \\ E_n & E_n & (A+B)^{-1} & (A+B)^{-1} \end{pmatrix}$$

$$\rightarrow \begin{pmatrix} A-B & O & E_n-B(A+B)^{-1} & -B(A+B)^{-1} \\ E_n & E_n & (A+B)^{-1} & (A+B)^{-1} \end{pmatrix}$$

$$\rightarrow \begin{pmatrix} E_n & O & (A-B)^{-1}-(A-B)^{-1}B(A+B)^{-1} & -(A-B)^{-1}B(A+B)^{-1} \\ E_n & E_n & (A+B)^{-1} & (A+B)^{-1} \end{pmatrix}$$

$$\rightarrow \begin{pmatrix} E_n & O & (A-B)^{-1}-(A-B)^{-1}B(A+B)^{-1} & -(A-B)^{-1}B(A+B)^{-1} \\ O & E_n & -(A-B)^{-1}(E_n-B(A+B)^{-1})+(A+B)^{-1} & (E_n+(A-B)^{-1}B)(A+B)^{-1} \end{pmatrix},$$

故

$$D^{-1}=\begin{pmatrix} (A-B)^{-1}-(A-B)^{-1}B(A+B)^{-1} & -(A-B)^{-1}B(A+B)^{-1} \\ -(A-B)^{-1}(E_n-B(A+B)^{-1})+(A+B)^{-1} & (E_n+(A-B)^{-1}B)(A+B)^{-1} \end{pmatrix},$$

由于 $B=\dfrac{1}{2}[(A+B)-(A-B)]$，因此，

$$D^{-1}=\frac{1}{2}\begin{pmatrix} (A+B)^{-1}+(A-B)^{-1} & (A+B)^{-1}-(A-B)^{-1} \\ (A+B)^{-1}-(A-B)^{-1} & (A+B)^{-1}+(A-B)^{-1} \end{pmatrix}.$$

5) 利用特殊分块矩阵判断(证明)及求解

形如(可化为)例 2.3.6 的矩阵可直接利用例 2.3.6 判断(证明)其是否逆，且当其可逆时，求其逆矩阵.

例 2.3.8 设 A,B,C 均为 n 阶方阵，且 A,B 均为可逆矩阵，证明 $D=\begin{pmatrix} A & C+B \\ A & C \end{pmatrix}$ 为可逆矩阵，并求 D^{-1}.

证明 因为 $D=\begin{pmatrix} E_n & E_n \\ O & E_n \end{pmatrix}\begin{pmatrix} O & B \\ A & C \end{pmatrix}$，由例 2.3.6 知，$\begin{pmatrix} E_n & E_n \\ O & E_n \end{pmatrix}$，$\begin{pmatrix} O & B \\ A & C \end{pmatrix}$ 均为可逆矩阵，且其逆矩阵分别为 $\begin{pmatrix} E_n & -E_n \\ O & E_n \end{pmatrix}$，$\begin{pmatrix} -A^{-1}CB^{-1} & A^{-1} \\ B^{-1} & O \end{pmatrix}$，所以 D 为可逆矩阵，且

$$D^{-1}=\begin{pmatrix} O & B \\ A & C \end{pmatrix}^{-1}\begin{pmatrix} E_n & E_n \\ O & E_n \end{pmatrix}^{-1}=\begin{pmatrix} -A^{-1}CB^{-1} & A^{-1} \\ B^{-1} & O \end{pmatrix}\begin{pmatrix} E_n & -E_n \\ O & E_n \end{pmatrix}$$

$$=\begin{pmatrix} -A^{-1}CB^{-1} & A^{-1}(E_n+CB^{-1}) \\ B^{-1} & -B^{-1} \end{pmatrix}.$$

6) 利用矩阵多项式判断(证明)及求解

例 2.3.9 设 m 次多项式 $f(x) = a_m x^m + a_{m-1} x^{m-1} + \cdots + a_1 x + a_0$ 的常数项 $a_0 \neq 0$，若 n 阶方阵 A 满足 $f(A) = O$，证明 A 是可逆矩阵，并把 A^{-1} 表示为 A 的多项式.

证明 由题设知，$\sum_{i=0}^{m} a_i A^i = O$，于是 $A\left(-\dfrac{1}{a_0} \sum_{i=1}^{m} a_i A^{i-1}\right) = E$，故 A 为可逆矩阵，且 $A^{-1} = g(A)$，其中 $g(x) = -\dfrac{1}{a_0} \sum_{i=1}^{m} a_i x^{i-1}$.

例 2.3.10 设 n 阶矩阵 A 满足 $A^2 + A - 4E = O$，证明矩阵 $A, A - 2E$ 均为可逆矩阵，并求它们的逆.

证明 令 $f(x) = x^2 + x - 4$，则由题设知，$f(A) = A^2 + A - 4E = O$，于是由 $a_0 = -4 \neq 0$ 知，A 为可逆阵，且 $A^{-1} = g(A)$，其中 $g(x) = \dfrac{1}{4}(x+1)$.

由 $A^2 + A - 4E = O$，得 $A^2 + A - 6E = -2E$，于是 $-\dfrac{1}{2}(A + 3E)(A - 2E) = E$，故 $A - 2E$ 为可逆阵，且 $(A - 2E)^{-1} = -\dfrac{1}{2}(A + 3E)$.

7) 利用方阵的特征值判断(证明)

由定理 2.3.1 中(12)知，若方阵 A 的特征值都不等于零, 则 A 为可逆矩阵, 否则, A 不是可逆矩阵. 但当 A 可逆时, 此方法不易求 A^{-1}.

例 2.3.11 利用方阵的特征值证明例 2.3.10 中的矩阵 A 为可逆矩阵.

证明 设 λ 是 A 的任一特征值, 则由题设得 $\lambda^2 + \lambda - 4 = 0$, 解得 $\lambda = \dfrac{1}{2}(-1 + \sqrt{17})$ 或 $\lambda = \dfrac{1}{2}(-1 - \sqrt{17})$, 由此得, A 的特征值都不等于零, 故 A 为可逆矩阵.

8) 反证法

主要适用于判断(或证明)方阵 A 是否为可逆矩阵, 但当 A 可逆时, 不易求 A^{-1}.

例 2.3.12 设 A 为 n 阶非零实方阵. 证明 若 $A^{\mathrm{T}} = A^*$, 则 A 为可逆矩阵.

证明 假设 A 不是可逆矩阵, 则 $|A| = 0$, 于是 $AA^{\mathrm{T}} = AA^* = |A|E = O$. 由于 $r(AA^{\mathrm{T}}) = r(A)$ (见例 2.4.6), 因此, $r(A) = 0$, 由此得, $A = O$, 这与题设矛盾, 所以, A 为可逆矩阵.

2. 伴随矩阵的求法以及与伴随矩阵有关的题

求 n 阶方阵 A 的伴随矩阵 A^*，可利用伴随矩阵的定义、利用公式 $A^* = |A| A^{-1}$ (A 为可逆矩阵)以及性质 2.3.2 中(4)求解.

例 2.3.13(2005 年全国硕士研究生入学统一考试数学一、二真题) 设 A 为 $n(n \geqslant 2)$ 阶可逆矩阵, 交换 A 的第一行与第二行得矩阵 B , A^* , B^* 分别为 A , B 的伴随矩阵, 则( ).

(A) 交换 A^* 的第一列与第二列得 B^* (B) 交换 A^* 的第一行与第二行得 B^*

(C) 交换 A^* 的第一列与第二列得 $-B^*$ (D) 交换 A^* 的第一行与第二行得 $-B^*$

分析 利用性质 2.3.2(4) 中公式 $(AB)^* = B^*A^*$ 求解.

解 由题设知, $E(1,2)A = B$, 于是由性质 2.3.2 中(4)得 $A^*E(1,2)^* = B^*$. 而
$$E(1,2)^* = |E(1,2)|E(1,2)^{-1} = -E(1,2),$$
因此, $A^*E(1,2) = -B^*$, 即交换 A^* 的第一列与第二列得 $-B^*$, 故选项(C)正确.

例 2.3.14 设 A , B 均为 n 阶可逆矩阵, 求分块矩阵 $\begin{pmatrix} O & A \\ B & O \end{pmatrix}$ 的伴随矩阵.

解 由 $\begin{vmatrix} O & A \\ B & O \end{vmatrix} = (-1)^{n^2}|A||B| \neq 0$ 知, $\begin{pmatrix} O & A \\ B & O \end{pmatrix}$ 为可逆矩阵, 于是

$$\begin{pmatrix} O & A \\ B & O \end{pmatrix}^* = \begin{vmatrix} O & A \\ B & O \end{vmatrix}\begin{pmatrix} O & A \\ B & O \end{pmatrix}^{-1} = (-1)^{n^2}|A||B|\begin{pmatrix} O & B^{-1} \\ A^{-1} & O \end{pmatrix}$$

$$= (-1)^{n^2}\begin{pmatrix} O & |A||B|B^{-1} \\ |A||B|A^{-1} & O \end{pmatrix} = (-1)^{n^2}\begin{pmatrix} O & |A|B^* \\ |B|A^* & O \end{pmatrix}.$$

例 2.3.15 已知三阶矩阵 $A = (a_{ij})$ 的第一行元素为 $a_{11} = 1, a_{12} = 2, a_{13} = -1$, 且 $(A^*)^T = \begin{pmatrix} -7 & 5 & 4 \\ -4 & 3 & 2 \\ 9 & -7 & -5 \end{pmatrix}$. 求 A .

解 由 $|A| = \sum_{k=1}^{3} a_{1k}A_{1k} = 1 \times (-7) + 2 \times 5 - 1 \times 4 = -1 \neq 0$ 知, A 为可逆矩阵, 于是 A^* 也为可逆矩阵, 且 $A = |A|(A^*)^{-1} = -(A^*)^{-1}$, 用初等行变换法可求得

$$(A^*)^{-1} = \begin{pmatrix} -1 & -2 & 1 \\ -3 & -1 & -4 \\ -2 & -2 & -1 \end{pmatrix}, \quad \text{故} \quad A = \begin{pmatrix} 1 & 2 & -1 \\ 3 & 1 & 4 \\ 2 & 2 & 1 \end{pmatrix}.$$

例 2.3.16(2013 年全国硕士研究生入学统一考试数学一、二、三真题) 设 $A = (a_{ij})$ 为三阶非零矩阵, $|A|$ 为 A 的行列式, A_{ij} 为 a_{ij} 的代数余子式, 若 $a_{ij} + A_{ij} = 0(i, j = 1, 2, 3)$, 则 $|A| = $ _____.

分析 可利用 A 的伴随矩阵 A^* 求解.

解 由题设知, $A_{ij} = -a_{ij}(i,j=1,2,3)$, 即 $A^* = -A^{\mathrm{T}}$, 于是 $|A|E = AA^* = -AA^{\mathrm{T}}$, 两边求行列式得 $|A|^3 = (-1^3)|A|^2, |A|^2(|A|+1) = 0$, 故 $|A| = 0$ 或 $|A| = -1$. 又因为 $|A| = \sum_{j=1}^{3} a_{ij}A_{ij} = -\sum_{j=1}^{3} a_{ij}^2 < 0$, 故 $|A| = -1$.

3. 解矩阵方程(或矩阵等式)

当矩阵方程的系数矩阵为可逆矩阵时, 可用初等行变换法(初等列变换法)求解.

例 2.3.17(2015 年全国硕士研究生入学统一考试数学二、三真题) 设 $A = \begin{pmatrix} a & 1 & 0 \\ 1 & a & -1 \\ 0 & 1 & a \end{pmatrix}$, 且 $A^3 = O$.

(1) 求 a 的值;

(2) 若矩阵 X 满足 $X - XA^2 - AX + AXA^2 = E$, 其中 E 为三阶单位矩阵, 求 X.

解 (1) 由 $A^3 = O$ 知, $|A| = a^3 = 0$, 故 $a = 0$.

(2) 由题设得 $(E-A)X(E-A^2) = E$, 故 $E-A, E-A^2, X$ 均为可逆矩阵, 且 $X = (E-A)^{-1}(E-A^2)^{-1}$, 而

$$A = \begin{pmatrix} 0 & 1 & 0 \\ 1 & 0 & -1 \\ 0 & 1 & 0 \end{pmatrix}, \quad A^2 = \begin{pmatrix} 1 & 0 & -1 \\ 0 & 0 & 0 \\ 1 & 0 & -1 \end{pmatrix}, \quad E-A = \begin{pmatrix} 1 & -1 & 0 \\ -1 & 1 & 1 \\ 0 & -1 & 1 \end{pmatrix}, \quad E-A^2 = \begin{pmatrix} 0 & 0 & 1 \\ 0 & 1 & 0 \\ -1 & 0 & 2 \end{pmatrix}.$$

令 $E-A^2 = \begin{pmatrix} O & B \\ C & D \end{pmatrix}$, 其中 $B = \begin{pmatrix} 0 & 1 \\ 1 & 0 \end{pmatrix}, C = (-1), D = (0,2)$, 则由例 2.3.6 得

$$(E-A^2)^{-1} = \begin{pmatrix} -C^{-1}DB^{-1} & C^{-1} \\ B^{-1} & O \end{pmatrix} = \begin{pmatrix} 2 & 0 & -1 \\ 0 & 1 & 0 \\ 1 & 0 & 0 \end{pmatrix}.$$

对矩阵 $(E-A,(E-A^2)^{-1})$ 施行下列初等行变换, 得

$$(E-A,(E-A^2)^{-1}) \xrightarrow[\substack{r_2+r_3 \\ r_1+r_2}]{\substack{r_2+r_1 \\ r_2\leftrightarrow r_3 \\ r_2\times(-1)}} \begin{pmatrix} 1 & 0 & 0 & 3 & 1 & -2 \\ 0 & 1 & 0 & 1 & 1 & -1 \\ 0 & 0 & 1 & 2 & 1 & -1 \end{pmatrix},$$

所以 $X = (E-A)^{-1}(E-A^2)^{-1} = \begin{pmatrix} 3 & 1 & -2 \\ 1 & 1 & -1 \\ 2 & 1 & -1 \end{pmatrix}$.

例 2.3.18 已知 A, B 均为三阶矩阵, 且满足 $2A^{-1}B = B - 4E$, 其中 E 是三阶

单位矩阵. 证明矩阵 $A-2E$ 为可逆矩阵, 且当 $B = \begin{pmatrix} 1 & -2 & 0 \\ 1 & 2 & 0 \\ 0 & 0 & 2 \end{pmatrix}$ 时, 求 A.

证明　由题设知, $AB - 2B - 4A = O$, 于是 $(A-2E)(B-4E) = 8E$, 故 $A-2E$ 为可逆矩阵, 且 $(A-2E)^{-1} = \dfrac{1}{8}(B-4E)$, 等式两边求逆得

$$A - 2E = 8(B-4E)^{-1} = 8 \begin{pmatrix} -3 & -2 & 0 \\ 1 & -2 & 0 \\ 0 & 0 & -2 \end{pmatrix}^{-1} = \begin{pmatrix} -2 & 2 & 0 \\ -1 & -3 & 0 \\ 0 & 0 & -4 \end{pmatrix},$$

所以 $A = 2E + \begin{pmatrix} -2 & 2 & 0 \\ -1 & -3 & 0 \\ 0 & 0 & -4 \end{pmatrix} = \begin{pmatrix} 0 & 2 & 0 \\ -1 & -1 & 0 \\ 0 & 0 & -2 \end{pmatrix}.$

2.4　矩阵的秩与等价矩阵

2.4.1　基础理论

定义 2.4.1　一个矩阵 A 中不为零的子式的最大阶数称为 A 的秩, 记为 $r(A)$. 若一个矩阵没有不等于零的子式, 就认为这个矩阵的秩为零.

设 A 是 $m \times n$ 矩阵, 若 $r(A) = m(r(A) = n)$, 则称 A 为行(列)满秩矩阵.

设 A 是 n 阶方阵, 若 $r(A) = n(r(A) < n)$, 则称 A 为满(降)秩矩阵. 方阵 A 为可逆矩阵当且仅当 A 为满秩矩阵.

定理 2.4.1　设 A 为 $m \times n$ 矩阵, 那么下列结论等价:

(1) $r(A) = r$;

(2) A 中非零子式的最大阶数为 r;

(3) A 的行(列)向量组的秩为 r;

(4) A 中有一个 r 阶子式不为零, 且所有 $r+1$ 阶子式(若有的话)全为零.

命题 2.4.1　设 A 为 $m \times n$ 矩阵, P, Q 分别为 m 阶可逆矩阵和 n 阶可逆矩阵, 则

$$r(PA) = r(AQ) = r(PAQ) = r(A).$$

命题 2.4.2　设 A, B, C 分别为 $m \times n, m \times q, p \times q$ 矩阵, 则

$$r \begin{pmatrix} A & B \\ O & C \end{pmatrix} \geqslant r(A) + r(C),$$

当 A 为可逆矩阵或 C 为可逆矩阵或 $B = O$ 时, 上式取等号.

定理 2.4.2　设 A, B 分别为 $m \times n$, $n \times s$ 矩阵, 则

$$r(A) + r(B) - n \leqslant r(AB) \leqslant \min(r(A), r(B)).$$

命题 2.4.2 和定理 2.4.2 的证明参阅文献(陈祥恩等, 2013)[53-54].

定理 2.4.3　设 $M = \begin{pmatrix} A & B \\ C & D \end{pmatrix}$, 其中 A, D 分别为 r 阶方阵和 s 阶方阵, B, C 分别为 $r \times s$, $s \times r$ 矩阵, 则

(1) 当 A 为可逆矩阵时, $r(M) = r(A) + r(D - CA^{-1}B)$;

(2) 当 D 为可逆矩阵时, $r(M) = r(D) + r(A - BD^{-1}C)$;

(3) 当 A, D 均为可逆矩阵时, $r(D - CA^{-1}B) = r(D) - r(A) + r(A - BD^{-1}C)$.

证明　(1) 因为 $\begin{pmatrix} E_r & O \\ -CA^{-1} & E_s \end{pmatrix} \begin{pmatrix} A & B \\ C & D \end{pmatrix} = \begin{pmatrix} A & B \\ O & D - CA^{-1}B \end{pmatrix}$, 所以由命题 2.4.1 和

命题 2.4.2 知, $r \begin{pmatrix} A & B \\ C & D \end{pmatrix} = r \begin{pmatrix} A & B \\ O & D - CA^{-1}B \end{pmatrix} = r(A) + r(D - CA^{-1}B)$.

(2) 可类似(1)证明, 这里从略.

(3) 由(1)和(2)可知(3)是成立的.

定义 2.4.2　设 A, B 均为 $m \times n$ 矩阵, 若 A 经过若干次初等变换可化为 B, 则称 A 与 B 等价.

定理 2.4.4　任意一个秩为 r 的 $m \times n$ 矩阵 A 都与一形式为 $\begin{pmatrix} E_r & O \\ O & O \end{pmatrix}$ 的矩阵等价, 称 $\begin{pmatrix} E_r & O \\ O & O \end{pmatrix}$ 为 A 的等价标准形.

定理 2.4.5　设 A 为 $m \times n$ 矩阵, $r = r(A)$, 则存在 m 阶可逆矩阵 P 和 n 阶可逆矩阵 Q, 使得 $PAQ = \begin{pmatrix} E_r & O \\ O & O \end{pmatrix}$.

定理 2.4.6　设 A, B 均为 $m \times n$ 矩阵, 则下列结论等价

(1) A 与 B 等价;

(2) 存在 m 阶初等矩阵 $P_1, P_2, \cdots, P_s$ 和 n 阶初等矩阵 $Q_1, Q_2, \cdots, Q_t$, 使得

$$B = P_s P_{s-1} \cdots P_1 A Q_1 Q_2 \cdots Q_t;$$

(3) 存在 m 阶可逆矩阵 P 和 n 阶可逆矩阵 Q, 使得 $B = PAQ$;

(4) $r(A) = r(B)$;

(5) A, B 有相同的等价标准形.

2.4.2 题型与方法

1. 求矩阵的秩和最高阶非零子式

求矩阵 A 的秩和 A 中最高阶非零子式的常见方法, 一般有下列两种.

1) 根据定义 2.4.1 求

此方法主要适用于阶数比较低的矩阵或一些特殊矩阵.

2) 利用矩阵的初等变换求

由于初等变换不改变矩阵的秩, 因此, 可将矩阵 A 经初等行变换化为行阶梯形矩阵 J, 则 $r(A) = r(J)$, 都等于 J 中非零行的行数, 且与行阶梯形矩阵 J 中最高阶非零子式所对应的 A 中的子式为 A 的最高阶非零子式.

例 2.4.1 求 $A = \begin{pmatrix} 3 & 1 & 0 & 2 \\ 1 & -1 & 2 & -1 \\ 1 & 3 & -4 & 4 \end{pmatrix}$ 的秩和一个最高阶非零子式.

解法一 在矩阵 A 中, 最高阶子式为三阶, 共有四个, 经计算 A 的三阶子式全为零, 而 A 有一个二阶子式 $\begin{vmatrix} 3 & 1 \\ 1 & -1 \end{vmatrix} = -4 \neq 0$, 故 $r(A) = 2$, 且 $\begin{vmatrix} 3 & 1 \\ 1 & -1 \end{vmatrix}$ 为 A 的一个最高阶非零子式.

解法二 对 A 施行下列初等行变换化为行阶梯形矩阵 J:

$$A \xrightarrow[\substack{r_3 - r_1 \\ r_3 - r_2}]{\substack{r_1 \leftrightarrow r_2 \\ r_2 - 3r_1}} \begin{pmatrix} 1 & -1 & 2 & -1 \\ 0 & 4 & -6 & 5 \\ 0 & 0 & 0 & 0 \end{pmatrix} = J,$$

可见, $r(J) = 2$, 且 $\begin{vmatrix} 1 & -1 \\ 0 & 4 \end{vmatrix}$ 为 J 的一个最高阶非零子式, 故 $r(A) = 2$, A 的一个最高阶非零子式为 $\begin{vmatrix} 3 & 1 \\ 1 & -1 \end{vmatrix}$.

注 2.4.1 例 2.4.1 中 A 的最高阶非零子式不唯一, A 中任意二阶非零子式均为 A 的最高阶非零子式.

例 2.4.2 设 $A = \begin{pmatrix} a & 1 & 2 \\ 2 & 3 & 1 \\ 8 & b & 4 \end{pmatrix}$, 若 $r(A) = 2$, 求 a, b 的值.

解 由 $r(A) = 2$ 知, $|A| = 0$, 而 $|A| = -(a-4)(b-12)$, 于是 $(a-4)(b-12) = 0$, 解得 $a = 4$ 或 $b = 12$.

注 2.4.2 在例 2.4.2 中, 也可将 A 化为行阶梯形矩阵求解.

2. 证明矩阵秩的等式(不等式)

例 2.4.3　设 A,B,C 分别为 $m\times n$, $s\times m$, $n\times t$ 矩阵, $r(A)=r, r(B)=m, r(C)=n$, 证明

$$r(BA)=r(AC)=r(BAC)=r(A).$$

证明　由 $r(B)=m, r(C)=n$ 知, 存在 s 阶可逆矩阵 P 和 m 阶可逆矩阵 Q 以及 n 阶可逆矩阵 H 和 t 阶可逆矩阵 L, 使得 $PBQ=\begin{pmatrix} E_m \\ O_{(s-m)\times m} \end{pmatrix}, HCL=(E_n, O_{n\times(t-n)})$, 于是

$$PB=\begin{pmatrix} E_m \\ O \end{pmatrix}Q^{-1}=\begin{pmatrix} Q^{-1} \\ O \end{pmatrix},\quad CL=H^{-1}(E_n,O)=(H^{-1},O),$$

从而 $PBA=\begin{pmatrix} Q^{-1} \\ O \end{pmatrix}A=\begin{pmatrix} Q^{-1}A \\ O \end{pmatrix}, ACL=A(H^{-1},O)=(AH^{-1},O)$, 由命题 2.4.1 得

$$r(BA)=r(PBA)=r(Q^{-1}A)=r(A),\quad r(AC)=r(ACL)=r(AH^{-1})=r(A).$$

故 $r(BAC)=r(A)$.

注 2.4.3　例 2.4.3 可以看作是命题 2.4.1 的推广.

例 2.4.4　设 A,B 均为 $m\times n$ 矩阵, 证明

(1) $\max(r(A),r(B))\leqslant r(A,B)\leqslant r(A)+r(B)$;

(2) $\max(r(A),r(B))\leqslant r\begin{pmatrix} A \\ B \end{pmatrix}\leqslant r(A)+r(B)$;

(3) $r(A+B)\leqslant r(A)+r(B)$;

(4) $r(A)-r(B)\leqslant r(A-B)\leqslant r(A)+r(B)$.

证明　这里, 只证明不等式(1)和(3), 而(2)和(4)可分别由(1)和(3)可得.

(1) $\max(r(A),r(B))\leqslant r(A,B)$ 显然成立. 由 $(E_m,E_m)\begin{pmatrix} A & O \\ O & B \end{pmatrix}=(A,B)$ 得 $r(A,B)\leqslant r\begin{pmatrix} A & O \\ O & B \end{pmatrix}=r(A)+r(B)$, 故 $\max(r(A),r(B))\leqslant r(A,B)\leqslant r(A)+r(B)$.

(3) 由 $A+B=(E_m,E_m)\begin{pmatrix} A \\ B \end{pmatrix}$ 得 $r(A+B)\leqslant r\begin{pmatrix} A \\ B \end{pmatrix}$, 由(1)得

$$r(A+B)\leqslant r\begin{pmatrix} A \\ B \end{pmatrix}=r(A^{\mathrm{T}},B^{\mathrm{T}})\leqslant r(A^{\mathrm{T}})+r(B^{\mathrm{T}})=r(A)+r(B).$$

例 2.4.5　设 A,B 分别为 $m\times n$, $n\times s$ 矩阵, 证明若 $AB=O$, 则 $r(A)+r(B)\leqslant n$.

证法一　由定理 2.4.2 知, $r(A)+r(B)-n\leqslant r(AB)=0$, 于是有 $r(A)+r(B)\leqslant n$.

证法二　将矩阵 B 按列分块为 $B=(\beta_1,\beta_2,\cdots,\beta_s)$, 则 $AB=(A\beta_1,A\beta_2,\cdots,A\beta_s)=O$, 于是 $A\beta_i=0(i=1,2,\cdots,s)$, 即 $\beta_i(i=1,2,\cdots,s)$ 是齐次线性方程组 $AX=0$ 的解,

因此, $r(B) \leqslant n - r(A)$, 即有 $r(A) + r(B) \leqslant n$.

证法三　因为 $\begin{pmatrix} E_n & O \\ -A & E_m \end{pmatrix} \begin{pmatrix} E_n & B \\ A & O_{m \times s} \end{pmatrix} \begin{pmatrix} E_n & -B \\ O & E_s \end{pmatrix} = \begin{pmatrix} E_n & O \\ O & -AB \end{pmatrix} = \begin{pmatrix} E_n & O \\ O & O \end{pmatrix}$, 所以

$$n = r(E_n) = r\begin{pmatrix} E_n & O \\ O & O \end{pmatrix} = r\begin{pmatrix} E_n & B \\ A & O_{m \times s} \end{pmatrix} \geqslant r(A) + r(B),$$

即 $r(A) + r(B) \leqslant n$.

例 2.4.6　设 A 为 n 阶实矩阵, 证明 $r(A^{\mathrm{T}} A) = r(A)$.

证明　设 $r(A) = r$, 则存在 n 阶实可逆矩阵 P, Q, 使 $PAQ = \begin{pmatrix} E_r & O \\ O & O \end{pmatrix}$, 于是

$$AQ = P^{-1} \begin{pmatrix} E_r & O \\ O & O \end{pmatrix}, \quad Q^{\mathrm{T}} A^{\mathrm{T}} = \begin{pmatrix} E_r & O \\ O & O \end{pmatrix} (P^{-1})^{\mathrm{T}}.$$

令 $(P^{-1})^{\mathrm{T}} P^{-1} = \begin{pmatrix} S & T \\ T^{\mathrm{T}} & V \end{pmatrix}$, 其中 S 为 r 阶方阵, 且 $r(S) = r$, 则

$$Q^{\mathrm{T}} A^{\mathrm{T}} A Q = \begin{pmatrix} E_r & O \\ O & O \end{pmatrix} (P^{-1})^{\mathrm{T}} P^{-1} \begin{pmatrix} E_r & O \\ O & O \end{pmatrix} = \begin{pmatrix} S & O \\ O & O \end{pmatrix},$$

故 $r(A^{\mathrm{T}} A) = r(Q^{\mathrm{T}} A^{\mathrm{T}} A Q) = r\begin{pmatrix} S & O \\ O & O \end{pmatrix} = r(S) = r = r(A)$.

注 2.4.4　例 2.4.6 也可以利用齐次线性方程组解的结构证明, 具体见例 3.6.5. 另外, 对于非实复矩阵, 例 2.4.6 中的结论不一定成立. 例如, 取 $A = \begin{pmatrix} 1 & \mathrm{i} \\ -\mathrm{i} & 1 \end{pmatrix}$, 则 $A^{\mathrm{T}} A = O$, 但 $r(A^{\mathrm{T}} A) \neq r(A)$.

例 2.4.7　设 A 是 n 阶矩阵, 证明

(1) $r(A^*) = \begin{cases} n, & r(A) = n, \\ 1, & r(A) = n - 1, \\ 0, & r(A) < n - 1; \end{cases}$　　(2) $|A^*| = |A|^{n-1} \ (n \geqslant 2)$.

证明　(1) 由已知, $AA^* = A^* A = |A| E$. 若 $r(A) = n$, 则 A^* 是可逆矩阵, 从而 $r(A^*) = n$; 若 $r(A) = n - 1$, 则 $|A| = 0$, $A^* \neq O$, 于是 $AA^* = O$, $r(A^*) \geqslant 1$, 由 $AA^* = O$ 得 $r(A) + r(A^*) \leqslant n$, 由此得, $r(A^*) \leqslant 1$, 故 $r(A^*) = 1$; 若 $r(A) < n - 1$, 则 $A^* = O$, 故 $r(A^*) = 0$.

(2) 因为 $AA^* = A^* A = |A| E$. 两边求行列式得 $|A| |A^*| = |A|^n$.

当 $|A| \neq 0$ 时, 两边乘以 $\dfrac{1}{|A|}$ 得 $|A^*| = |A|^{n-1}$; 当 $|A| = 0$ 时, 有 $r(A) \leqslant n - 1$, 由(1)知,

$r(A^*) \leqslant 1$, 从而 $|A^*| = 0$, 故 $|A^*| = |A|^{n-1}$.

3. 矩阵等价及矩阵的等价标准形

例 2.4.8(2016 年全国硕士研究生入学统一考试数学二真题)　设矩阵 $A = \begin{pmatrix} a & -1 & -1 \\ -1 & a & -1 \\ -1 & -1 & a \end{pmatrix}$ 与 $B = \begin{pmatrix} 1 & 1 & 0 \\ 0 & -1 & 1 \\ 1 & 0 & 1 \end{pmatrix}$ 等价, 则 $a = $ _____.

分析　可先根据题设条件求出 a 的取值, 再排除错误值即可.

解　由题设知, $r(A) = r(B)$, $r(B) = 2$, 于是 $r(A) = 2$, 故 $|A| = (a-2)(a+1)^2 = 0$, 解得 $a = 2$ 或 $a = -1$.

当 $a = -1$ 时, $r(A) = 1$, 这与 $r(A) = 2$ 矛盾, 应排除, 故 $a = 2$.

矩阵 A 的行(列)最简形的求法, 见例 2.2.4, 这里, 不再讨论. 下面给出秩为 r 的 $m \times n$ 矩阵 A 的等价标准形 F 以及使 $PAQ = F$ 成立的可逆矩阵 P, Q 的求法, 具体如下:

对矩阵 $\begin{pmatrix} A & E \\ E & O \end{pmatrix}$ 施行初等变换化为 $\begin{pmatrix} F & P \\ Q & O \end{pmatrix}$, 其中 $F = \begin{pmatrix} E_r & O \\ O & O \end{pmatrix}$ 为 A 的等价标准形, $r = r(A)$, 则 P, Q 为所求的可逆矩阵, 且 $PAQ = F$, 此方法所求的可逆矩阵 P, Q 都不唯一.

例 2.4.9　设 $A = \begin{pmatrix} 2 & -1 & -1 \\ 1 & 1 & -2 \\ 4 & -6 & 2 \end{pmatrix}$. 求 A 的等价标准形 F, 并求可逆矩阵 P, Q, 使得 $PAQ = F$.

解　对矩阵 $\begin{pmatrix} A & E_3 \\ E_3 & O \end{pmatrix}$ 施行下列初等变换, 得

$$\begin{pmatrix} A & E_3 \\ E_3 & O \end{pmatrix} = \begin{pmatrix} 2 & -1 & -1 & 1 & 0 & 0 \\ 1 & 1 & -2 & 0 & 1 & 0 \\ 4 & -6 & 2 & 0 & 0 & 1 \\ 1 & 0 & 0 & 0 & 0 & 0 \\ 0 & 1 & 0 & 0 & 0 & 0 \\ 0 & 0 & 1 & 0 & 0 & 0 \end{pmatrix} \xrightarrow[\substack{r_3+4r_2 \\ r_1-r_2 \\ c_3+c_1 \\ c_3+c_2}]{\substack{r_3-2r_1 \\ r_1 \leftrightarrow r_2 \\ r_2-2r_1 \\ r_2-r_3}} \begin{pmatrix} 1 & 0 & 0 & -3 & 3 & 1 \\ 0 & 1 & 0 & 3 & -2 & -1 \\ 0 & 0 & 0 & 10 & -8 & -3 \\ 1 & 0 & 1 & 0 & 0 & 0 \\ 0 & 1 & 1 & 0 & 0 & 0 \\ 0 & 0 & 1 & 0 & 0 & 0 \end{pmatrix},$$

可见, A 的等价标准形 $F = \begin{pmatrix} 1 & 0 & 0 \\ 0 & 1 & 0 \\ 0 & 0 & 0 \end{pmatrix}$, 且 $PAQ = F$, 所求可逆矩 P, Q 分别为

$$P = \begin{pmatrix} -3 & 3 & 1 \\ 3 & -2 & -1 \\ 10 & -8 & -3 \end{pmatrix}, \quad Q = \begin{pmatrix} 1 & 0 & 1 \\ 0 & 1 & 1 \\ 0 & 0 & 1 \end{pmatrix}.$$

4. 综合题

例 2.4.10 设 A 为 $m \times n$ 矩阵, $r(A) = r$, 证明存在 $n \times s$ 矩阵 B, 使得 $r(A) + r(B) = n$, 且 $AB = O$.

证明 当 $r = n$ 时, 取 $B = O$ 即可. 当 $r < n$ 时, 齐次线性方程组 $AX = 0$ 存在基础解系, 不妨设其一个基础解系为 $\xi_1, \xi_2, \cdots, \xi_{n-r}$. 若 $n - r = s$, 令 $B = (\xi_1, \xi_2, \cdots, \xi_{n-r})$, 则 $r(B) = n - r$, 于是 $r(A) + r(B) = r + (n - r) = n$, 且

$$AB = A(\xi_1, \xi_2, \cdots, \xi_{n-r}) = (A\xi_1, A\xi_2, \cdots, A\xi_{n-r}) = O;$$

若 $n - r < s$, 令 $B = (\xi_1, \xi_2, \cdots, \xi_{n-r}, \overbrace{0, \cdots, 0}^{s-(n-r)\uparrow})$, 则 $r(B) = n - r$, 于是 $r(A) + r(B) = r + (n - r) = n$, 且

$$AB = A(\xi_1, \xi_2, \cdots, \xi_{n-r}, 0, \cdots, 0) = (A\xi_1, A\xi_2, \cdots, A\xi_{n-r}, 0, \cdots, 0) = O.$$

注 2.4.5 例 2.4.10 的证明给出了求满足 $AB = O$ 的非零矩阵 B 的方法, 此方法所求的矩阵 B 不唯一.

例 2.4.11 设 $A = \begin{pmatrix} 2 & -2 & 1 & 3 \\ 9 & -5 & 2 & 8 \end{pmatrix}$, 求一个秩为 2 的 4×2 矩阵 B , 使得 $AB = O$.

解 解齐次线性方程组 $AX = 0$, 得其一个基础解系为 $\xi_1 = (1,5,8,0)^{\mathrm{T}}$, $\xi_2 = (0,2,1,1)^{\mathrm{T}}$.

令 $B = (\xi_1, \xi_2) = \begin{pmatrix} 1 & 5 & 8 & 0 \\ 0 & 2 & 1 & 1 \end{pmatrix}^{\mathrm{T}}$, 则 $AB = O$, $r(B) = 2$, 故所求矩阵为

$$B = \begin{pmatrix} 1 & 5 & 8 & 0 \\ 0 & 2 & 1 & 1 \end{pmatrix}^{\mathrm{T}}.$$

检 测 题 2

一、选择题

1. 设 A 为 n 阶非零矩阵, E 为 n 阶单位矩阵. 若 $A^3 = O$, 则( ).

(A) $E - A$ 不可逆, $E + A$ 不可逆   (B) $E - A$ 不可逆, $E + A$ 可逆

(C) $E - A$ 可逆, $E + A$ 可逆   (D) $E - A$ 可逆, $E + A$ 不可逆

2. (2017 年全国硕士研究生入学统一考试数学二真题)　设 A 为三阶矩阵,
$P = (\alpha_1, \alpha_2, \alpha_3)$ 为三阶可逆矩阵, 且 $P^{-1}AP = \begin{pmatrix} 0 & 0 & 0 \\ 0 & 1 & 0 \\ 0 & 0 & 2 \end{pmatrix}$, 则 $A(\alpha_1 + \alpha_2 + \alpha_3) =$
(　　).

(A) $\alpha_1 + \alpha_2$　　　　(B) $\alpha_2 + 2\alpha_3$　　　　(C) $\alpha_2 + \alpha_3$　　　　(D) $\alpha_1 + 2\alpha_2$

3. (2010 年全国硕士研究生入学统一考试数学一真题)　设 A 为 $m \times n$ 矩阵,
B 为 $n \times m$ 矩阵, E 为 m 阶单位矩阵, 若 $AB = E$, 则(　　).

(A) $r(A) = r(B) = m$　　　　　　　　(B) $r(A) = m, r(B) = n$

(C) $r(A) = n, r(B) = m$　　　　　　　(D) $r(A) = r(B) = n$

4. 设 A 为四阶矩阵, $r(A) = 2$, 则 $r(A^*) = ($　　$)$.

(A) 0　　　　　　(B) 1　　　　　　(C) 2　　　　　　(D) 3

5. (2012 年全国硕士研究生入学统一考试数学一、二、三真题)　设 A 为三阶
矩阵, P 为三阶可逆矩阵, $P^{-1}AP = \begin{pmatrix} 1 & 0 & 0 \\ 0 & 1 & 0 \\ 0 & 0 & 2 \end{pmatrix}$, $P = (\alpha_1, \alpha_2, \alpha_3), Q = (\alpha_1 + \alpha_2, \alpha_2, \alpha_3)$, 则
$Q^{-1}AQ = ($　　$)$.

(A) $\begin{pmatrix} 1 & 0 & 0 \\ 0 & 2 & 0 \\ 0 & 0 & 1 \end{pmatrix}$　　(B) $\begin{pmatrix} 1 & 0 & 0 \\ 0 & 1 & 0 \\ 0 & 0 & 2 \end{pmatrix}$　　(C) $\begin{pmatrix} 2 & 0 & 0 \\ 0 & 1 & 0 \\ 0 & 0 & 2 \end{pmatrix}$　　(D) $\begin{pmatrix} 2 & 0 & 0 \\ 0 & 2 & 0 \\ 0 & 0 & 1 \end{pmatrix}$

6. (2018 年全国硕士研究生入学统一考试数学二、三真题)　设 A, B 均为 n 阶
矩阵, 记 $r(X)$ 为矩阵 X 的秩, (X, Y) 表示分块矩阵, 则(　　).

(A) $r(A, AB) = r(A)$　　　　　　　(B) $r(A, BA) = r(A)$

(C) $r(A, B) = \max(r(A), r(B))$　　　(D) $r(A, B) = r(A^{\mathrm{T}}, B^{\mathrm{T}})$

二、填空题

1. (2012 年全国硕士研究生入学统一考试数学二真题)　设 A 为三阶矩阵,
$|A| = 3$, A^* 为 A 的伴随矩阵, 若交换 A 的第一行和第二行得矩阵 B, 则 $|BA^*| =$
_____.

2. (2010 年全国硕士研究生入学统一考试数学二、三真题)　设 A, B 均为三阶
矩阵, 且 $|A| = 3, |B| = 2, |A^{-1} + B| = 2$, 则 $|A + B^{-1}| =$ _____.

3. 设 A 为三阶可逆矩阵, 将 A 的第二列与第三列交换得矩阵 B, 再将 B 的第

一行的 3 倍加到第三行得矩阵 C，令 $P_1 = \begin{pmatrix} 1 & 0 & 0 \\ 0 & 0 & 1 \\ 0 & 1 & 0 \end{pmatrix}, P_2 = \begin{pmatrix} 1 & 0 & 0 \\ 0 & 1 & 0 \\ 3 & 0 & 1 \end{pmatrix}$，则 $C^{-1} =$

_____.

4. 设矩阵 $\begin{pmatrix} a & 1 & 1 \\ 1 & a & 1 \\ 1 & 1 & a \end{pmatrix}$ 与 $\begin{pmatrix} 1 & 1 & 0 \\ 0 & -1 & 1 \\ 1 & 0 & 1 \end{pmatrix}$ 等价，则 $a =$ _____.

5. 设 $A = \begin{pmatrix} 1 & 0 & 2 \\ 1 & 1 & 1 \\ 0 & 1 & -1 \end{pmatrix}$，$\alpha_1, \alpha_2, \alpha_3$ 为线性无关的三维列向量，则向量组 $A\alpha_1, A\alpha_2, A\alpha_3$ 的秩为 _____.

6. 设 $A = \begin{pmatrix} 1 & 0 & 1 \\ 0 & 2 & 0 \\ 1 & 0 & 1 \end{pmatrix}$，其中 n 是整数，且 $n \geqslant 2$，则 $A^n - 2A^{n-1} =$ _____.

三、计算题与证明题

1. 设 $A = \begin{pmatrix} 0 & -1 & 0 \\ 1 & 0 & 0 \\ 0 & 0 & -1 \end{pmatrix}$, $B = P^{-1}AP$, 其中 P 为三阶可逆矩阵, 求 $B^{2020} - 2A^2$.

2. 设 $A = \begin{pmatrix} 5 & 2 & -4 \\ 2 & 8 & 2 \\ -4 & 2 & 5 \end{pmatrix}$, $g(x) = x^2 - 9x, f(x) = x^5 - 8x^4 - 9x^3 + x - 2$, 求 $g(A)$, $f(A)$.

3. 求下列方阵 A 的 n 次幂, 其中 $n(n \geqslant 2)$ 是整数.

(1) $\begin{pmatrix} 1 & -1 & 2 \\ -2 & 2 & -4 \\ 1 & -1 & 2 \end{pmatrix}$;   (2) $\begin{pmatrix} a & 1 & 0 & 0 \\ 0 & a & 0 & 0 \\ 0 & 0 & b & 0 \\ 0 & 0 & 1 & b \end{pmatrix}$;   (3) $\begin{pmatrix} 2 & 0 & 0 & 0 \\ 0 & 2 & 0 & 0 \\ 1 & 0 & 2 & 0 \\ 0 & 1 & 0 & 2 \end{pmatrix}$.

4. 已知三阶实矩阵 $A = (a_{ij})$ 满足 $a_{ij} = A_{ij}(i, j = 1, 2, 3)$, 其中 A_{ij} 是 $|A|$ 中元素 a_{ij} 的代数余子式, 且 $a_{11} \neq 0$, 求 $|A|$.

5. 设三阶矩阵 $A = (a_{ij})$ 满足 $A^* = A^{\mathrm{T}}$, $a_{1j}(j = 1, 2, 3)$ 为三个相等的正数, 求 a_{11}.

6. 设 n 阶矩阵 $A = E - \alpha\alpha^{\mathrm{T}}$, 其中 E 为 n 阶单位矩阵, α 为 n 维非零列向量, α^{T} 为 α 的转置, 证明

(1) $A^2 = A$ 的充要条件是 $\alpha^{\mathrm{T}}\alpha = 1$;

(2) 当 $\alpha^{\mathrm{T}}\alpha = 1$ 时, A 不是可逆矩阵.

(3) 当 $\alpha = (1,1,\cdots,1)^{\mathrm{T}}$ 时, A 是可逆矩阵, 且 $A^{-1} = E - \dfrac{1}{n-1}\alpha\alpha^{\mathrm{T}}$.

7. 设 A,B 分别为 r 阶可逆矩阵和 s 阶可逆矩阵, $r+s=n$, 证明 $\begin{pmatrix} A & C \\ O & B \end{pmatrix}$, $\begin{pmatrix} O & A \\ B & D \end{pmatrix}$ 均为可逆矩阵, 并求它们的逆矩阵.

8. 设 A,B 均为 n 阶矩阵, 若 $A, B, A^{-1}+B^{-1}$ 均为可逆矩阵, 证明 $A+B$ 也为可逆矩阵, 并求其逆矩阵.

9. 设线性方程组 $\begin{cases} x_1 + 2x_2 - 2x_3 = 0, \\ 2x_1 - x_2 + \lambda x_3 = 0, \\ 3x_1 + x_2 - x_3 = 0 \end{cases}$ 的系数矩阵为 A, 三阶矩阵 $B \neq O$, 且满足 $AB = O$, 试求 λ 的值.

10. 已知三阶矩阵 A 与三维列向量 α, 使得向量 $\alpha, A\alpha, A^2\alpha$ 线性无关, 且 $A^3\alpha = 3A\alpha - 2A^2\alpha$.

(1) 记 $P = (\alpha, A\alpha, A^2\alpha)$, 求三阶矩阵 B, 使得 $A = PBP^{-1}$;

(2) 求行列式 $|A + E|$ 的值.

11. 设矩阵 $A = \begin{pmatrix} 1 & -2 & 3k \\ -1 & 2k & -3 \\ k & -2 & 3 \end{pmatrix}$, 问 k 为何值时, 可使

(1) $r(A) = 1$;

(2) $r(A) = 2$;

(3) $r(A) = 3$.

12. 设 $A = \begin{pmatrix} 1 & -1 & 1 & 2 \\ 3 & \lambda & -1 & 2 \\ 5 & 3 & \mu & 6 \end{pmatrix}$, 已知 $r(A) = 2$, 求 λ 与 μ 的值.

13. 设 n 阶满秩矩阵 A 的各行元素之和都等于 a, 证明 $a \neq 0$, 且 A^{-1} 的各行元素之和都等于 $\dfrac{1}{a}$.

14. 已知 a 是常数, 且矩阵 $A = \begin{pmatrix} 1 & 2 & a \\ 1 & 3 & 0 \\ 2 & 7 & -a \end{pmatrix}$ 可经初等变换化为 $B = \begin{pmatrix} 1 & a & 2 \\ 0 & 1 & 1 \\ -1 & 1 & 1 \end{pmatrix}$.

(1) 求 a；

(2) 求满足 $AP = B$ 的一个可逆矩阵 P.

15. 设 A 为 n 阶方阵，证明存在 $n \times s$ 非零矩阵 B，使 $AB = O$ 的充分必要条件是 $|A| = 0$.

16. 设 A 为 n 阶可逆矩阵，α 为 n 维列向量，b 为常数，记分块矩阵

$$P = \begin{pmatrix} E & O \\ -\alpha^{\mathrm{T}} A^* & |A| \end{pmatrix}, \quad Q = \begin{pmatrix} A & \alpha \\ \alpha^{\mathrm{T}} & b \end{pmatrix},$$

其中 A^* 为 A 的伴随矩阵，E 为 n 阶单位矩阵.

(1) 计算并化简 PQ；

(2) 证明 Q 是可逆矩阵的充分必要条件是 $\alpha^{\mathrm{T}} A^{-1} \alpha \neq b$.

17. 设矩阵 $A = \begin{pmatrix} 1 & 1 & 1 \\ 0 & 2 & 0 \\ 1 & 0 & 3 \end{pmatrix}, B = \begin{pmatrix} 1 & 2 & 3 \\ 2 & 3 & 1 \\ 3 & 1 & 2 \end{pmatrix}$，若矩阵 X 满足 $A^{\mathrm{T}} X - 3X = B$，求 X.

18. 已知矩阵 A 的伴随矩阵为 $A^* = \begin{pmatrix} 1 & 0 & 0 & 0 \\ 0 & 1 & 0 & 0 \\ 1 & 0 & 1 & 0 \\ 0 & -3 & 0 & 8 \end{pmatrix}$，且 $ABA^{-1} = BA^{-1} + 3E$，求 B.

19. 设 A 为 n 阶矩阵，且 $A^2 = E$，证明 $r(A+E) + r(A-E) = n$.

20. 设 A, B, C 分别为 $m \times n, n \times l, m \times l$ 矩阵，且 $AB = C$，证明

(1) 若 $r(A) = n$，则 $r(B) = r(C)$；

(2) 若 $r(B) = n$，则 $r(A) = r(C)$.

21. 设 A, B 均为 n 阶矩阵，且 $A + B = AB$，证明 $r(A) = r(B)$.

22. 设 A 为 $m \times n$ 矩阵，证明 $r(A) = 1$ 的充分必要条件是存在 m 维非零列向量 α 和 n 维非零行向量 β 使得 $A = \alpha\beta$.

23. 设 $A = \begin{pmatrix} 1 & 2 & 1 & 2 \\ -2 & -3 & 2 & 3 \\ -1 & -2 & 1 & 2 \\ 2 & 3 & 2 & 3 \end{pmatrix}$，判断矩阵 A 是否为可逆矩阵，若是，求 A^{-1}.

24. 证明矩阵 $A = \begin{pmatrix} 2 & 1 & 1 & 0 \\ 1 & -3 & -1 & 1 \\ 1 & 0 & 2 & 1 \\ -1 & 1 & 1 & -3 \end{pmatrix}$ 是可逆矩阵，并求 A^{-1}.

25. 设 B 为 n 阶方阵, E 为 n 阶单位矩阵, 且 $B^2=O, D=\begin{pmatrix} E & B \\ B & E \end{pmatrix}$, 证明矩阵 D 为可逆矩阵, 并求 D^{-1}.

26. 已知 A,B 都为三阶矩阵, 且满足 $2A^{-1}B=B-4E$, 其中 E 是三阶单位矩阵.

(1) 证明 $A-2E$ 是可逆矩阵;

(2) 若 $B=\begin{pmatrix} 1 & -2 & 0 \\ 1 & 2 & 0 \\ 0 & 0 & 2 \end{pmatrix}$, 求矩阵 A.

27. 设 n 阶矩阵 A,B 满足条件 $A+B=AB$.

(1) 证明 $A-E$ 为可逆矩阵, 并求其逆;

(2) 证明 $AB=BA$;

(3) 已知 $B=\begin{pmatrix} 1 & -3 & 0 \\ 2 & 1 & 0 \\ 0 & 0 & 2 \end{pmatrix}$, 求 A.

28. 设 $A=\begin{pmatrix} 1 & 0 & 1 & -1 \\ 0 & 3 & 1 & 4 \\ 2 & 7 & 6 & -1 \end{pmatrix}$, 求 A 的等价标准形 F, 并求可逆矩阵 P 和 Q, 使得

$$PAQ=F.$$

第 3 章 线性方程组

3.1 线性方程组的解

3.1.1 基础理论

1. 线性方程组解的判定

定理 3.1.1 设 $AX = \beta$ 为 n 元线性方程组, 则

(1) $AX = \beta$ 有解的充分必要条件是 $r(A) = r(A, \beta)$, 且在有解的条件下

当 $r(A) = r(A, \beta) = n$ 时, 有唯一解;

当 $r(A) = r(A, \beta) < n$ 时, 有无穷多解;

(2) $AX = \beta$ 无解的充分必要条件是 $r(A) < r(A, \beta)$.

推论 3.1.1 设 $AX = 0$ 为 n 元齐次线性方程组, 则

(1) $AX = 0$ 只有零解的充分必要条件是 $r(A) = n$;

(2) $AX = 0$ 有非零解的充分必要条件是 $r(A) < n$.

推论 3.1.2 设 A 为 n 阶方阵, 则

(1) 齐次线性方程组 $AX = 0$ 只有零解的充分必要条件是 $|A| \neq 0$;

(2) 齐次线性方程组 $AX = 0$ 有非零解的充分必要条件是 $|A| = 0$.

推论 3.1.3 设 $AX = 0$ 为 m 个方程 n 个未知量的齐次线性方程组, 若 $m < n$, 则 $AX = 0$ 一定有非零解.

定理 3.1.2 设 $A = (a_{ij})_n, X = (x_1, x_2, \cdots, x_n)^{\mathrm{T}}, \beta = (b_1, b_2, \cdots, b_n)^{\mathrm{T}}$, 若线性方程组 $AX = \beta$ 的系数矩阵 A 的行列式不等于零, 则方程组 $AX = \beta$ 有唯一解

$$x_1 = \frac{|A_1|}{|A|}, x_2 = \frac{|A_2|}{|A|}, \cdots, x_n = \frac{|A_n|}{|A|},$$

其中

$$A_j = \begin{pmatrix} a_{11} & \cdots & a_{1,j-1} & b_1 & a_{1,j+1} & \cdots & a_{1n} \\ a_{21} & \cdots & a_{2,j-1} & b_2 & a_{2,j+1} & \cdots & a_{2n} \\ \vdots & & \vdots & \vdots & \vdots & & \vdots \\ a_{n1} & \cdots & a_{n,j-1} & b_n & a_{n,j+1} & \cdots & a_{nn} \end{pmatrix} \quad (j = 1, 2, \cdots, n).$$

定理 3.1.2 称为克拉默(Cramer)法则.

2. 线性方程组解的几何意义

1) 平面间的位置关系

(1) 两个平面间的位置关系

设平面 π_1, π_2 的方程分别为

$$\pi_1 : a_{11}x_1 + a_{12}x_2 + a_{13}x_3 = b_1, \quad \pi_2 : a_{21}x_1 + a_{22}x_2 + a_{23}x_3 = b_2,$$

则 π_1, π_2 的位置关系可由线性方程组 $\begin{cases} a_{11}x_1 + a_{12}x_2 + a_{13}x_3 = b_1, \\ a_{21}x_1 + a_{22}x_2 + a_{23}x_3 = b_2 \end{cases}$ 的解的情况确定.

设此方程组的系数矩阵为 A,增广矩阵为 $\overline{A}$, 则

(i) π_1, π_2 相交于一条直线的充分必要条件是 $r(\overline{A}) = r(A) = 2 < 3$;

(ii) π_1, π_2 重合的充分必要条件是 $r(\overline{A}) = r(A) = 1$;

(iii) π_1, π_2 平行但不重合的充分必要条件是 $r(\overline{A}) = 2, r(A) = 1$.

(2) 三个平面间的位置关系

设平面 π_1, π_2, π_3 的方程分别为

$$\pi_1 : a_{11}x_1 + a_{12}x_2 + a_{13}x_3 = b_1,$$
$$\pi_2 : a_{21}x_1 + a_{22}x_2 + a_{23}x_3 = b_2,$$
$$\pi_3 : a_{31}x_1 + a_{32}x_2 + a_{33}x_3 = b_3,$$

则 π_1, π_2, π_3 的位置关系可由线性方程组 $\begin{cases} a_{11}x_1 + a_{12}x_2 + a_{13}x_3 = b_1, \\ a_{21}x_1 + a_{22}x_2 + a_{23}x_3 = b_2, \\ a_{31}x_1 + a_{32}x_2 + a_{33}x_3 = b_3 \end{cases}$ 的解的情况来确

定. 设此方程组的系数矩阵为 A,增广矩阵为 $\overline{A}$, 则可得以下结论.

(i) π_1, π_2, π_3 相交的充分必要条件是 $r(\overline{A}) = r(A)$, 且

当 $r(\overline{A}) = r(A) = 3$ 时, 三个平面相交于一点;

当 $r(\overline{A}) = r(A) = 2$ 时, 三个平面相交于一条直线;

当 $r(\overline{A}) = r(A) = 1$ 时, 三个平面重合.

(ii) π_1, π_2, π_3 不相交的充分必要条件是 $r(\overline{A}) > r(A)$,且

当 $r(A) = 2, r(\overline{A}) = 3$ 时, 三个平面形成一个三棱柱或三个平面中有两个平行, 且都与另一个平面相交;

当 $r(A) = 1, r(\overline{A}) = 2$ 时, 三个平面平行, 且互异或三个平面平行, 且其中有两个平面重合.

类似可讨论四个及四个以上平面间的位置关系.

2) 平面与直线间的位置关系

设平面 π 的方程为 $a_{11}x_1 + a_{12}x_2 + a_{13}x_3 = b_1$，直线 L 的方程为

$$L: \begin{cases} a_{21}x_1 + a_{22}x_2 + a_{23}x_3 = b_2, \\ a_{31}x_1 + a_{32}x_2 + a_{33}x_3 = b_3, \end{cases}$$

则 π 与 L 之间的位置关系可由线性方程组 $\begin{cases} a_{11}x_1 + a_{12}x_2 + a_{13}x_3 = b_1, \\ a_{21}x_1 + a_{22}x_2 + a_{23}x_3 = b_2, \\ a_{31}x_1 + a_{32}x_2 + a_{33}x_3 = b_3 \end{cases}$ 的解的情况确

定. 设此方程组的系数矩阵为 A，增广矩阵为 $\overline{A}$，则

  (i) 直线 L 与平面 π 相交于一点的充分必要条件是 $r(A) = r(\overline{A}) = 3$;

  (ii) 直线 L 在平面 π 上的充分必要条件是 $r(A) = r(\overline{A}) = 2$;

  (iii) 直线 L 与平面 π 平行, 但不在平面 π 上的充分必要条件是 $r(\overline{A}) = 3$, $r(A) = 2$.

3.1.2 题型与方法

1. 线性方程组解的判定

可根据定理 3.1.1 和定理 3.1.2 判断非齐次线性方程组是否有解以及有解时解的情况. 根据推论 3.1.1、推论 3.1.2 和推论 3.1.3 来判断齐次线性方程组有无非零解.

例 3.1.1 设 A 为 n 阶矩阵, α 是 n 维列向量, 若 $r\begin{pmatrix} A & \alpha \\ \alpha^{\mathrm{T}} & 0 \end{pmatrix} = r(A)$, 则下列选项一定成立的是(　　).

  (A) $AX = \alpha$ 有无穷多解　　　　(B) $AX = \alpha$ 必有唯一解

  (C) $\begin{pmatrix} A & \alpha \\ \alpha^{\mathrm{T}} & 0 \end{pmatrix}\begin{pmatrix} x \\ y \end{pmatrix} = 0$ 仅有零解　　(D) $\begin{pmatrix} A & \alpha \\ \alpha^{\mathrm{T}} & 0 \end{pmatrix}\begin{pmatrix} x \\ y \end{pmatrix} = 0$ 必有非零解

  解 $\begin{pmatrix} A & \alpha \\ \alpha^{\mathrm{T}} & 0 \end{pmatrix}$ 为 $n+1$ 阶矩阵, 由题设知, $r\begin{pmatrix} A & \alpha \\ \alpha^{\mathrm{T}} & 0 \end{pmatrix} = r(A) < n+1$, 由推论

3.1.1 知, 方程组 $\begin{pmatrix} A & \alpha \\ \alpha^{\mathrm{T}} & 0 \end{pmatrix}\begin{pmatrix} x \\ y \end{pmatrix} = 0$ 必有非零解, 故选项(D)正确.

例 3.1.2(2015 年全国硕士研究生入学统一考试数学一、二、三真题) 设矩阵

$A = \begin{pmatrix} 1 & 1 & 1 \\ 1 & 2 & a \\ 1 & 4 & a^2 \end{pmatrix}, \beta = \begin{pmatrix} 1 \\ d \\ d^2 \end{pmatrix}$. 若集合 $\Omega = \{1,2\}$, 则线性方程组 $AX = \beta$ 有无穷多个解

的充分必要条件为( ).

(A) $a\notin\Omega,d\notin\Omega$ (B) $a\notin\Omega,d\in\Omega$ (C) $a\in\Omega,d\notin\Omega$ (D) $a\in\Omega,d\in\Omega$

解法一 方程组的系数矩阵 A 的行列式为 $|A|=(a-1)(a-2)$，由 $AX=\beta$ 有无穷多个解知，$|A|=0$，即 $a=1$ 或 $a=2$.

当 $a=1$ 时，对方程组的增广矩阵 $\overline{A}$ 施行初等行变换化为行阶梯形矩阵

$$\overline{A}\xrightarrow[r_3-3r_2]{\substack{r_2-r_1\\r_3-r_1}}\begin{pmatrix}1&1&1&1\\0&1&0&d-1\\0&0&0&(d-2)(d-1)\end{pmatrix},$$

可见 $r(A)=2$，由题设得 $r(\overline{A})=2$，故 $(d-1)(d-2)=0$，解得 $d=1$ 或 $d=2$.

当 $a=2$ 时，对方程组的增广矩阵 $\overline{A}$ 施行初等行变换化为行阶梯形矩阵

$$\overline{A}\xrightarrow[r_3-3r_2]{\substack{r_2-r_1\\r_3-r_1}}\begin{pmatrix}1&1&1&1\\0&1&1&d-1\\0&0&0&(d-2)(d-1)\end{pmatrix},$$

可见 $r(A)=2$，由题设得 $r(\overline{A})=2$，故 $(d-1)(d-2)=0$，解得 $d=1$ 或 $d=2$.

综上所述，$a=1$ 或 $a=2$，且 $d=1$ 或 $d=2$，故选项(D)正确.

解法二 对方程组的增广矩阵 $\overline{A}$ 施行初等行变换化为行阶梯形矩阵

$$\overline{A}\xrightarrow[r_3-3r_2]{\substack{r_2-r_1\\r_3-r_1}}\begin{pmatrix}1&1&1&1\\0&1&a-1&d-1\\0&0&(a-2)(a-1)&(d-2)(d-1)\end{pmatrix}.$$

由题设得，$r(\overline{A})=r(A)=2$，由此得 $a=1$ 或 $a=2$，且 $d=1$ 或 $d=2$，故选项(D)正确.

例 3.1.3 设 A 为 n 阶方阵，A^* 为 A 的伴随矩阵，α,β 均为 n 维列向量，证明方程组 $AX=\alpha$ 有唯一解的充分必要条件是方程组 $A^*X=\beta$ 有唯一解.

证明 方程组 $AX=\alpha$ 有唯一解当且仅当 $r(A)=n$ 当且仅当 $|A|\neq0$ 当且仅当 $|A^*|\neq0$ 当且仅当方程组 $A^*X=\beta$ 有唯一解.

2. 解线性方程组

例 3.1.4 解齐次线性方程组 $\begin{cases}x_1+2x_2+2x_3+x_4=0,\\2x_1+x_2-2x_3-2x_4=0,\\x_1-x_2-4x_3-3x_4=0.\end{cases}$

解 对方程组的系数矩阵 A 施行初等行变换化为行阶梯形矩阵 J

$$A=\begin{pmatrix}1&2&2&1\\2&1&-2&-2\\1&-1&-4&-3\end{pmatrix}\xrightarrow[r_3-r_2]{\substack{r_2-2r_1\\r_3-r_1}}\begin{pmatrix}1&2&2&1\\0&-3&-6&-4\\0&0&0&0\end{pmatrix}=J,$$

可见 $r(A) = 2 < 4$ (未知量个数), 因此, 方程组有非零解.

进一步, 对 J 施行初等行变换可化为行最简形

$$B \xrightarrow[\substack{r_2 \times (-\frac{1}{3})}]{r_1 - 2r_2} \begin{pmatrix} 1 & 0 & -2 & -\dfrac{5}{3} \\ 0 & 1 & 2 & \dfrac{4}{3} \\ 0 & 0 & 0 & 0 \end{pmatrix},$$

因此, 与原方程组同解的方程组为 $\begin{cases} x_1 - 2x_3 - \dfrac{5}{3} x_4 = 0, \\ x_2 + 2x_3 + \dfrac{4}{3} x_4 = 0. \end{cases}$ 选 x_3, x_4 为自由未知量, 移

项得 $\begin{cases} x_1 = 2x_3 + \dfrac{5}{3} x_4, \\ x_2 = -2x_3 - \dfrac{4}{3} x_4. \end{cases}$ 令 $x_3 = k_1, x_4 = k_2$, 得原方程组的通解为 $k_1\xi_1 + k_2\xi_2$, 其中

k_1, k_2 为任意常数, $\xi_1 = (2, -2, 1, 0)^{\mathrm{T}}, \xi_2 = \dfrac{1}{3}(5, -4, 0, 3)^{\mathrm{T}}$.

例 3.1.5 当 λ 取什么值时, 齐次线性方程组 $\begin{cases} (\lambda+2)x_1 - 3x_2 - 2x_3 = 0, \\ -x_1 + (\lambda-1)x_2 + x_3 = 0, \\ -x_1 - 7x_2 + (\lambda+1)x_3 = 0 \end{cases}$ 有非零

解? 并求其通解.

解法一 方程组的系数矩阵 A 的行列式为 $|A| = \begin{vmatrix} \lambda+2 & -3 & -2 \\ -1 & \lambda-1 & 1 \\ -1 & -7 & \lambda+1 \end{vmatrix} = \lambda(\lambda+1)^2$.

当 $\lambda \neq 0$, 且 $\lambda \neq -1$ 时, $|A| \neq 0$, 因此, 方程组只有零解;

当 $\lambda = 0$ 或 $\lambda = -1$ 时, 方程组有非零解.

当 $\lambda = 0$ 时, 对方程组的系数矩阵 A 施行初等行变换化为行最简形

$$A \xrightarrow[\substack{r_1 \leftrightarrow r_2 \\ r_2 + 2r_1 \\ r_3 - r_1}]{} \begin{pmatrix} -1 & -1 & 1 \\ 0 & -5 & 0 \\ 0 & -6 & 0 \end{pmatrix} \xrightarrow[\substack{r_1 \times (-1) \\ r_2 \times (-\frac{1}{5}) \\ r_3 + 6r_2 \\ r_1 - r_2}]{} \begin{pmatrix} 1 & 0 & -1 \\ 0 & 1 & 0 \\ 0 & 0 & 0 \end{pmatrix},$$

可见, $r(A) = 2 < 3$ (未知量个数), 因此, 方程组有非零解, 且与方程组 $\begin{cases} x_1 - x_3 = 0, \\ x_2 = 0 \end{cases}$

同解.

选 x_3 为自由未知量, 移项得 $\begin{cases} x_1 = x_3, \\ x_2 = 0. \end{cases}$

令 $x_3 = k$, 得原方程组的通解为 $k\xi$, 其中 k 为任意常数, $\xi = (1,0,1)^{\mathrm{T}}$.

当 $\lambda = -1$ 时, 对方程组的系数矩阵 A 施行初等行变换化为行最简形

$$A \xrightarrow[\substack{r_3 - 2r_2 \\ r_2 \times \left(\frac{1}{5}\right)}]{\substack{r_2 + r_1 \\ r_3 + r_1}} \begin{pmatrix} 1 & -3 & -2 \\ 0 & 1 & \frac{1}{5} \\ 0 & 0 & 0 \end{pmatrix} \xrightarrow{r_1 + 3r_2} \begin{pmatrix} 1 & 0 & -\frac{7}{5} \\ 0 & 1 & \frac{1}{5} \\ 0 & 0 & 0 \end{pmatrix},$$

可见, $r(A) = 2 < 3$ (未知量个数), 因此, 方程组有非零解, 且与方程组 $\begin{cases} x_1 - \dfrac{7}{5} x_3 = 0, \\ x_2 + \dfrac{1}{5} x_3 = 0 \end{cases}$

同解.

选 x_3 为自由未知量, 移项得 $\begin{cases} x_1 = \dfrac{7}{5} x_3, \\ x_2 = -\dfrac{1}{5} x_3. \end{cases}$

令 $x_3 = k$, 得原方程组的通解为 $k\xi$, 其中 k 为任意常数, $\xi = \dfrac{1}{5}(7, -1, 5)^{\mathrm{T}}$.

解法二 对方程组的系数矩阵 A 施行初等行变换, 得

$$A \xrightarrow[\substack{r_2 + (\lambda+2)r_1 \\ r_3 - r_1}]{r_1 \leftrightarrow r_2} \begin{pmatrix} -1 & \lambda - 1 & 1 \\ 0 & \lambda^2 + \lambda - 5 & \lambda \\ 0 & -6 - \lambda & \lambda \end{pmatrix} \xrightarrow{r_2 - r_3} \begin{pmatrix} -1 & \lambda - 1 & 1 \\ 0 & (\lambda+1)^2 & 0 \\ 0 & -6 - \lambda & \lambda \end{pmatrix} = B.$$

当 $\lambda \neq -1$ 时, 进一步, 对矩阵 B 施行初等行变换, 得

$$B \xrightarrow[\substack{r_3 + (\lambda+6)r_2}]{r_2 \times \frac{1}{(\lambda+1)^2}} \begin{pmatrix} -1 & \lambda - 1 & 1 \\ 0 & 1 & 0 \\ 0 & 0 & \lambda \end{pmatrix},$$

(i) 当 $\lambda \neq 0$ 时, $r(A) = 3$, 因此, 方程组只有零解;

(ii) 当 $\lambda = 0$ 时, $r(A) = 2 < 3$ (未知量个数), 因此, 方程组有非零解. 同解法一可求得方程组的通解为 $k\xi$, 其中 k 为任意常数, $\xi = (1,0,1)^{\mathrm{T}}$.

当 $\lambda = -1$ 时, $r(A) = 2 < 3$ (未知量个数), 因此, 方程组有非零解. 同解法一可求得方程组的通解为 $k\xi$, 其中 k 为任意常数, $\xi = \dfrac{1}{5}(7, -1, 5)^{\mathrm{T}}$.

例 3.1.6 解方程组 $\begin{cases} x_1 - 2x_2 + 3x_3 - x_4 = 1, \\ 3x_1 - x_2 + 5x_3 - 3x_4 = 2, \\ 2x_1 + x_2 + 2x_3 - 2x_4 = 3. \end{cases}$

解 对方程组的增广矩阵 $\overline{A} = (A, \beta)$ 施行初等行变换化为行阶梯形矩阵

$$\overline{A} = \begin{pmatrix} 1 & -2 & 3 & -1 & 1 \\ 3 & -1 & 5 & -3 & 2 \\ 2 & 1 & 2 & -2 & 3 \end{pmatrix} \xrightarrow[\substack{r_2-3r_1 \\ r_3-2r_1 \\ r_3-r_2}]{} \begin{pmatrix} 1 & -2 & 3 & -1 & 1 \\ 0 & 5 & -4 & 0 & -1 \\ 0 & 0 & 0 & 0 & 2 \end{pmatrix},$$

可见，$r(A) = 2, r(\overline{A}) = 3$，因此，方程组无解.

例 3.1.7 解方程组 $\begin{cases} x_1 + 5x_2 - x_3 - x_4 = -1, \\ x_1 - 2x_2 + x_3 + 3x_4 = 3, \\ 3x_1 + 8x_2 - x_3 + x_4 = 1. \end{cases}$

解 对方程组的增广矩阵 $\overline{A} = (A, \beta)$ 施行初等行变换化为行阶梯形矩阵

$$\overline{A} = \begin{pmatrix} 1 & 5 & -1 & -1 & -1 \\ 1 & -2 & 1 & 3 & 3 \\ 3 & 8 & -1 & 1 & 1 \end{pmatrix} \xrightarrow[\substack{r_2-r_1 \\ r_3-3r_1 \\ r_3-r_2 \\ r_2\times\left(-\frac{1}{7}\right) \\ r_1-5r_2}]{} \begin{pmatrix} 1 & 0 & \dfrac{3}{7} & \dfrac{13}{7} & \dfrac{13}{7} \\ 0 & 1 & -\dfrac{2}{7} & -\dfrac{4}{7} & -\dfrac{4}{7} \\ 0 & 0 & 0 & 0 & 0 \end{pmatrix},$$

可见，$r(A) = r(\overline{A}) = 2 < 4$(未知量个数)，因此，方程组有无穷多解，且与下列方程组同解

$$\begin{cases} x_1 + \dfrac{3}{7}x_3 + \dfrac{13}{7}x_4 = \dfrac{13}{7}, \\ x_2 - \dfrac{2}{7}x_3 - \dfrac{4}{7}x_4 = -\dfrac{4}{7}. \end{cases}$$

选 x_3, x_4 为自由未知量，移项得 $\begin{cases} x_1 = \dfrac{13}{7} - \dfrac{3}{7}x_3 - \dfrac{13}{7}x_4, \\ x_2 = -\dfrac{4}{7} + \dfrac{2}{7}x_3 + \dfrac{4}{7}x_4. \end{cases}$

令 $x_3 = k_1, x_4 = k_2$，得原方程组的通解为 $\gamma_0 + k_1\xi_1 + k_2\xi_2$，其中 k_1, k_2 为任意常数，

$$\gamma_0 = \frac{1}{7}(13, -4, 0, 0)^T, \quad \xi_1 = \frac{1}{7}(-3, 2, 7, 0)^T, \quad \xi_2 = \frac{1}{7}(-13, 4, 0, 7)^T.$$

例 3.1.8(2010 年全国硕士研究生入学统一考试数学一、二、三真题) 设

$A = \begin{pmatrix} \lambda & 1 & 1 \\ 0 & \lambda-1 & 0 \\ 1 & 1 & \lambda \end{pmatrix}, \beta = \begin{pmatrix} a \\ 1 \\ 1 \end{pmatrix}$，已知线性方程组 $AX = \beta$ 存在两个不同解.

(1) 求 λ, a;

(2) 求方程组 $AX = \beta$ 的通解.

(1) **解法一**　由方程组存在两个不同解知, $r(A, \beta) = r(A) < 3$ (未知量个数), 于是 $|A| = 0$, 而 $|A| = (\lambda + 1)(\lambda - 1)^2$, 因此, $\lambda = -1$ 或 $\lambda = 1$.

当 $\lambda = 1$ 时, 对方程组的增广矩阵 (A, β) 施行初等行变换, 得

$$(A, \beta) = \begin{pmatrix} 1 & 1 & 1 & a \\ 0 & 0 & 0 & 1 \\ 1 & 1 & 1 & 1 \end{pmatrix} \xrightarrow{r_3 - r_1} \begin{pmatrix} 1 & 1 & 1 & a \\ 0 & 0 & 0 & 1 \\ 0 & 0 & 0 & 1-a \end{pmatrix},$$

可见, $r(A, \beta) = 2, r(A) = 1$, 由定理 3.1.1 知, 方程组无解, 这与题设条件矛盾, 故 $\lambda \neq 1$.

当 $\lambda = -1$ 时, 对方程组的增广矩阵 (A, β) 施行初等行变换化为行最简形

$$(A, \beta) = \begin{pmatrix} -1 & 1 & 1 & a \\ 0 & -2 & 0 & 1 \\ 1 & 1 & -1 & 1 \end{pmatrix} \xrightarrow[r_3 + r_2]{r_3 + r_1} \begin{pmatrix} -1 & 1 & 1 & a \\ 0 & -2 & 0 & 1 \\ 0 & 0 & 0 & a+2 \end{pmatrix},$$

可见, $r(A) = 2$, 于是由方程组有解得 $r(A, \beta) = 2$, 由此得, $a + 2 = 0$, 即 $a = -2$. 因此, $\lambda = -1, a = -2$.

解法二　由方程组有两个不同解知, $r(A, \beta) = r(A) < 3$ (未知量个数).

对方程组的增广矩阵 (A, β) 施行初等行变换得

$$(A, \beta) = \begin{pmatrix} \lambda & 1 & 1 & a \\ 0 & \lambda-1 & 0 & 1 \\ 1 & 1 & \lambda & 1 \end{pmatrix} \xrightarrow[r_3 + r_2]{\substack{r_1 \leftrightarrow r_3 \\ r_3 - \lambda r_1}} \begin{pmatrix} 1 & 1 & \lambda & 1 \\ 0 & \lambda-1 & 0 & 1 \\ 0 & 0 & (1-\lambda)(1+\lambda) & a+1-\lambda \end{pmatrix}.$$

当 $\lambda = 1$ 时, $r(A, \beta) = 2, r(A) = 1$, 这与方程组有解矛盾, 故 $\lambda \neq 1$. 于是由 $r(A, \beta) = r(A) < 3$ 知, $\lambda + 1 = 0$, 即 $\lambda = -1$, 由 $r(A, \beta) < 3$ 得 $a = -2$, 因此, $\lambda = -1$, $a = -2$.

(2) **解**　由(1)知, 方程组的增广矩阵为 $(A, \beta) = \begin{pmatrix} -1 & 1 & 1 & -2 \\ 0 & -2 & 0 & 1 \\ 1 & 1 & -1 & 1 \end{pmatrix}$.

对增广矩阵 (A, β) 施行初等行变换可化为行最简形

$$(A, \beta) \xrightarrow[r_3 + r_2]{r_3 + r_1} \begin{pmatrix} -1 & 1 & 1 & -2 \\ 0 & -2 & 0 & 1 \\ 0 & 0 & 0 & 0 \end{pmatrix} \xrightarrow[r_1 + r_2]{\substack{r_1 \times (-1) \\ r_2 \times \left(-\frac{1}{2}\right)}} \begin{pmatrix} 1 & 0 & -1 & \dfrac{3}{2} \\ 0 & 1 & 0 & -\dfrac{1}{2} \\ 0 & 0 & 0 & 0 \end{pmatrix},$$

由此得，与方程组同解的方程组 $\begin{cases} x_1 - x_3 = \dfrac{3}{2}, \\ x_2 = -\dfrac{1}{2}. \end{cases}$　选 x_3 为自由未知量，移项得

$$\begin{cases} x_1 = \dfrac{3}{2} + x_3, \\ x_2 = -\dfrac{1}{2}. \end{cases}$$

令 $x_3 = k$，得原方程组的通解为 $\gamma_0 + k\xi$，其中 k 为任意常数，

$$\gamma_0 = \frac{1}{2}(3, -1, 0)^{\mathrm{T}}, \quad \xi = (1, 0, 1)^{\mathrm{T}}.$$

注 3.1.1　比较例 3.1.5 和例 3.1.8(1) 中的解法一和解法二，解法一较解法二简单，但解法一仅适用于系数矩阵为方阵的线性方程组．

3. 线性方程组的解的几何意义

例 3.1.9　设三个平面两两相交，且交线互相平行，它们的方程

$$a_{i1}x + a_{i2}y + a_{i3}z = d_i \quad (i = 1, 2, 3)$$

组成的线性方程组的系数矩阵和增广矩阵分别记为 $A, \overline{A}$，则(　　　)．

(A)　$r(A) = 2, r(\overline{A}) = 3$　　　　　　(B)　$r(A) = r(\overline{A}) = 2$

(C)　$r(A) = 1, r(\overline{A}) = 2$　　　　　　(D)　$r(A) = r(\overline{A}) = 1$

解　由题设知，三个平面无公共交点，因此，它们的方程组成的线性方程组无解，于是 $r(A) \neq r(\overline{A})$，因此，应排除选项(B)和(D)．由三个平面中任意两个平面都相交于一条直线知，$r(A) = 2$，由 $r(A) \leqslant r(\overline{A})$ 得 $r(\overline{A}) = 3$，于是应排除选项(C)，故选项(A)正确．

例 3.1.10　讨论空间三个平面 $\begin{cases} \pi_1 : x - y + 2z + a = 0, \\ \pi_2 : -2x + 3y - 5z - 1 = 0, \\ \pi_3 : 3x - 4y + 7z + 1 = 0 \end{cases}$ 的位置关系．

解　设三个平面的方程组成的三元线性方程组 $AX = \beta$ 的系数矩阵和增广矩阵分别为 $A, \overline{A}$．对 $\overline{A}$ 施行初等行变换化为行阶梯形矩阵

$$\overline{A} = \begin{pmatrix} 1 & -1 & 2 & -a \\ -2 & 3 & -5 & 1 \\ 3 & -4 & 7 & -1 \end{pmatrix} \xrightarrow[r_3 - 3r_1]{r_2 + 2r_1} \begin{pmatrix} 1 & -1 & 2 & -a \\ 0 & 1 & -1 & 1 - 2a \\ 0 & -1 & 1 & 3a - 1 \end{pmatrix} \xrightarrow{r_3 + r_2} \begin{pmatrix} 1 & -1 & 2 & -a \\ 0 & 1 & -1 & 1 - 2a \\ 0 & 0 & 0 & a \end{pmatrix},$$

可见，$r(A) = 2$．

当 $a = 0$ 时，$r(\overline{A}) = r(A) = 2 < 3$，方程组 $AX = \beta$ 有无穷多解，且其通解中有

一个自由未知量, 故三个平面相交于一条直线.

由 $r(\overline{A})=2$ 知, $\overline{A}$ 的行向量组 β_1,β_2,β_3 线性相关, 即存在不全为零的数 k_1,k_2,k_3, 使得 $k_1\beta_1+k_2\beta_2+k_3\beta_3=0$, 即有 $\begin{cases} k_1-2k_2+3k_3=0, \\ -k_1+3k_2-4k_3=0, \\ 2k_1-5k_2+7k_3=0, \\ k_2-k_3=0, \end{cases}$ 解得其通解为 $k\xi$,

其中 k 为任意常数, $\xi=(-1,1,1)^{\mathrm{T}}$.

由 k_1,k_2,k_3 不全为零知, $k\neq0$, 于是 k_1,k_2,k_3 都不为零, 三个平面互异, 故当 $a=0$ 时, 三个平面相交于一条直线, 且互异.

当 $a\neq0$ 时, $r(\overline{A})=3$, 方程组 $AX=\beta$ 无解, 故三个平面不相交.

由 $r(A)=2$ 知, A 的行向量组 $\alpha_1,\alpha_2,\alpha_3$ 线性相关, 即存在不全为零的数 l_1,l_2,l_3, 使得 $l_1\alpha_1+l_2\alpha_2+l_3\alpha_3=0$, 即有 $\begin{cases} l_1-2l_2+3l_3=0, \\ -l_1+3l_2-4l_3=0, \\ 2l_1-5l_2+7l_3=0, \end{cases}$ 解得其通解为 $c\eta$, 其

中 c 为任意常数, $\eta=(-1,1,1)^{\mathrm{T}}$, 由 l_1,l_2,l_3 不全为零知, $c\neq0$, 于是 l_1,l_2,l_3 都不为零, 三个平面形成一个三棱柱, 故当 $a\neq0$ 时, 三个平面不相交, 且形成一个三棱柱.

4. 求线性方程组的公共解

求两个线性方程组 $AX=\beta_1,BX=\beta_2$ 的公共解, 只需将这两个方程组联立成方程组 $\begin{cases} AX=\beta_1, \\ BX=\beta_2 \end{cases}$ 求解.

例 3.1.11 设线性方程组(I) $\begin{cases} x_1+x_2+x_3=0, \\ x_1+2x_2+ax_3=0, \\ x_1+4x_2+a^2x_3=0 \end{cases}$ 与方程(II) $x_1+2x_2+x_3=a-1$

有公共解, 求 a 的值及所有公共解.

解 将方程组(I)和(II)联立得方程组(III) $\begin{cases} x_1+x_2+x_3=0, \\ x_1+2x_2+ax_3=0, \\ x_1+4x_2+a^2x_3=0, \\ x_1+2x_2+x_3=a-1, \end{cases}$ 由题设知, 方程

组(III)有解.

对方程组(III)的增广矩阵 $\overline{A}$ 施行初等行变换化为行阶梯形矩阵

$$\overline{A} \xrightarrow[\substack{r_4-r_1 \\ r_2 \leftrightarrow r_4}]{\substack{r_2-r_1 \\ r_3-r_1}} \begin{pmatrix} 1 & 1 & 1 & 0 \\ 0 & 1 & 0 & a-1 \\ 0 & 3 & a^2-1 & 0 \\ 0 & 1 & a-1 & 0 \end{pmatrix} \xrightarrow[\substack{r_3 \leftrightarrow r_4 \\ r_4-(a+1)r_3}]{\substack{r_3-3r_2 \\ r_4-r_2}} \begin{pmatrix} 1 & 1 & 1 & 0 \\ 0 & 1 & 0 & a-1 \\ 0 & 0 & a-1 & -(a-1) \\ 0 & 0 & 0 & (a-2)(a-1) \end{pmatrix}.$$

当 $a \neq 2$, 且 $a \neq 1$ 时, $r(A) = 3, r(\overline{A}) = 4$, 因此, 方程组(III)无解;

当 $a = 1$ 时, $\overline{A}$ 可进一步化为行最简形 $\begin{pmatrix} 1 & 0 & 1 & 0 \\ 0 & 1 & 0 & 0 \\ 0 & 0 & 0 & 0 \\ 0 & 0 & 0 & 0 \end{pmatrix}$, 可见, $r(A) = r(\overline{A}) = 2 < 3$

(未知量个数), 因此, 方程组(III)有无穷多解, 可求得方程组(III)的通解为 $k(-1,0,1)^{\mathrm{T}}$, 其中 k 为任意常数, 故方程组(I)和方程组(II)的全部公共解为 $k(-1,0,1)^{\mathrm{T}}$, 其中 k 为任意常数.

当 $a = 2$ 时, $\overline{A}$ 可进一步化为行最简形 $\begin{pmatrix} 1 & 0 & 0 & 0 \\ 0 & 1 & 0 & 1 \\ 0 & 0 & 1 & -1 \\ 0 & 0 & 0 & 0 \end{pmatrix}$, 可见, $r(A) = r(\overline{A}) = 3$,

因此, 方程组(III)有唯一解, 可求得唯一解为 $(0,1,-1)^{\mathrm{T}}$, 故方程组(I)和方程组(II)的全部公共解为 $(0,1,-1)^{\mathrm{T}}$.

例 3.1.12 已知四元齐次线性方程组(I) $\begin{cases} x_1 + x_2 = 0, \\ x_2 - x_4 = 0, \end{cases}$ 齐次线性方程组(II)的通解为 $k_1\xi_1 + k_2\xi_2$, 其中 $\xi_1 = (0,1,1,0)^{\mathrm{T}}, \xi_2 = (-1,2,2,1)^{\mathrm{T}}, k_1, k_2$ 为任意常数, 问方程组(I)和方程组(II)是否有非零公共解? 若有, 求出它们的全部非零公共解.

解 解方程组(I)可求得其通解为 $c_1\eta_1 + c_2\eta_2$, 其中 $\eta_1 = (0,0,1,0)^{\mathrm{T}}$, $\eta_2 = (-1,1,0,1)^{\mathrm{T}}$, c_1, c_2 为任意常数. 令 $k_1\xi_1 + k_2\xi_2 = c_1\eta_1 + c_2\eta_2$, 则得方程组(III)

$$\begin{cases} k_2 = c_2, \\ k_1 + 2k_2 = c_2, \\ k_1 + 2k_2 = c_1, \\ k_2 = c_2, \end{cases} \quad 即 \quad \begin{cases} k_2 - c_2 = 0, \\ k_1 + 2k_2 - c_2 = 0, \\ k_1 + 2k_2 - c_1 = 0, \\ k_2 - c_2 = 0, \end{cases} \quad 解得 \begin{cases} k_1 = -c_2, \\ k_2 = c_2, \\ c_1 = c_2, \end{cases} \quad 令 c_2 = k, 则方程组(III)的通$$

解为 $k(-1,1,1,1)^{\mathrm{T}}$, 故方程组(I)和方程组(II)有非零公共解, 且它们的全部非零公共解为 $k(-1,1,1,1)^{\mathrm{T}}$, 其中 k 为任意非零常数.

注 3.1.2 例 3.1.12 也可根据方程组(II)的通解先求出方程组(II), 再类似例 3.1.11 求解.

3.2　矩　阵　方　程

3.2.1　基础理论

定理 3.2.1　设 A,B 分别为 $m \times n$, $m \times l$ 矩阵, X 为 $n \times l$ 未知矩阵, 则

(1) 矩阵方程 $AX = B$ 有解的充分必要条件是 $r(A) = r(A,B)$, 且在有解的条件下, 当 $r(A) = r(A,B) = n$ 时, 有唯一解, 当 $r(A) = r(A,B) < n$ 时, 有无穷多解;

(2) 矩阵方程 $AX = B$ 无解的充分必要条件是 $r(A) < r(A,B)$.

推论 3.2.1　设 A,B 分别为 $n \times l$, $m \times l$ 矩阵, X 为 $m \times n$ 未知矩阵, 则

(1) 矩阵方程 $XA = B$ 有解的充分必要条件是 $r(A) = r\begin{pmatrix} A \\ B \end{pmatrix}$, 且在有解的条件下,

当 $r(A) = r\begin{pmatrix} A \\ B \end{pmatrix} = n$ 时, 有唯一解, 当 $r(A) = r\begin{pmatrix} A \\ B \end{pmatrix} < n$ 时, 有无穷多解;

(2) 矩阵方程 $XA = B$ 无解的充分必要条件是 $r(A) < r\begin{pmatrix} A \\ B \end{pmatrix}$.

推论 3.2.2　设 A 为 $m \times n$ 矩阵, X 为 $n \times l$ 未知矩阵, 则

(1) 矩阵方程 $AX = O$ 只有零解的充分必要条件是 $r(A) = n$;

(2) 矩阵方程 $AX = O$ 有非零解的充分必要条件是 $r(A) < n$.

推论 3.2.3　设 A 为 $n \times l$ 矩阵, X 为 $m \times n$ 未知矩阵, 则

(1) 矩阵方程 $XA = O$ 只有零解的充分必要条件是 $r(A) = n$;

(2) 矩阵方程 $XA = O$ 有非零解的充分必要条件是 $r(A) < n$.

推论 3.2.4　设 A,B,C 分别为 $m \times n$, $l \times s$, $m \times s$ 矩阵, X 为 $n \times l$ 未知矩阵, 则

(1) 矩阵方程 $AXB = C$ 有解的充分必要条件是 $r(A) = r(A,C)$, 且 $r(B) = r\begin{pmatrix} B \\ C \end{pmatrix}$,

且在有解的条件下, 当 $r(A) = r(A,C) = n$, 且 $r(B) = r\begin{pmatrix} B \\ C \end{pmatrix} = l$ 时, 有唯一解;

(2) 矩阵方程 $AXB = C$ 无解的充分必要条件是 $r(A) < r(A,C)$ 或 $r(B) < r\begin{pmatrix} B \\ C \end{pmatrix}$.

命题 3.2.1　设 A,B 均为 $m \times n$ 矩阵, 则

(1) A 和 B 列等价当且仅当矩阵方程 $AX = B$, $BY = A$ 都有解当且仅当 $r(A) = r(B) = r(A,B)$, 其中 X,Y 均为 n 阶未知矩阵;

(2) A 和 B 行等价当且仅当矩阵方程 $XA=B$，$YB=A$ 都有解当且仅当 $r(A)=r(B)=r\begin{pmatrix} A \\ B \end{pmatrix}$，其中 X,Y 均为 m 阶未知矩阵.

3.2.2 题型与方法

1. 矩阵方程有解的证明

例 3.2.1 设 A 为 $m\times n$ 矩阵，X 为 $n\times m$ 未知矩阵，证明矩阵方程 $AXA=A$ 一定有解.

证明 因为 $(A,A)\begin{pmatrix} E_n & -E_n \\ O & E_n \end{pmatrix}=(A,O)$，$\begin{pmatrix} E_m & O \\ -E_m & E_m \end{pmatrix}\begin{pmatrix} A \\ A \end{pmatrix}=\begin{pmatrix} A \\ O \end{pmatrix}$，所以

$$r(A,A)=r(A,O)=r(A),\quad r\begin{pmatrix} A \\ A \end{pmatrix}=r\begin{pmatrix} A \\ O \end{pmatrix}=r(A),$$

故由推论 3.2.4 知，矩阵方程 $AXA=A$ 有解.

注 3.2.1 例 3.2.1 也可利用矩阵的等价标准形证明.

例 3.2.2 设 A 为 $m\times n$ 矩阵，E 为 m 阶单位矩阵，X 为 $n\times m$ 未知矩阵，证明矩阵方程 $AX=E$ 有解的充分必要条件是 A 是行满秩矩阵，即 $r(A)=m$.

证明 因为 $(A,E_m)\begin{pmatrix} E_n & O \\ -A & E_m \end{pmatrix}=(O,E_m)$，所以 $r(A,E_m)=r(O,E_m)=r(E_m)=m$，于是矩阵方程 $AX=E$ 有解当且仅当 $r(A)=r(A,E)$ 当且仅当 $r(A)=m$，即 A 是行满秩矩阵.

例 3.2.3 设 $A=(a_{ij})$，$B=(b_{ij})$ 均为 n 阶方阵，X 为 n 阶未知方阵，证明矩阵方程 $AX=B$ 有解的充分必要条件是 $r(A)=r(A_i)(i=1,2,\cdots,n)$，其中

$$A_i=\begin{pmatrix} a_{11} & a_{12} & \cdots & a_{1n} & b_{1i} \\ a_{21} & a_{22} & \cdots & a_{2n} & b_{2i} \\ \vdots & \vdots & & \vdots & \vdots \\ a_{n1} & a_{n2} & \cdots & a_{nn} & b_{ni} \end{pmatrix}\quad (i=1,2,\cdots,n).$$

分析 可利用定理 3.2.1 和线性方程组理论证明.

证明 将矩阵 B 按列分块为 $B=(\beta_1,\beta_2,\cdots,\beta_n)$，由定理 3.2.1 知，矩阵方程 $AX=B$ 有解当且仅当 $r(A)=r(A,B)$ 当且仅当 $r(A)=r(A,\beta_i)(i=1,2,\cdots,n)$，即

$$r(A)=r(A_i)\quad (i=1,2,\cdots,n).$$

2. 矩阵方程的应用

例 3.2.4　设矩阵 A,B,C 满足 $AB=C$，证明 $r(C)\leqslant\min(r(A),r(B))$.

证明　由题设知，矩阵 B，A 分别是矩阵方程 $AX=C$，$YB=C$ 的解，于是有 $r(A)=r(A,C)$，$r(B)=r\begin{pmatrix}B\\C\end{pmatrix}$，由于 $r(C)\leqslant r(A,C),r(C)\leqslant r\begin{pmatrix}B\\C\end{pmatrix}$，因此，$r(C)\leqslant r(A)$，$r(C)\leqslant r(B)$，从而 $r(C)\leqslant\min(r(A),r(B))$.

例 3.2.5　设 A 为 $m\times n$ 矩阵，B，C 均为 $n\times s$ 矩阵，且 $AB=AC$，证明若 $r(A)=n$，则 $B=C$.

证明　由 $AB=AC$ 得 $A(B-C)=O$，即 $B-C$ 是矩阵方程 $AX=O$ 的解，由 $r(A)=n$ 知，$AX=O$ 只有零解，故 $B-C=O$，即 $B=C$.

例 3.2.6　设 A,B 分别为 $m\times n$，$n\times m$ 矩阵，证明存在 $m\times n$ 矩阵 C，使得 $A=ABC$ 的充分必要条件是 $r(A)=r(AB)$.

证明　必要性. 若存在 $m\times n$ 矩阵 C，使得 $A=ABC$，则 C 是矩阵方程 $ABX=A$ 的解，于是 $r(AB)=r(AB,A)$，由 $(AB,A)\begin{pmatrix}E_m & O\\-B & E_n\end{pmatrix}=(O,A)$ 得 $r(A)=r(O,A)=r(AB,A)$，因此，$r(A)=r(AB)$.

充分性. 若 $r(A)=r(AB)$，则由 $r(AB,A)=r(O,A)=r(A)$ 得 $r(AB)=r(AB,A)$，因此，矩阵方程 $ABX=A$ 有解，即存在 $m\times n$ 矩阵 C，使得 $A=ABC$.

3. 解矩阵方程

1) 齐次矩阵方程的解法

可利用齐次线性方程组求解.

例 3.2.7　设矩阵 $A=\begin{pmatrix}1 & 0 & 2 & 1\\-1 & 1 & 0 & 2\\2 & 3 & 5 & 1\end{pmatrix}$.

(1) 求满足 $AX=O$ 所有 4×2 矩阵 X;

(2) 求满足 $AX=O$ 所有秩为 1 的 4×2 矩阵 X.

解　(1)对 A 施行初等行变换化为行最简形矩阵

$$A\xrightarrow[\substack{r_3\times\left(-\frac{1}{5}\right)}]{\substack{r_2+r_1\\r_3-2r_1\\r_3-3r_2}}\begin{pmatrix}1 & 0 & 2 & 1\\0 & 1 & 2 & 3\\0 & 0 & 1 & 2\end{pmatrix}\xrightarrow[\substack{r_1-2r_3}]{\substack{r_2-2r_3}}\begin{pmatrix}1 & 0 & 0 & -3\\0 & 1 & 0 & -1\\0 & 0 & 1 & 2\end{pmatrix},$$

可见 $r(A)=3<4$，因此，$AX=O$ 有非零解.

将 X 按列分块为 $X=(X_1,X_2)$，则由 $AX=O$ 得四元齐次线性方程组 $AX_1=0$，

$AX_2 = 0$, 由 $r(A) = 3 < 4$ 知，这两个方程组都有非零解，且都与方程组

$$\begin{cases} x_1 - 3x_4 = 0, \\ x_2 - x_4 = 0, \\ x_3 + 2x_4 = 0 \end{cases}$$ 同解，解此方程组得方程组 $AX_1 = 0$ 和 $AX_2 = 0$ 的一个基础解系均

为 $\xi = (3,1,-2,1)^{\mathrm{T}}$, 于是方程组 $AX_1 = 0$ 和 $AX_2 = 0$ 的通解分别为 $k_1\xi$ 和 $k_2\xi$, 其中 k_1, k_2 为任意的常数，故矩阵方程 $AX = O$ 的通解，即所求 4×2 矩阵为

$$(k_1\xi, k_2\xi) = \begin{pmatrix} 3k_1 & k_1 & -2k_1 & k_1 \\ 3k_2 & k_2 & -2k_2 & k_2 \end{pmatrix}^{\mathrm{T}}, 其中 k_1, k_2 为任意的常数.$$

(2) 由(1)知，满足 $AX = O$ 的所有 4×2 矩阵为 $\begin{pmatrix} 3k_1 & k_1 & -2k_1 & k_1 \\ 3k_2 & k_2 & -2k_2 & k_2 \end{pmatrix}^{\mathrm{T}}$ (k_1, k_2 为

任意常数), 由于此矩阵的任意两列元素对应成比例，因此，当 $k_1 \ne 0$ 或 $k_2 \ne 0$ 时，

其秩都等于 1, 故所求秩为 1 的 4×2 矩阵为 $\begin{pmatrix} 3k_1 & k_1 & -2k_1 & k_1 \\ 3k_2 & k_2 & -2k_2 & k_2 \end{pmatrix}^{\mathrm{T}}$,其中 k_1, k_2 为任

意不全为零的常数.

2) 非齐次矩阵方程的解法

可利用非齐次线性方程组求解. 系数矩阵为可逆矩阵的矩阵方程的解法见 2.3 节，这里不再举例.

例 3.2.8 设矩阵 $A = \begin{pmatrix} 1 & 2 & 3 \\ 1 & 1 & -1 \end{pmatrix}, B = \begin{pmatrix} 3 & -1 \\ 2 & 0 \end{pmatrix}$.

(1) 求满足 $AX = B$ 的所有矩阵 X;

(2) 求满足 $AX = B$ 的所有列满秩矩阵 X.

解 (1)对矩阵 (A, B) 施行初等行变换化为行最简形

$$(A, B) = \begin{pmatrix} 1 & 2 & 3 & 3 & -1 \\ 1 & 1 & -1 & 2 & 0 \end{pmatrix} \xrightarrow[r_1 - 2r_2]{\substack{r_2 - r_1 \\ r_2 \times (-1)}} \begin{pmatrix} 1 & 0 & -5 & 1 & 1 \\ 0 & 1 & 4 & 1 & -1 \end{pmatrix},$$

可见, $r(A) = r(A, B) = 2 < 3$, 因此，矩阵方程 $AX = B$ 有无穷多解.

将矩阵 B, X 都按列分块为 $B = (\beta_1, \beta_2), X = (X_1, X_2)$, 则由 $AX = B$ 得线性方程组 $AX_1 = \beta_1$ 和 $AX_2 = \beta_2$, 这两个方程组都有无穷多解，且分别与方程组

$\begin{cases} x_1 - 5x_3 = 1, \\ x_2 + 4x_3 = 1 \end{cases}$ 和 $\begin{cases} x_1 - 5x_3 = 1, \\ x_2 + 4x_3 = -1 \end{cases}$ 同解，解得方程组 $AX_1 = \beta_1$, $AX_2 = \beta_2$ 的通解分别

为 $\gamma_1 + k_1\xi$ 和 $\gamma_2 + k_2\xi$, 其中 k_1, k_2 为任意常数, $\gamma_1 = (1,1,0)^{\mathrm{T}}$, $\gamma_2 = (1,-1,0)^{\mathrm{T}}$, $\xi = (5,-4,1)^{\mathrm{T}}$.

因此，矩阵方程 $AX = B$ 的通解，即所求的矩阵 X 为

$$(\gamma_1 + k_1\xi, \gamma_2 + k_2\xi) = \begin{pmatrix} 1+5k_1 & 1-4k_1 & k_1 \\ 1+5k_2 & -1-4k_2 & k_2 \end{pmatrix}^{\mathrm{T}},$$

其中 k_1, k_2 为任意常数.

(2) 由(1)知, 满足 $AX=B$ 的所有矩阵 $X = \begin{pmatrix} 1+5k_1 & 1-4k_1 & k_1 \\ 1+5k_2 & -1-4k_2 & k_2 \end{pmatrix}^{\mathrm{T}}$ (k_1,k_2 为任

意常数). 对 X 施行初等变换可化为矩阵 $\begin{pmatrix} 1 & 1 & k_1 \\ 1 & -1 & k_2 \end{pmatrix}^{\mathrm{T}}$, 可见, $r(X)=2$, 即 X 为列满

秩矩阵, 因此, 所求的所有列满秩矩阵为 $X = \begin{pmatrix} 1+5k_1 & 1-4k_1 & k_1 \\ 1+5k_2 & -1-4k_2 & k_2 \end{pmatrix}^{\mathrm{T}}$, 其中 k_1, k_2

为任意常数.

例 3.2.9(2016 年全国硕士研究生入学统一考试数学一真题) 设矩阵

$$A = \begin{pmatrix} 1 & -1 & -1 \\ 2 & a & 1 \\ -1 & 1 & a \end{pmatrix}, \quad B = \begin{pmatrix} 2 & 2 \\ 1 & a \\ -a-1 & -2 \end{pmatrix},$$

当 a 取何值时, 矩阵方程 $AX=B$ 无解、有唯一解、有无穷多解? 在有解时, 求此
方程的解.

解法一 对矩阵方程的增广矩阵 (A,B) 施行初等行变换化为行阶梯形矩阵 J, 即

$$(A,B) = \begin{pmatrix} 1 & -1 & -1 & 2 & 2 \\ 2 & a & 1 & 1 & a \\ -1 & 1 & a & -a-1 & -2 \end{pmatrix} \xrightarrow[r_3+r_1]{r_2-2r_1} \begin{pmatrix} 1 & -1 & -1 & 2 & 2 \\ 0 & a+2 & 3 & -3 & a-4 \\ 0 & 0 & a-1 & -a+1 & 0 \end{pmatrix} = J.$$

当 $a \neq -2$, 且 $a \neq 1$ 时, $r(A)=r(A,B)=3$, 因此, 矩阵方程 $AX=B$ 有唯一解,

可求得其唯一解为 $X = A^{-1}B = \dfrac{1}{a+2}\begin{pmatrix} a+2 & 0 & -(a+2) \\ 3a & a-4 & 0 \end{pmatrix}^{\mathrm{T}}$;

当 $a=-2$ 时, $r(A)=2, r(A,B)=3$, 因此, 矩阵方程 $AX=B$ 无解;

当 $a=1$ 时, $r(A)=r(A,B)=2<3$, 因此, 矩阵方程 $AX=B$ 有无穷多解.

当 $a=1$ 时, J 可进一步经初等行变换化为行最简形矩阵 $\begin{pmatrix} 1 & 0 & 0 & 1 & 1 \\ 0 & 1 & 1 & -1 & -1 \\ 0 & 0 & 0 & 0 & 0 \end{pmatrix}$.

将矩阵 B, X 都按列分块为 $B=(\beta_1, \beta_2), X=(X_1, X_2)$, 则由 $AX=B$ 得方程组

$AX_1 = \beta_1$ 和 $AX_2 = \beta_2$, 且这两个方程组都与方程组 $\begin{cases} x_1=1, \\ x_2+x_3=-1 \end{cases}$ 同解, 解得方程

组 $AX_1=\beta_1, AX_2=\beta_2$ 的通解分别为 $\gamma_0 + k_1\xi$ 和 $\gamma_0 + k_2\xi$ 其中 k_1,k_2 为任意常数,

$$\gamma_0 = (1, -1, 0)^T, \quad \xi = (0, -1, 1)^T.$$

因此, 矩阵方程 $AX = B$ 的通解为 $(\gamma_0 + k_1\xi, \gamma_0 + k_2\xi) = \begin{pmatrix} 1 & -1-k_1 & k_1 \\ 1 & -1-k_2 & k_2 \end{pmatrix}^T$, 其中 k_1, k_2 为任意常数.

解法二　不难计算 $|A| = (a+2)(a-1)$.

当 $a \neq -2$, 且 $a \neq 1$ 时, $|A| \neq 0$, 因此, 矩阵方程 $AX = B$ 有唯一解, 且唯一解为

$$X = A^{-1}B = \frac{1}{a+2}\begin{pmatrix} a+2 & 0 & -(a+2) \\ 3a & a-4 & 0 \end{pmatrix}^T.$$

当 $a = -2$ 时, 同解法一可求得 $r(A) = 2, r(A, B) = 3$, 因此, 矩阵方程 $AX = B$ 无解.

当 $a = 1$ 时, 同解法一可求得 $r(A) = r(A, B) = 2 < 3$, 因此, 矩阵方程 $AX = B$ 有无穷多解, 其通解的求法同解法一, 这里从略.

例 3.2.10(2013 年全国硕士研究生入学统一考试数学一、二、三真题)　设 $A = \begin{pmatrix} 1 & a \\ 1 & 0 \end{pmatrix}, B = \begin{pmatrix} 0 & 1 \\ 1 & b \end{pmatrix}$, 当 a, b 为何值时, 存在矩阵 C, 使得 $AC - CA = B$, 并求所有的矩阵 C.

解　显然, C 为二阶方阵, 设 $C = \begin{pmatrix} x_1 & x_3 \\ x_2 & x_4 \end{pmatrix} = (X, Y)$, 由 $AC - CA = B$ 得方程组

$$(I)\begin{cases} ax_2 - x_3 = 0, \\ -ax_1 + x_3 + ax_4 = 1, \\ x_1 - x_2 - x_4 = 1, \\ -ax_2 + x_3 = b. \end{cases}$$

设方程组 (I) 的系数矩阵为 A_1, 增广矩阵 $\overline{A_1}$, 对 $\overline{A_1}$ 施行初等行变换化为行阶梯形矩阵

$$\overline{A_1} \xrightarrow[r_2 + ar_1]{r_1 \leftrightarrow r_3} \begin{pmatrix} 1 & -1 & 0 & -1 & 1 \\ 0 & -a & 1 & 0 & 1+a \\ 0 & a & -1 & 0 & 0 \\ 0 & -a & 1 & 0 & b \end{pmatrix} \xrightarrow[r_4 - r_2]{r_3 + r_2} \begin{pmatrix} 1 & -1 & 0 & -1 & 1 \\ 0 & -a & 1 & 0 & 1+a \\ 0 & 0 & 0 & 0 & 1+a \\ 0 & 0 & 0 & 0 & b-a-1 \end{pmatrix},$$

可见, $r(A_1) = 2$. 由于方程组 (I) 有解当且仅当 $r(A_1) = r(\overline{A_1}) = 2$, 因此, $1 + a = 0$, $b - a - 1 = 0$, 解得 $a = -1, b = 0$, 故当 $a = -1, b = 0$ 时, 存在满足条件的矩阵 C.

当 $a = -1, b = 0$ 时, $r(A_1) = r(\overline{A_1}) = 2 < 4$, 因此, 方程组 (I) 有无穷多解. 进一步,

对 $\overline{A_1}$ 施行初等行变换化为行最简形 $\begin{pmatrix} 1 & 0 & 1 & -1 & 1 \\ 0 & 1 & 1 & 0 & 0 \\ 0 & 0 & 0 & 0 & 0 \\ 0 & 0 & 0 & 0 & 0 \end{pmatrix}$，可见，与方程组(I)同解的方

程组为 $\begin{cases} x_1 + x_3 - x_4 = 1, \\ x_2 + x_3 = 0, \end{cases}$ 解得方程组(I)的通解为 $r_0 + k_1 \xi_1 + k_2 \xi_2$，其中 k_1, k_2 是任意

常数,

$$\gamma_0 = (1,0,0,0)^T, \quad \xi_1 = (-1,-1,1,0)^T, \quad \xi_2 = (1,0,0,1)^T.$$

故满足条件的所有矩阵 $C = \begin{pmatrix} 1 - k_1 + k_2 & k_1 \\ -k_1 & k_2 \end{pmatrix}$，其中 k_1, k_2 是任意常数.

例 3.2.11(2018 年全国硕士研究生入学统一考试数学一、二真题)　已知 a 是常

数, 且矩阵 $A = \begin{pmatrix} 1 & 2 & a \\ 1 & 3 & 0 \\ 2 & 7 & -a \end{pmatrix}$ 可经初等变换化为 $B = \begin{pmatrix} 1 & a & 2 \\ 0 & 1 & 1 \\ -1 & 1 & 1 \end{pmatrix}$.

(1) 求 a;

(2) 求满足 $AP = B$ 的可逆矩阵 P.

解　(1) 由命题 2.2.2 知, $r(A) = r(B)$, 而易得 $r(A) = 2$, 于是 $r(B) = 2$, 由此得,
$|B| = 0$. 而 $|B| = 2 - a$, 因此, $a = 2$.

(2) 由(1)知, $A = \begin{pmatrix} 1 & 2 & 2 \\ 1 & 3 & 0 \\ 2 & 7 & -2 \end{pmatrix}, B = \begin{pmatrix} 1 & 2 & 2 \\ 0 & 1 & 1 \\ -1 & 1 & 1 \end{pmatrix}$.

设所求可逆矩阵 $P = (X_1, X_2, X_3)$, 将矩阵 B 按列分块为 $B = (\beta_1, \beta_2, \beta_3)$, 则由
$AP = B$ 得线性方程组 $AX_i = \beta_i (i = 1,2,3)$, 解这三个方程组, 得它们的通解分别为

$$\gamma_1 + k_1 \xi = (3 - 6k_1, -1 + 2k_1, k_1)^T,$$
$$\gamma_2 + k_2 \xi = (4 - 6k_2, -1 + 2k_2, k_2)^T,$$
$$\gamma_3 + k_3 \xi = (4 - 6k_3, -1 + 2k_3, k_3)^T,$$

其中 $k_i (i = 1,2,3)$ 是任意常数, 而

$$\gamma_1 = (3,-1,0)^T, \quad \gamma_2 = (4,-1,0)^T, \quad \gamma_3 = (4,-1,0)^T, \quad \xi = (-6,2,1)^T.$$

令矩阵 $P = (\gamma_1 + k_1 \xi, \gamma_2 + k_2 \xi, \gamma_3 + k_3 \xi)$, 则

$$|P| = \begin{vmatrix} 3 - 6k_1 & 4 - 6k_2 & 4 - 6k_3 \\ -1 + 2k_1 & -1 + 2k_2 & -1 + 2k_3 \\ k_1 & k_2 & k_3 \end{vmatrix} = k_3 - k_2,$$

可见, 当 $k_2 \neq k_3$ 时, 矩阵 P 为可逆矩阵, 故所求可逆矩阵

$$P = \begin{pmatrix} 3-6k_1 & 4-6k_2 & 4-6k_3 \\ -1+2k_1 & -1+2k_2 & -1+2k_3 \\ k_1 & k_2 & k_3 \end{pmatrix},$$

其中 $k_i(i=1,2,3)$ 是任意常数, 且 $k_2 \neq k_3$.

3.3　向量组的线性组合

3.3.1　基础理论

定义 3.3.1　对于 n 维向量 $\alpha_1, \alpha_2, \cdots, \alpha_m, \beta$, 如果存在数 $k_1, k_2, \cdots, k_m$, 使

$$\beta = k_1\alpha_1 + k_2\alpha_2 + \cdots + k_m\alpha_m,$$

则称向量 β 是向量组 $\alpha_1, \alpha_2, \cdots, \alpha_m$ 的一个线性组合, 或称向量 β 可由向量组 $\alpha_1, \alpha_2, \cdots, \alpha_m$ 线性表示.

若定义 3.3.1 中的向量均为列向量, 则 β 可由向量组 $\alpha_1, \alpha_2, \cdots, \alpha_m$ 线性表示当且仅当线性方程组 $AX = \beta$ 有解, 其中 $A = (\alpha_1, \alpha_2, \cdots, \alpha_m)$, 于是有下面定理.

定理 3.3.1　设 $\alpha_1, \alpha_2, \cdots, \alpha_m, \beta$ 为 n 维列向量, 则

(1) β 可由向量组 $\alpha_1, \alpha_2, \cdots, \alpha_m$ 线性表示的充分必要条件是 $r(A) = r(A, \beta)$, 且当 $r(A) = r(A, \beta) = m$ 时, 表示式唯一, 当 $r(A) = r(A, \beta) < m$ 时, 表示式不唯一;

(2) β 不能由向量组 $\alpha_1, \alpha_2, \cdots, \alpha_m$ 线性表示的充分必要条件是 $r(A) < r(A, \beta)$, 其中 $A = (\alpha_1, \alpha_2, \cdots, \alpha_m), (A, \beta) = (\alpha_1, \alpha_2, \cdots, \alpha_m, \beta)$.

定义 3.3.2　设有两个向量组(I) $\alpha_1, \alpha_2, \cdots, \alpha_s$, (II) $\beta_1, \beta_2, \cdots, \beta_t$, 若(I)中的每个向量都可由向量组(II)线性表示, 则称向量组(I)可由向量组(II)线性表示. 若向量组(I)与(II)可以相互线性表示, 则称向量组(I)与(II)等价.

定理 3.3.2　设有向量组(I) $\alpha_1, \alpha_2, \cdots, \alpha_s$, (II) $\beta_1, \beta_2, \cdots, \beta_t$, 则

(1) 向量组(II)可由向量组(I)线性表示的充分必要条件是矩阵方程 $AX = B$ 有解;

(2) 向量组(I)与(II)等价的充分必要条件是矩阵方程 $AX = B, BX = A$ 都有解, 其中 $A = (\alpha_1, \alpha_2, \cdots, \alpha_s), B = (\beta_1, \beta_2, \cdots, \beta_t)$.

定理 3.3.3　设有向量组(I) $\alpha_1, \alpha_2, \cdots, \alpha_s$, (II) $\beta_1, \beta_2, \cdots, \beta_t$, 则

(1) 向量组(II)可由向量组(I)线性表示的充分必要条件是 $r(A, B) = r(A)$;

(2) 向量组 (I) 与 (II) 等价的充分必要条件是 $r(A, B) = r(A) = r(B)$, 其中 $A = (\alpha_1, \alpha_2, \cdots, \alpha_s), B = (\beta_1, \beta_2, \cdots, \beta_t)$.

推论 3.3.1　若向量组(I) $\alpha_1, \alpha_2, \cdots, \alpha_s$ 可由向量组(II) $\beta_1, \beta_2, \cdots, \beta_t$ 线性表示, 则 $r(A) \leqslant r(B)$, 其中 $A = (\alpha_1, \alpha_2, \cdots, \alpha_s), B = (\beta_1, \beta_2, \cdots, \beta_t)$.

推论 3.3.2　设 A,B 均为 $m \times n$ 矩阵, 则

(1)　B 的行向量组可由 A 的行向量组线性表示的充分必要条件是

$$r(A) = r\begin{pmatrix} A \\ B \end{pmatrix};$$

(2)　A 的行向量组与 B 的行向量组等价的充分必要条件是

$$r(A) = r(B) = r\begin{pmatrix} A \\ B \end{pmatrix}.$$

推论 3.3.3　设 A,B 均为 $m \times n$ 矩阵, 则

(1)　B 的列向量组可由 A 的列向量组线性表示的充分必要条件是

$$r(A) = r(A,B);$$

(2)　A 的列向量组与 B 的列向量组等价的充分必要条件是

$$r(A) = r(B) = r(A,B).$$

3.3.2　题型与方法

1. 判断(证明)向量能否由向量组线性表示

可根据定义 3.3.1 和定理 3.3.1 判断向量能否由给定的向量组线性表示, 而求线性表示的表示式可转化为解线性方程组.

例 3.3.1　设有向量组(I) $\alpha_1 = (1,1,2,2)^T, \alpha_2 = (1,2,1,3)^T, \alpha_3 = (1,-1,4,0)^T$ 和向量 $\beta = (1,0,3,1)^T$, 判断向量 β 能否由向量组(I)线性表示, 若能, 请写出线性表示式.

解　令矩阵 $A = (\alpha_1, \alpha_2, \alpha_3), \overline{A} = (A,\beta) = (\alpha_1, \alpha_2, \alpha_3, \beta)$.

对矩阵 $\overline{A}$ 施行初等行变换化为行阶梯形矩阵

$$B = \begin{pmatrix} 1 & 1 & 1 & 1 \\ 1 & 2 & -1 & 0 \\ 2 & 1 & 4 & 3 \\ 2 & 3 & 0 & 1 \end{pmatrix} \xrightarrow[\substack{r_2-r_1 \\ r_3-2r_1 \\ r_4-2r_1}]{} \begin{pmatrix} 1 & 1 & 1 & 1 \\ 0 & 1 & -2 & -1 \\ 0 & -1 & 2 & 1 \\ 0 & 1 & -2 & -1 \end{pmatrix} \xrightarrow[\substack{r_3+r_2 \\ r_4-r_2 \\ r_1-r_2}]{} \begin{pmatrix} 1 & 0 & 3 & 2 \\ 0 & 1 & -2 & -1 \\ 0 & 0 & 0 & 0 \\ 0 & 0 & 0 & 0 \end{pmatrix},$$

可见, $r(A) = r(\overline{A}) = 2 < 3$, 由定理 3.3.1 知, β 可由向量组(I)线性表示, 且表示式不唯一.

又可得与方程组 $AX = \beta$ 同解的方程组为 $\begin{cases} x_1 + 3x_3 = 2, \\ x_2 - 2x_3 = -1, \end{cases}$ 解得方程组

$AX = \beta$ 的通解为 $\gamma_0 + k\xi$, 其中 k 为任意常数, $\gamma_0 = (2,-1,0)^T, \xi = (-3,2,1)^T$, 故所求的线性表示式为 $\beta = (2-3k)\alpha_1 + (2k-1)\alpha_2 + k\alpha_3$, 其中 k 为任意常数.

例 3.3.2　设有向量组(I) $\alpha_1 = (a,2,10)^T, \alpha_2 = (-2,1,5)^T, \alpha_3 = (-1,1,4)^T$ 和向量

$\beta = (1, b, c)^{\mathrm{T}}$，问当 a, b, c 满足什么条件时，

(1) β 可由向量组(I)线性表示，且表示式唯一?

(2) β 不能由向量组(I)线性表示?

(3) β 可由向量组(I)线性表示，但表示式不唯一? 并求出一般表示式.

解 令矩阵 $A = (\alpha_1, \alpha_2, \alpha_3)$，计算可得 $|A| = -a - 4$.

(1) 当 $a \neq -4$ 时，$|A| \neq 0$，方程组 $AX = \beta$ 有唯一解，即 β 可由向量组(I)唯一线性表示.

(2) 当 $a = -4$ 时，对 (A, β) 施行初等行变换化为行阶梯形矩阵 J

$$(A, \beta) = \begin{pmatrix} -4 & -2 & -1 & 1 \\ 2 & 1 & 1 & b \\ 10 & 5 & 4 & c \end{pmatrix} \xrightarrow[\substack{r_2 + 2r_1 \\ r_3 + r_2}]{\substack{r_3 - 5r_2 \\ r_1 \leftrightarrow r_2}} \begin{pmatrix} 2 & 1 & 1 & b \\ 0 & 0 & 1 & 1 + 2b \\ 0 & 0 & 0 & 1 + c - 3b \end{pmatrix} = J,$$

当 $3b - c \neq 1$ 时，$r(A) = 2, r(A, \beta) = 3$，方程组 $AX = \beta$ 无解，即 β 不能由向量组(I)线性表示，因此，当 $a = -4$，且 $3b - c \neq 1$ 时，β 不能由向量组(I)线性表示.

(3) 当 $a = -4$，且 $3b - c = 1$ 时，$r(A) = r(A, \beta) = 2 < 3$，方程组 $AX = \beta$ 有无穷多解，即 β 可由向量组(I)线性表示，且表示式不唯一.

此时，进一步对 J 施行初等行变换可化为 $\begin{pmatrix} 2 & 1 & 0 & -1 - b \\ 0 & 0 & 1 & 1 + 2b \\ 0 & 0 & 0 & 0 \end{pmatrix}$，由此得，方程组

$AX = \beta$ 与方程组 $\begin{cases} 2x_1 + x_2 = -1 - b, \\ x_3 = 1 + 2b \end{cases}$ 同解.

选 x_1 为自由未知量，移项得 $\begin{cases} x_2 = -1 - b - 2x_1, \\ x_3 = 1 + 2b. \end{cases}$ 令 $x_1 = k$，得方程组 $AX = \beta$

的通解为 $\gamma_0 + k\xi$，其中 k 为任意常数，$\gamma_0 = (0, -1 - b, 1 + 2b)^{\mathrm{T}}, \xi = (1, -2, 0)^{\mathrm{T}}$，因此，所求一般表示式为 $\beta = k\alpha_1 - (2k + b + 1)\alpha_2 + (1 + 2b)\alpha_3$，其中 k 为任意常数.

例 3.3.3(2011 年全国硕士研究生入学统一考试数学一、二真题) 设向量组

$$(\mathrm{I}) \ \alpha_1 = (1, 0, 1)^{\mathrm{T}}, \quad \alpha_2 = (0, 1, 1)^{\mathrm{T}}, \quad \alpha_3 = (1, 3, 5)^{\mathrm{T}}$$

不能由向量组(II)$\beta_1 = (1, 1, 1)^{\mathrm{T}}, \beta_2 = (1, 2, 3)^{\mathrm{T}}, \beta_3 = (3, 4, a)^{\mathrm{T}}$ 线性表示.

(1) 求 a 的值;

(2) 将向量组(II)用向量组(I)线性表示.

解 (1) 令矩阵 $A = (\alpha_1, \alpha_2, \alpha_3), B = (\beta_1, \beta_2, \beta_3)$，则可求得 $|A| = 1 \neq 0$，于是 $r(A) = 3$，从而由 $3 = r(A) \leqslant r(A, B) \leqslant 3$ 得 $r(A, B) = 3$，又由题设得 $r(B) < r(A, B) = 3$，于是 $|B| = 0$，不难计算 $|B| = a - 5$，故 $a = 5$.

(2) 由向量组(II)可由(I)线性表示, $r(A)=3$ 知, 矩阵方程 $AX=B$ 有唯一解 $X=A^{-1}B$.

对矩阵 (A,B) 施行初等行变换化为行最简形

$$(A,B)=\begin{pmatrix} 1 & 0 & 1 & 1 & 1 & 3 \\ 0 & 1 & 3 & 1 & 2 & 4 \\ 1 & 1 & 5 & 1 & 3 & 5 \end{pmatrix} \xrightarrow[\substack{r_2-3r_3 \\ r_1-r_3}]{\substack{r_3-r_1 \\ r_3-r_2}} \begin{pmatrix} 1 & 0 & 0 & 2 & 1 & 5 \\ 0 & 1 & 0 & 4 & 2 & 10 \\ 0 & 0 & 1 & -1 & 0 & -2 \end{pmatrix},$$

因此, $X=\begin{pmatrix} 2 & 1 & 5 \\ 4 & 2 & 10 \\ -1 & 0 & -2 \end{pmatrix}$, 于是

$$\beta_1=2\alpha_1+4\alpha_2-\alpha_3, \quad \beta_2=\alpha_1+2\alpha_2, \quad \beta_3=5\alpha_1+10\alpha_2-2\alpha_3.$$

2. 判断(证明)两个向量组是否等价

可根据定义 3.3.2 和定理 3.3.3 来判断(证明)两个向量组是否等价.

例 3.3.4　判断向量组(I) $\alpha_1=(0,1,1)^{\mathrm{T}}, \alpha_2=(1,1,0)^{\mathrm{T}}$ 与

$$(II) \beta_1=(-1,0,1)^{\mathrm{T}}, \quad \beta_2=(1,2,1)^{\mathrm{T}}, \quad \beta_3=(3,2,-1)^{\mathrm{T}}$$

是否等价.

解　令矩阵 $A=(\alpha_1,\alpha_2), B=(\beta_1,\beta_2,\beta_3)$.

对矩阵 (A,B) 施行初等行变换化为行阶梯形矩阵

$$(A,B)=\begin{pmatrix} 0 & 1 & -1 & 1 & 3 \\ 1 & 1 & 0 & 2 & 2 \\ 1 & 0 & 1 & 1 & -1 \end{pmatrix} \xrightarrow[\substack{r_3-r_1 \\ r_3+r_2}]{r_1\leftrightarrow r_2} \begin{pmatrix} 1 & 1 & 0 & 2 & 2 \\ 0 & 1 & -1 & 1 & 3 \\ 0 & 0 & 0 & 0 & 0 \end{pmatrix},$$

可见, $r(A,B)=r(A)=r(B)=2$, 因此, 由定理 3.3.3 知, 向量组(I)与向量组(II)等价.

例 3.3.5　设有向量组(I) $\alpha_1=(1,0,2)^{\mathrm{T}}, \alpha_2=(1,1,3)^{\mathrm{T}}, \alpha_3=(1,-1,a+2)^{\mathrm{T}}$,

$$(II) \beta_1=(1,2,a+3)^{\mathrm{T}}, \quad \beta_2=(2,1,a+6)^{\mathrm{T}}, \quad \beta_3=(2,1,a+4)^{\mathrm{T}},$$

问当 a 取何值时, 向量组(I)与向量组(II)等价? 当 a 取何值时, 向量组(I)与向量组(II)不等价?

解　令矩阵 $A=(\alpha_1,\alpha_2,\alpha_3), B=(\beta_1,\beta_2,\beta_3)$.

对矩阵 (A,B) 施行初等行变换化为行阶梯形矩阵

$$(A,B)=\begin{pmatrix} 1 & 1 & 1 & 1 & 2 & 2 \\ 0 & 1 & -1 & 2 & 1 & 1 \\ 2 & 3 & a+2 & a+3 & a+6 & a+4 \end{pmatrix} \xrightarrow[\substack{r_3-r_2}]{r_3-2r_1} \begin{pmatrix} 1 & 1 & 1 & 1 & 2 & 2 \\ 0 & 1 & -1 & 2 & 1 & 1 \\ 0 & 0 & a+1 & a-1 & a+1 & a-1 \end{pmatrix}.$$

当 $a\neq -1$ 时, $r(A)=r(A,B)=3$. 计算可得 $|B|=6$, 于是 $r(A)=r(B)=r(A,B)$

=3,故由定理 3.3.3 知, 向量组(I)与向量组(II)等价.

当 $a = -1$ 时, 有 $(A,B) \rightarrow \begin{pmatrix} 1 & 1 & 1 & 1 & 2 & 2 \\ 0 & 1 & -1 & 2 & 1 & 1 \\ 0 & 0 & 0 & -2 & 0 & -2 \end{pmatrix}$, 可见, $r(A) = 2, r(A,B) = 3$,

由定理 3.3.3 知, 向量组(II)不能由向量组(I)线性表示, 因此, 向量组(I)与向量组(II)不等价.

例 3.3.6(2019 年全国硕士研究生入学统一考试数学二、三真题)　已知向量组

$$(\mathrm{I})\alpha_1 = (1,1,4)^{\mathrm{T}}, \quad \alpha_2 = (1,0,4)^{\mathrm{T}}, \quad \alpha_3 = (1,2,a^2+3)^{\mathrm{T}},$$

$$(\mathrm{II})\beta_1 = (1,1,a+3)^{\mathrm{T}}, \quad \beta_2 = (0,2,1-a)^{\mathrm{T}}, \quad \beta_3 = (1,3,a^2+3)^{\mathrm{T}}.$$

若向量组(I)和向量组(II)等价, 求 a 的值, 并将 β_3 用向量组(I)线性表示.

解法一　令 $A = (\alpha_1, \alpha_2, \alpha_3), B = (\beta_1, \beta_2, \beta_3)$, 对矩阵 (A,B) 施行初等行变换化为行阶梯形矩阵

$$(A,B) = \begin{pmatrix} 1 & 1 & 1 & 1 & 0 & 1 \\ 1 & 0 & 2 & 1 & 2 & 3 \\ 4 & 4 & a^2+3 & a+3 & 1-a & a^2+3 \end{pmatrix} \xrightarrow[r_3-4r_1]{r_2-r_1} \begin{pmatrix} 1 & 1 & 1 & 1 & 0 & 1 \\ 0 & -1 & 1 & 0 & 2 & 2 \\ 0 & 0 & a^2-1 & a-1 & 1-a & a^2-1 \end{pmatrix}.$$

当 $a \neq 1$, 且 $a \neq -1$ 时, $r(A) = r(A,B) = 3$, 计算可得, $r(B) = 3$, 向量组(I)和向量组(II)等价;

当 $a = -1$ 时, $r(A) = 2$, $r(A,B) = 3$, 向量组(I)与向量组(II)不等价;

当 $a = 1$ 时, $r(A) = r(B) = r(A,B) = 2$, 向量组(I)与向量组(II)等价. 故 $a \neq -1$.

下面分情况求 β_3 用向量组(I)线性表示的表示式.

当 $a \neq 1$ 时, 对矩阵 (A,β_3) 进一步施行初等行变换化为行最简形

$$(A,\beta_3) \rightarrow \begin{pmatrix} 1 & 1 & 1 & 1 \\ 0 & -1 & 1 & 2 \\ 0 & 0 & a^2-1 & a^2-1 \end{pmatrix} \xrightarrow[\substack{r_1-r_3 \\ r_1+r_2 \\ r_2\times(-1)}]{\substack{r_3\times\frac{1}{a^2-1} \\ r_2-r_3}} \begin{pmatrix} 1 & 0 & 0 & 1 \\ 0 & 1 & 0 & -1 \\ 0 & 0 & 1 & 1 \end{pmatrix},$$

可见, β_3 可由向量组(I)唯一线性表示, 且表示式为 $\beta_3 = \alpha_1 - \alpha_2 + \alpha_3$.

当 $a = 1$ 时, 对矩阵 (A,β_3) 进一步施行初等行变换可化为行最简形

$\begin{pmatrix} 1 & 0 & 2 & 3 \\ 0 & 1 & -1 & -2 \\ 0 & 0 & 0 & 0 \end{pmatrix}$, 可见, β_3 可由向量组(I)线性表示, 表示式不唯一, 且表示式为

$$\beta_3 = (3-2k)\alpha_1 + (k-2)\alpha_2 + k\alpha_3,$$

其中 k 是任意常数.

解法二　令 $A = (\alpha_1, \alpha_2, \alpha_3), B = (\beta_1, \beta_2, \beta_3)$, 计算得 $|A| = -(a^2-1), |B| = 2(a^2-1)$.

当 $a \neq 1$，且 $a \neq -1$ 时，$|A| \neq 0, |B| \neq 0$，于是有 $r(A) = r(B) = r(A,B) = 3$，向量组(I)与向量组(II)等价；当 $a = 1$ 时，计算得 $r(A) = r(B) = r(A,B) = 2$，向量组(I)与向量组(II)等价；当 $a = -1$ 时，计算得 $r(A) = 2, r(A,B) = 3$，向量组(I)与向量组(II)不等价，故 $a \neq -1$.

β_3 用向量组(I)线性表示的表示式的求法同解法一，这里从略.

例 3.3.7 设有向量组(I) $\alpha_1 = (1,0,2)^T, \alpha_2 = (1,1,3)^T, \alpha_3 = (1,-1,a+1)^T,$

　　　　　　　　(II) $\beta_1 = (1,2,a+2)^T, \beta_2 = (2,3,2)^T, \beta_3 = (1,b,1)^T,$

问当 a,b 取何值时，向量组(I)与向量组(II)等价？当 a,b 取何值时，向量组(I)与向量组(II)不等价？

解 令矩阵 $A = (\alpha_1, \alpha_2, \alpha_3), B = (\beta_1, \beta_2, \beta_3).$

对矩阵 (A,B) 施行初等行变换化为行阶梯形矩阵

$$(A,B) = \begin{pmatrix} 1 & 1 & 1 & 1 & 2 & 1 \\ 0 & 1 & -1 & 2 & 3 & b \\ 2 & 3 & a+1 & a+2 & 2 & 1 \end{pmatrix} \xrightarrow[r_3-r_2]{r_3-2r_1} \begin{pmatrix} 1 & 1 & 1 & 1 & 2 & 1 \\ 0 & 1 & -1 & 2 & 3 & b \\ 0 & 0 & a & a-2 & -5 & -1-b \end{pmatrix}.$$

当 $a = 0$ 时，$r(A) = 2$，此时，对矩阵 B 施行初等行变换化为行阶梯形矩阵

$$B = \begin{pmatrix} 1 & 2 & 1 \\ 2 & 3 & b \\ 2 & 2 & 1 \end{pmatrix} \xrightarrow[r_3-2r_1]{r_2-2r_1} \begin{pmatrix} 1 & 2 & 1 \\ 0 & -1 & b-2 \\ 0 & -2 & -1 \end{pmatrix} \xrightarrow{r_3-2r_2} \begin{pmatrix} 1 & 2 & 1 \\ 0 & -1 & b-2 \\ 0 & 0 & -2b+3 \end{pmatrix}.$$

若 $b = \dfrac{3}{2}$，则 $r(B) = 2$，于是 $r(A) = r(B) = r(A,B) = 2$，故由定理 3.3.3 知，向量组(I)与向量组(II)等价；

若 $b \neq \dfrac{3}{2}$，则 $r(B) = 3$，于是 $r(A) < r(B) = r(A,B) = 3$，故由定理 3.3.3 知，向量组(I)与向量组(II)不等价.

当 $a \neq 0$ 时，$r(A,B) = r(A) = 3$，此时，对 B 施行初等行变换化为行阶梯形矩阵

$$B = \begin{pmatrix} 1 & 2 & 1 \\ 2 & 3 & b \\ a+2 & 2 & 1 \end{pmatrix} \xrightarrow[r_3-2(a+1)r_2]{\substack{r_2-2r_1 \\ r_3-(a+2)r_1}} \begin{pmatrix} 1 & 2 & 1 \\ 0 & -1 & b-2 \\ 0 & 0 & -(a+1)(2b-3) \end{pmatrix}.$$

若 $a \neq -1$，且 $b \neq \dfrac{3}{2}$，则 $r(B) = 3$，于是 $r(A,B) = r(A) = 3$，故由定理 3.3.3 知，向量组(I)与向量组(II)等价；

若 $a = -1$ 或 $b = \dfrac{3}{2}$，则 $r(B) = 2$，于是 $r(B) < r(A,B) = r(A)$，故由定理 3.3.3 知，向量组(I)与向量组(II)不等价，故

当 $a=0$, 且 $b=\dfrac{3}{2}$ 或当 $a\neq 0$, 且 $a\neq -1, b\neq \dfrac{3}{2}$ 时, 向量组(I)与向量组(II)等价;

当 $a=0$, 且 $b\neq \dfrac{3}{2}$ 或当 $a=-1$ 或当 $a\neq 0$, 且 $b=\dfrac{3}{2}$ 时, 向量组(I)与向量组(II)不等价.

例 3.3.8　若向量组(II)与向量组(I)的秩相同, 证明向量组(I)与向量组(II)等价的充分必要条件是其中有一个向量组可由另一个向量组线性表示.

证明　必要性. 显然成立. 下面证明充分性.

设以向量组(I), (II)为列构成的矩阵分别为 A, B, 则由题设知, $r(B)=r(A)$, 不妨设向量组(II)可由向量组(I)线性表示, 则由定理 3.3.3 知, $r(A, B)=r(A)$, 于是 $r(A, B)=r(A)=r(B)$, 故向量组(I)与向量组(II)等价.

注 3.3.1　可以利用例 3.3.8 来证明两个向量组等价.

3.4　向量组的线性相关性

3.4.1　基本理论

定义 3.4.1　设 $\alpha_1, \alpha_2, \cdots, \alpha_m$ 为 n 维向量, 若存在不全为零的数 $k_1, k_2, \cdots, k_m$, 使
$$k_1\alpha_1 + k_2\alpha_2 + \cdots + k_m\alpha_m = 0,$$
则称向量组 $\alpha_1, \alpha_2, \cdots, \alpha_m$ 线性相关. 否则就称线性无关.

定理 3.4.1　设 $\alpha_1, \alpha_2, \cdots, \alpha_m (m\geqslant 2)$ 均为 n 维向量, 则

(1) 向量组 $\alpha_1, \alpha_2, \cdots, \alpha_m$ 线性相关的充分必要条件是向量组 $\alpha_1, \alpha_2, \cdots, \alpha_m$ 中有一个向量可由其余的 $m-1$ 个向量线性表示;

(2) 向量组 $\alpha_1, \alpha_2, \cdots, \alpha_m$ 线性无关的充分必要条件是向量组 $\alpha_1, \alpha_2, \cdots, \alpha_m$ 中每一个向量都不能由其余的 $m-1$ 个向量线性表示.

定理 3.4.2　设 $\alpha_i = (a_{i1}, a_{i2}, \cdots, a_{in})^{\mathrm{T}} (i=1,2,\cdots,m)$, 则

(1) 向量组 $\alpha_1, \alpha_2, \cdots, \alpha_m$ 线性相关的充分必要条件是 $r(A) < m$;

(2) 向量组 $\alpha_1, \alpha_2, \cdots, \alpha_m$ 线性无关的充分必要条件是 $r(A) = m$,
其中 $A=(\alpha_1, \alpha_2, \cdots, \alpha_m)$.

推论 3.4.1　设 $\alpha_i = (a_{i1}, a_{i2}, \cdots, a_{in})^{\mathrm{T}} (i=1,2,\cdots,n)$, 则

(1) 向量组 $\alpha_1, \alpha_2, \cdots, \alpha_n$ 线性相关的充分必要条件为 $|A|=0$;

(2) 向量组 $\alpha_1, \alpha_2, \cdots, \alpha_n$ 线性无关的充分必要条件为 $|A|\neq 0$,
其中 $A=(\alpha_1, \alpha_2, \cdots, \alpha_n)$.

命题 3.4.1　(1) 一个向量 α 线性相关当且仅当 $\alpha=0$; 一个向量 α 线性无关当且仅当 $\alpha\neq 0$;

(2) 任何一个包含零向量的向量组一定线性相关;

(3) 一个向量组中有部分向量组线性相关, 则向量组必线性相关; 一个向量组线性无关, 则其任一个部分向量组都线性无关;

命题 3.4.2 当 $m > n$ 时, 任意 m 个 n 维向量必线性相关. 特别地, $n+1$ 个 n 维向量必线性相关.

命题 3.4.3 设向量组(I) $\alpha_i = (a_{i1}, a_{i2}, \cdots, a_{in})^{\mathrm{T}} (i=1,2,\cdots,m)$,

$$\text{(II)} \beta_i = (a_{i1}, a_{i2}, \cdots, a_{in}, b_{i1}, \cdots, b_{it})^{\mathrm{T}} (i=1,2,\cdots,m, t \geqslant 1),$$

则

(1) 若向量组(I)线性无关, 则向量组(II)也线性无关;

(2) 若向量组(II)线性相关, 则向量组(I)也线性相关.

命题 3.4.3 的证明参阅文献(上海交通大学数学系, 2007)[98].

3.4.2 题型与方法

1. 向量组的线性相关性的判断(证明)

可根据定义 3.4.1、定理 3.4.1 和定理 3.4.2 以及命题 3.4.1~命题 3.4.3 等来判断(证明)向量组的线性相关性, 也可以利用下面例 3.4.1 或用反证法证明.

例 3.4.1 设向量组(II) $\beta_1, \beta_2, \cdots, \beta_t$ 可由向量组(I) $\alpha_1, \alpha_2, \cdots, \alpha_s$ 线性表示为

$$(\beta_1, \beta_2, \cdots, \beta_t) = (\alpha_1, \alpha_2, \cdots, \alpha_s)K,$$

其中 K 为 $s \times t$ 矩阵, 若向量组(I)线性无关, 证明向量组(II)线性无关的充分必要条件是矩阵 K 是列满秩矩阵, 即 $r(K) = t$.

证明 令矩阵 $A = (\alpha_1, \alpha_2, \cdots, \alpha_s)$, $B = (\beta_1, \beta_2, \cdots, \beta_t)$, 由题设知, $B = AK$, $r(A) = s$, 于是由例 2.4.3 知, $r(B) = r(K)$, 故向量组(II)线性无关当且仅当 $r(B) = t$ 当且仅当 $r(K) = t$, 即 K 是列满秩矩阵.

例 3.4.2(2014 年全国硕士研究生入学统一考试数学一、二、三真题) 设 $\alpha_1, \alpha_2, \alpha_3$ 均为三维向量, 则对任意常数 k,l, 向量组(II) $\alpha_1 + k\alpha_3, \alpha_2 + l\alpha_3$ 线性无关是向量组(I) $\alpha_1, \alpha_2, \alpha_3$ 线性无关的( ).

(A) 必要非充分条件　　　　　(B) 充分非必要条件

(C) 充分必要条件　　　　　　(D) 既非充分也非必要条件

分析 可根据例 3.4.1 判断.

解 由于 $(\alpha_1 + k\alpha_3, \alpha_2 + l\alpha_3) = (\alpha_1, \alpha_2, \alpha_3)K$, 其中 $K = \begin{pmatrix} 1 & 0 & k \\ 0 & 1 & l \end{pmatrix}^{\mathrm{T}}$. 很显然, $r(K) = 2$, 即 K 是列满秩矩阵. 若向量组(I)线性无关, 则由例 3.4.1 知, 向量组(II)也线性无关. 反之, 若向量组(II)线性无关, 则秩 (II) = 2, 于是秩 (I) ≥ 秩 (II) = 2,

但向量组(I)不一定线性无关, 例如, 取 $\alpha_1 = (1,0,0)^T, \alpha_2 = (0,1,0)^T, \alpha_3 = (0,0,0)^T$, 很显然, 向量组(II)线性无关, 但向量组(I)线性相关, 故选项(A)正确.

例 3.4.3 设 A 为 $m \times n$ 矩阵, $\alpha_1, \alpha_2, \cdots, \alpha_n$ 是线性无关的 n 维列向量组, 证明 $r(A) = n$ 的充分必要条件是向量组 $A\alpha_1, A\alpha_2, \cdots, A\alpha_n$ 线性无关.

证明 令矩阵 $B = (\alpha_1, \alpha_2, \cdots, \alpha_n)$, 则 $(A\alpha_1, A\alpha_2, \cdots, A\alpha_n) = AB$, 由 $\alpha_1, \alpha_2, \cdots, \alpha_n$ 线性无关知, $r(B) = n$, 于是 $r(AB) = r(A)$, 故 $r(A) = n$ 当且仅当 $r(AB) = r(A) = n$ 当且仅当向量组 $A\alpha_1, A\alpha_2, \cdots, A\alpha_n$ 的秩等于 n 当且仅当向量组 $A\alpha_1, A\alpha_2, \cdots, A\alpha_n$ 线性无关.

例 3.4.4 设向量组(I) $\alpha_1, \alpha_2, \cdots, \alpha_s$ 线性无关, 判断向量组

$$(\text{II})\ \beta_1 = \alpha_1 + \alpha_2, \beta_2 = \alpha_2 + \alpha_3, \cdots, \beta_{s-1} = \alpha_{s-1} + \alpha_s, \beta_s = \alpha_s + \alpha_1$$

是否线性无关? 并证明你的结论.

解 当 s 为奇数时, 向量组(II)线性无关; 当 s 为偶数时, 向量组(II)线性相关.

证法一 设有数 $k_1, k_2, \cdots, k_s$, 使得 $k_1\beta_1 + k_2\beta_2 + \cdots + k_s\beta_s = 0$, 即有

$$k_1(\alpha_1 + \alpha_2) + k_2(\alpha_2 + \alpha_3) + \cdots + k_{s-1}(\alpha_{s-1} + \alpha_s) + k_s(\alpha_s + \alpha_1) = 0,$$

整理得 $(k_1 + k_s)\alpha_1 + (k_1 + k_2)\alpha_2 + \cdots + (k_{s-2} + k_{s-1})\alpha_{s-1} + (k_{s-1} + k_s)\alpha_s = 0$, 由向量组(I)

线性无关得 $\begin{cases} k_1 + k_s = 0, \\ k_1 + k_2 = 0, \\ \cdots\cdots \\ k_{s-1} + k_s = 0, \end{cases}$ 即 $\begin{pmatrix} 1 & 0 & 0 & \cdots & 0 & 1 \\ 1 & 1 & 0 & \cdots & 0 & 0 \\ 0 & 1 & 1 & \cdots & 0 & 0 \\ \vdots & \vdots & \vdots & & \vdots & \vdots \\ 0 & 0 & 0 & \cdots & 1 & 1 \end{pmatrix} \begin{pmatrix} k_1 \\ k_2 \\ \vdots \\ k_{s-1} \\ k_s \end{pmatrix} = 0.$

令 $K = \begin{vmatrix} 1 & 0 & 0 & \cdots & 0 & 1 \\ 1 & 1 & 0 & \cdots & 0 & 0 \\ 0 & 1 & 1 & \cdots & 0 & 0 \\ \vdots & \vdots & \vdots & & \vdots & \vdots \\ 0 & 0 & 0 & \cdots & 1 & 1 \end{vmatrix}_s$, 计算得 $|K| = 1 + (-1)^{s+1}$, 因此,

当 s 为奇数时, $|K| \neq 0$, 上述齐次线性方程组只有零解, 故向量组(II)线性无关;
当 s 为偶数时, $|K| = 0$, 上述齐次线性方程组有非零解, 故向量组(II)线性相关.

证法二 因为 $(\beta_1, \beta_2, \cdots, \beta_s) = (\alpha_1, \alpha_2, \cdots, \alpha_s)K$, 其中 $K = \begin{vmatrix} 1 & 0 & 0 & \cdots & 0 & 1 \\ 1 & 1 & 0 & \cdots & 0 & 0 \\ 0 & 1 & 1 & \cdots & 0 & 0 \\ \vdots & \vdots & \vdots & & \vdots & \vdots \\ 0 & 0 & 0 & \cdots & 1 & 1 \end{vmatrix}_s$.

计算得 $|K| = 1 + (-1)^{s+1}$, 因此, 当 s 为奇数时, $|K| \neq 0$, 由例 3.4.1 知, 向量组(II)

线性无关; 当 s 为偶数时, $|K| = 0$, 于是 $r(K) < s$, 由例 3.4.1 知, 秩(II) $= r(K) < s$, 故向量组(II)线性相关.

2. 已知向量组的线性相关性, 确定参数的取值

例 3.4.5 设向量组(I) $\alpha_1, \alpha_2, \alpha_3$ 线性无关, 问当 a, b, c 满足什么条件时, 向量组

$$(\text{II}) \beta_1 = a\alpha_1 - \alpha_2, \beta_2 = b\alpha_2 - \alpha_3, \beta_3 = c\alpha_3 - \alpha_1$$

线性相关?

解 由于 $(\beta_1, \beta_2, \beta_3) = (\alpha_1, \alpha_2, \alpha_3)K$, 其中 $K = \begin{pmatrix} a & 0 & -1 \\ -1 & b & 0 \\ 0 & -1 & c \end{pmatrix}$. 计算得 $|K| = abc - 1$,

由例 3.4.1 知, 向量组(II)线性相关 $\Leftrightarrow$ 秩 (II) $< 3 \Leftrightarrow r(K) < 3$, 即 $|K| = abc - 1 = 0$, 因此, $abc = 1$.

3. 综合题

例 3.4.6 设 $A = \begin{pmatrix} 1 & -1 & -1 \\ -1 & 1 & 1 \\ 0 & -4 & -2 \end{pmatrix}, \xi_1 = \begin{pmatrix} -1 \\ 1 \\ -2 \end{pmatrix}$.

(1) 求满足 $A\xi_2 = \xi_1, A^2\xi_3 = \xi_1$ 的所有向量 ξ_2, ξ_3;

(2) 对(1)中的任一向量 ξ_2, ξ_3, 证明向量组 ξ_1, ξ_2, ξ_3 线性无关.

(1) **解** 解方程组 $AX = \xi_1$ 和 $A^2X = \xi_1$ 得它们的通解即满足 $A\xi_2 = \xi_1, A^2\xi_3 = \xi_1$ 的所有向量 ξ_2 和 ξ_3 分别为 $\gamma_1 + k\xi$ 和 $\gamma_2 + k_1\xi_1 + k_2\xi_2$, 其中 k, k_1, k_2 为任意常数,

$$\gamma_1 = \frac{1}{2}(-1, 1, 0)^{\mathrm{T}}, \quad \xi = \frac{1}{2}(1, -1, 2)^{\mathrm{T}},$$

$$\gamma_2 = \frac{1}{2}(-1, 0, 0)^{\mathrm{T}}, \quad \xi_1 = (-1, 1, 0)^{\mathrm{T}}, \quad \xi_2 = (0, 0, 1)^{\mathrm{T}}.$$

(2) **证明** 令矩阵 $B = (\xi_1, \xi_2, \xi_3)$, 则

$$|B| = \begin{vmatrix} -1 & -\frac{1}{2} + \frac{1}{2}k & -\frac{1}{2} - k_1 \\ 1 & \frac{1}{2} - \frac{1}{2}k & k_1 \\ -2 & k & k_2 \end{vmatrix} = \begin{vmatrix} 0 & 0 & -\frac{1}{2} \\ 1 & \frac{1}{2} - \frac{1}{2}k & k_1 \\ -2 & k & k_2 \end{vmatrix} = -\frac{1}{2}\begin{vmatrix} 1 & \frac{1}{2} - \frac{1}{2}k \\ -2 & k \end{vmatrix} = -\frac{1}{2} \neq 0,$$

故向量组 ξ_1, ξ_2, ξ_3 线性无关.

例 3.4.7 设 A 为 n 阶方阵, 若存在正整数 k, 使线性方程组 $A^kX = 0$ 有非零解 α, 但 $A^{k-1}\alpha \neq 0$, 证明向量组 $\alpha, A\alpha, \cdots, A^{k-1}\alpha$ 线性无关.

证明　设有数 $l_0, l_1, \cdots, l_{k-1}$，使得 $l_0 \alpha + l_1 A\alpha + \cdots + l_{k-1} A^{k-1} \alpha = 0$，两端同时左乘 A^{k-1}，则由 $A^k = 0$ 得 $l_0 A^{k-1} \alpha = 0$，由于 $A^{k-1} \alpha \neq 0$，故 $l_0 = 0$，代入 $l_0 \alpha + l_1 A\alpha + \cdots + l_{k-1} A^{k-1} \alpha = 0$ 得 $l_1 A\alpha + \cdots + l_{k-1} A^{k-1} \alpha = 0$，两端同时左乘 A^{k-2}，同理可证 $l_1 = 0$，如此继续，可得 $l_i = 0 (i = 0, 1, \cdots, k-1)$，因此，向量组 $\alpha, A\alpha, \cdots, A^{k-1}\alpha$ 线性无关.

例 3.4.8　设向量组 $\alpha_1, \alpha_2, \cdots, \alpha_m$ 线性无关，而向量组 $\alpha_1, \alpha_2, \cdots, \alpha_m, \beta$ 线性相关，证明向量 β 可由向量组 $\alpha_1, \alpha_2, \cdots, \alpha_m$ 线性表示，且表示式是唯一的.

证法一　由向量组 $\alpha_1, \alpha_2, \cdots, \alpha_m, \beta$ 线性相关知，存在不全为零的数 $k_1, k_2, \cdots, k_m, l$，使得

$$k_1 \alpha_1 + k_2 \alpha_2 + \cdots + k_m \alpha_m + l\beta = 0.$$

若 $l = 0$，则 $k_1 \alpha_1 + k_2 \alpha_2 + \cdots + k_m \alpha_m = 0$，由 $k_1, k_2, \cdots, k_m$ 不全为零知，向量组 $\alpha_1, \alpha_2, \cdots, \alpha_m$ 线性相关，这与题设矛盾，故 $l \neq 0$，于是 $\beta = -\dfrac{k_1}{l} \alpha_1 - \dfrac{k_2}{l} \alpha_2 - \cdots - \dfrac{k_m}{l} \alpha_m$，即 β 可由向量组 $\alpha_1, \alpha_2, \cdots, \alpha_m$ 线性表示.

假设 $\beta = k_1 \alpha_1 + k_2 \alpha_2 + \cdots + k_m \alpha_m$，$\beta = l_1 \alpha_1 + l_2 \alpha_2 + \cdots + l_m \alpha_m$，则

$$(k_1 - l_1)\alpha_1 + (k_2 - l_2)\alpha_2 + \cdots + (k_m - l_m)\alpha_m = 0,$$

由 $\alpha_1, \alpha_2, \cdots, \alpha_m$ 线性无关知，$k_i - l_i = 0 (i = 1, 2, \cdots, m)$，于是 $k_i = l_i (i = 1, 2, \cdots, m)$，即表示式是唯一的.

证法二　令 $A = (\alpha_1, \alpha_2, \cdots, \alpha_m)$，由题设得 $r(A) = m, r(A, \beta) < m + 1$，由 $m = r(A) \leqslant r(A, \beta)$ 得 $m \leqslant r(A, \beta) < m + 1$，故 $r(A, \beta) = m$，于是 $r(A, \beta) = r(A) = m$，由定理 3.1.1 知，线性方程组 $AX = \beta$ 有唯一解，故 β 可由向量组 $\alpha_1, \alpha_2, \cdots, \alpha_m$ 唯一线性表示.

3.5　向量组的秩和极大无关组

3.5.1　基本理论

定义 3.5.1　设向量组 $\alpha_1, \alpha_2, \cdots, \alpha_m$ 的一个部分组 $\alpha_{i_1}, \alpha_{i_2}, \cdots, \alpha_{i_r}$，如果满足

(1) $\alpha_{i_1}, \alpha_{i_2}, \cdots, \alpha_{i_r}$ 线性无关;

(2) 向量组 $\alpha_1, \alpha_2, \cdots, \alpha_m$ 中的每一个向量都可由 $\alpha_{i_1}, \alpha_{i_2}, \cdots, \alpha_{i_r}$ 线性表示，则称 $\alpha_{i_1}, \alpha_{i_2}, \cdots, \alpha_{i_r}$ 是向量组 $\alpha_1, \alpha_2, \cdots, \alpha_m$ 的一个极大线性无关组，简称极大无关组，极大无关组所含向量的个数 r 称为向量组 $\alpha_1, \alpha_2, \cdots, \alpha_m$ 的秩，记为秩 $(\alpha_1, \alpha_2, \cdots, \alpha_m)$.

定理 3.5.1　设 $\alpha_{i_1}, \alpha_{i_2}, \cdots, \alpha_{i_r}$ 是向量组 $\alpha_1, \alpha_2, \cdots, \alpha_m$ 的一个部分组，则 $\alpha_{i_1}, \alpha_{i_2}, \cdots, \alpha_{i_r}$ 是向量组 $\alpha_1, \alpha_2, \cdots, \alpha_m$ 的一个极大无关组的充分必要条件是向量组

$\alpha_{i_1}, \alpha_{i_2}, \cdots, \alpha_{i_r}$ 线性无关, 且向量组 $\alpha_1, \alpha_2, \cdots, \alpha_m$ 中任意 $r+1$ 个向量(如果有的话)都线性相关.

一个向量组若有极大无关组, 则这个向量组与其极大无关组等价.一个向量组的任意两个极大无关组都是等价的.

定理 3.5.2 设有向量组 $\alpha_1, \alpha_2, \cdots, \alpha_r$ 与 $\beta_1, \beta_2, \cdots, \beta_s$, 若向量组 $\alpha_1, \alpha_2, \cdots, \alpha_r$ 可由向量组 $\beta_1, \beta_2, \cdots, \beta_s$ 线性表示, 且 $r > s$, 则向量组 $\alpha_1, \alpha_2, \cdots, \alpha_r$ 必线性相关.

推论 3.5.1 若向量组 $\alpha_1, \alpha_2, \cdots, \alpha_r$ 可由向量组 $\beta_1, \beta_2, \cdots, \beta_s$ 线性表示, 且 $\alpha_1, \alpha_2, \cdots, \alpha_r$ 线性无关, 则 $r \leqslant s$.

推论 3.5.2 两个线性无关的等价向量组必含有相同个数的向量.

推论 3.5.3 一个向量组的极大无关组都含有相同个数的向量.

命题 3.5.1 等价的向量组必有相同的秩.

命题 3.5.2 若一个向量组的秩为 $r(r > 0)$, 则向量组中任意 r 个线性无关的向量都是它的一个极大无关组.

命题 3.5.3 若向量组 $\alpha_1, \alpha_2, \cdots, \alpha_r$ 可由向量组 $\beta_1, \beta_2, \cdots, \beta_s$ 线性表示, 则

$$秩(\alpha_1, \alpha_2, \cdots, \alpha_r) \leqslant 秩(\beta_1, \beta_2, \cdots, \beta_s).$$

矩阵 A 的列(行)向量组的秩简称为 A 的列(行)秩.

定理 3.5.3 矩阵 A 的秩等于 A 的列秩, 也等于 A 的行秩.

定理 3.5.2 和定理 3.5.3 的证明分别参阅文献(北京大学数学系前代数小组, 2013)[124] 和(同济大学数学系, 2014)[93].

3.5.2 题型与方法

1. 求向量组的极大无关组与秩

可根据定义 3.5.1、定理 3.5.1 和例 3.4.1 求有限个向量构成的向量组的极大无关组与秩, 也可转化为求矩阵的列(行)向量组的极大无关组与秩. 求向量组中其余向量用所求极大无关组线性表示的表示式, 可转化为解线性方程组.

例 3.5.1 求下列向量组(I)

$$\alpha_1 = (1,0,2,1)^T, \quad \alpha_2 = (1,2,0,1)^T, \quad \alpha_3 = (2,1,3,0)^T,$$
$$\alpha_4 = (2,5,-1,4)^T, \quad \alpha_5 = (1,-1,3,-1)^T$$

的一个极大无关组和秩, 并把其余向量用这个极大无关组线性表示.

解 令矩阵 $A = (\alpha_1, \alpha_2, \alpha_3, \alpha_4, \alpha_5)$.对 A 施行初等行变换化为行最简形 F,

$$A \xrightarrow[\substack{r_4 \times \left(-\frac{1}{2}\right) \\ r_3 \leftrightarrow r_4}]{\substack{r_3 - 2r_1 \\ r_4 - r_1 \\ r_3 + r_2}} \begin{pmatrix} 1 & 1 & 2 & 2 & 1 \\ 0 & 2 & 1 & 5 & -1 \\ 0 & 0 & 1 & -1 & 1 \\ 0 & 0 & 0 & 0 & 0 \end{pmatrix} \xrightarrow[\substack{r_1 - 2r_3 \\ r_1 - r_2}]{\substack{r_2 - r_3 \\ r_2 \times \frac{1}{2}}} \begin{pmatrix} 1 & 0 & 0 & 1 & 0 \\ 0 & 1 & 0 & 3 & -1 \\ 0 & 0 & 1 & -1 & 1 \\ 0 & 0 & 0 & 0 & 0 \end{pmatrix} = F,$$

可见, $r(A)=r(F)=3$, 矩阵 F 的前三列是 F 的列向量组的一个极大无关组, 由于 A 的列向量组各向量间与 F 的列向量组各向量间有相同的线性关系, 故 $\alpha_1, \alpha_2, \alpha_3$ 是 A 的列向量组的一个极大无关组, 从而秩 (I) $=3$, $\alpha_1, \alpha_2, \alpha_3$ 是向量组(I)的一个极大无关组, 且

$$\alpha_4 = \alpha_1 + 3\alpha_2 - \alpha_3, \quad \alpha_5 = -\alpha_2 + \alpha_3.$$

例 3.5.2　已知向量组(I) $\alpha_1, \alpha_2, \alpha_3$ 线性无关, 求向量组

$$(\text{II})\ \beta_1 = \alpha_1 - \alpha_2, \beta_2 = \alpha_2 - \alpha_3, \beta_3 = \alpha_3 - \alpha_1$$

的一个极大无关组和秩.

解　令矩阵 $A=(\alpha_1, \alpha_2, \alpha_3), B=(\beta_1, \beta_2, \beta_3)$, 则 $B=AK$, 其中 $K = \begin{pmatrix} 1 & 0 & -1 \\ -1 & 1 & 0 \\ 0 & -1 & 1 \end{pmatrix}$.

计算得 $|K|=0$, 而 K 中二阶子式 $\begin{vmatrix} 1 & 0 \\ -1 & 1 \end{vmatrix} = 1 \neq 0$, 因此, $r(K)=2$, 于是由例 3.4.1 得 $r(B)=r(K)=2$, 从而秩 (II) $=2$.

由于 $(\beta_1, \beta_2)=(\alpha_1, \alpha_2, \alpha_3)K_1$, 其中 $K_1 = \begin{pmatrix} 1 & -1 & 0 \\ 0 & 1 & -1 \end{pmatrix}^{\mathrm{T}}$. 很显然, $r(K_1)=2$, 由例 3.4.1 知, 秩 $(\beta_1, \beta_2)=r(K_1)=2$, 由此得, β_1, β_2 线性无关, 从而 β_1, β_2 是向量组(II)的一个极大无关组, 类似可求得, β_1, β_3 或 β_2, β_3 也是向量组(II)的一个极大无关组.

例 3.5.3　已知向量组 (I) $\alpha_1, \alpha_2, \alpha_3$, (II) $\alpha_1, \alpha_2, \alpha_3, \alpha_4$, (III) $\alpha_1, \alpha_2, \alpha_3, \alpha_5$ 的秩分别为 3, 3, 4. 证明向量组 (IV) $\alpha_1, \alpha_2, \alpha_3, \alpha_5 - \alpha_4$ 的秩为 4.

证法一　反证法　由题设知, 向量组 (I), (III) 都线性无关, 向量组 (II) 线性相关, 于是向量 α_4 可由向量组 (I) 唯一线性表示, 不妨设表示式为 $\alpha_4 = k_1\alpha_1 + k_2\alpha_2 + k_3\alpha_3$.

若向量组 (IV) 线性相关, 则向量 $\alpha_5 - \alpha_4$ 可由向量组 (I) 唯一线性表示, 不妨设表示式为 $\alpha_4 - \alpha_5 = l_1\alpha_1 + l_2\alpha_2 + l_3\alpha_3$, 则 $\alpha_5 = (k_1 - l_1)\alpha_1 + (k_2 - l_2)\alpha_2 + (k_3 - l_3)\alpha_3$, 即 α_5 可由向量组 (I) 线性表示, 这与向量组 (III) 线性无关矛盾, 故向量组 (IV) 线性无关, 从而秩 (IV) $=4$.

证法二　由题设知, 向量组 (I)、(III) 都线性无关, 而向量组 (II) 线性相关, 于是 α_4 可由向量组 (I) 唯一线性表示. 令矩阵 $A=(\alpha_1, \alpha_2, \alpha_3, \alpha_4, \alpha_5)$, 则向量组 (III) 是 A 的列向量组的一个极大无关组, 于是 $r(A)=4$. 由 A 可经初等变换化为矩阵 $B=(\alpha_1, \alpha_2, \alpha_3, \alpha_5 - \alpha_4, \alpha_4)$ 得 $r(B)=r(A)=4$, 从而向量组 (IV) 是 B 的列向量组的一个极大无关组, 故向量组 (IV) 线性无关, 从而秩 (IV) $=4$.

2. 已知向量组的秩, 确定向量组中参数的取值

例 3.5.4 设向量组(I) $\alpha_1 = (a,3,1)^T, \alpha_2 = (2,b,3)^T, \alpha_3 = (1,2,1)^T, \alpha_4 = (2,3,1)^T$ 的秩为 2, 求 a,b 的值.

解法一 很显然, α_3, α_4 线性无关, 由秩(I)= 2 知, α_3, α_4 是向量组(I)的一个极大无关组, 于是 α_1, α_2 都可由向量组 α_3, α_4 线性表示, 因此, 由定理 3.3.3 知, $r(A) = r(A,B) = 2$, 其中 $A = (\alpha_3, \alpha_4), B = (\alpha_1, \alpha_2)$. 对矩阵 (A,B) 施行初等行变换化为行阶梯形矩阵

$$(A,B) \xrightarrow[\substack{r_3-r_1 \\ r_3-r_2}]{r_2-2r_1} \begin{pmatrix} 1 & 2 & a & 2 \\ 0 & -1 & 3-2a & b-4 \\ 0 & 0 & a-2 & 5-b \end{pmatrix},$$

由 $r(A,B) = 2$ 得 $a-2 = 0, 5-b = 0$, 即 $a=2, b=5$.

解法二 令矩阵 $A = (\alpha_1, \alpha_2, \alpha_3, \alpha_4)$, 由秩(I)= 2 知, $r(A) = 2$. 于是 A 中所有三阶子式都等于 0, 特别地, A 中含 a,b 的所有三阶子式都等于 0, 于是

$$\begin{vmatrix} a & 1 & 2 \\ 3 & 2 & 3 \\ 1 & 1 & 1 \end{vmatrix} = -(a-2) = 0, \quad \begin{vmatrix} 2 & 1 & 2 \\ b & 2 & 3 \\ 3 & 1 & 1 \end{vmatrix} = b-5 = 0,$$

解得, $a=2, b=5$.

解法三 令矩阵 $A = (\alpha_1, \alpha_2, \alpha_3, \alpha_4)$. 对 A 施行初等行变换化为矩阵 B:

$$A \xrightarrow[\substack{r_1-2r_3 \\ r_1-r_2}]{r_2-3r_3} \begin{pmatrix} a-2 & 5-b & 0 & 0 \\ 0 & b-9 & -1 & 0 \\ 1 & 3 & 1 & 1 \end{pmatrix} = B.$$

由题设知, $r(B) = r(A) = 2$, 因此, B 的第一行元素全为零, 即有 $a=2, b=5$.

例 3.5.5 已知向量组(I) $\beta_1 = (0,1,-1)^T, \beta_2 = (a,2,1)^T, \beta_3 = (b,1,0)^T$ 与向量组(II) $\alpha_1 = (1,2,-3)^T, \alpha_2 = (3,0,1)^T, \alpha_3 = (9,6,-7)^T$ 有相同的秩, 且 β_3 可由向量组(II)线性表示, 求 a,b 的值.

解 很显然, α_1, α_2 线性无关, $\alpha_3 = 3\alpha_1 + 2\alpha_2$, 因此, α_1, α_2 是向量组(II)的一个极大无关组, 从而秩(II)= 2, 由题设得秩(I)= 2, 于是 $|\beta_1, \beta_2, \beta_3| = 0$, 而 $|\beta_1, \beta_2, \beta_3| = -a+3b$, 故 $a=3b$.

由 β_3 可由向量组(II)线性表示, α_1, α_2 线性无关知, β_3 可由 α_1, α_2 唯一线性表示, 因此, 向量组 $\alpha_1, \alpha_2, \beta_3$ 线性相关, 从而秩为 2, 于是 $|\alpha_1, \alpha_2, \beta_3| = 0$, 而 $|\alpha_1, \alpha_2, \beta_3| = 2b-10$, 即 $b=5$, 代入 $a=3b$ 得 $a=15$, 因此, $a=15, b=5$.

3. 综合题

例 3.5.6　已知向量组(I)$\alpha_1,\alpha_2,\alpha_3$, (II)$\alpha_2,\alpha_3,\alpha_4$ 的秩分别为 2, 3, 证明

(1) 向量 α_1 可由 α_2,α_3 唯一线性表示;

(2) 向量 α_4 不能由向量组(I)线性表示.

证明　(1) 令矩阵 $A=(\alpha_2,\alpha_3)$, 则由题设知, $r(A)=r(A,\alpha_1)=2$, 故线性方程组 $AX=\alpha_1$ 有唯一解, 即向量 α_1 能由 α_2,α_3 唯一线性表示.

(2) 令矩阵 $B=(\alpha_1,\alpha_2,\alpha_3)$, 则由题设知, $r(B)=2,r(B,\alpha_4)=3$, 因此, 线性方程组 $BX=\alpha_4$ 无解, 即向量 α_4 不能由向量组(I)线性表示.

例 3.5.7　设向量组(I)$\alpha_1,\alpha_2,\cdots,\alpha_n$, (II)$\beta_1,\beta_2,\cdots,\beta_n(n>1)$, 且

$$\beta_1=\alpha_2+\alpha_3+\cdots+\alpha_n,\beta_2=\alpha_1+\alpha_3+\cdots+\alpha_n,\cdots,\beta_n=\alpha_1+\alpha_2+\cdots+\alpha_{n-1},$$

证明向量组(I)与向量组(II)等价.

证明　由题设知, 向量组(II)能由向量组(I)线性表示, 即

$$(\beta_1,\beta_2,\cdots,\beta_n)=(\alpha_1,\alpha_2,\cdots,\alpha_n)K,$$

其中 $K=\begin{pmatrix} 0 & 1 & 1 & \cdots & 1 \\ 1 & 0 & 1 & \cdots & 1 \\ 1 & 1 & 0 & \cdots & 1 \\ \vdots & \vdots & \vdots & & \vdots \\ 1 & 1 & 1 & \cdots & 1 \\ 1 & 1 & 1 & \cdots & 0 \end{pmatrix}_n$. 计算得 $|K|=(-1)^{n-1}(n-1)\neq 0$, 即 K 为 n 阶可逆矩阵.

令矩阵 $A=(\alpha_1,\alpha_2,\cdots\alpha_n),B=(\beta_1,\beta_2,\cdots,\beta_n)$, 则有 $B=AK$. 由 K 为可逆矩阵得 $r(B)=r(A)$, 故秩 (I) = 秩 (II), 由例 3.3.8 知, 向量组(I)与向量组(II)等价.

注 3.5.1　例 3.5.7 也可以根据定义 3.3.2、定理 3.3.2 和定理 3.3.3 证明.

3.6　线性方程组解的结构

3.6.1　基础理论

1. 齐次线性方程组的基础解系

性质 3.6.1　设 ξ_1,ξ_2 是齐次线性方程组 $AX=0$ 的任意两个解, 则 $k_1\xi_1+k_2\xi_2$ 也是 $AX=0$ 的解, 其中 k_1,k_2 是任意常数.

定义 3.6.1　$\xi_1,\xi_2,\cdots,\xi_t$ 为齐次线性方程组 $AX=0$ 的一组解, 如果

(1) $\xi_1,\xi_2,\cdots,\xi_t$ 线性无关;

(2) $AX=0$ 的任一个解都可由 $\xi_1,\xi_2,\cdots,\xi_t$ 线性表示,

则称 $\xi_1, \xi_2, \cdots, \xi_t$ 是 $AX = 0$ 的一个基础解系.

定理 3.6.1 在 n 元齐次线性方程组 $AX = 0$ 有非零解的情况下,它有基础解系,且基础解系所含解的个数等于 $n - r$,其中 $r = r(A)$.

定理 3.6.2 设 A 是 $m \times n$ 矩阵,$r(A) = r < n$,若 $\xi_1, \xi_2, \cdots, \xi_{n-r}$ 是齐次线性方程组 $AX = 0$ 的一个基础解系,则 $AX = 0$ 的任一个解可表示为

$$k_1 \xi_1 + k_2 \xi_2 + \cdots + k_{n-r} \xi_{n-r},$$

其中 $k_1, k_2, \cdots, k_{n-r}$ 为任意常数.

2. 非齐次线性方程组解的结构

性质 3.6.2 设 $AX = 0$ 为非齐次线性方程组 $AX = \beta$ 的导出组,则

(1) 若 ξ_1, ξ_2 是 $AX = \beta$ 的任意两个解,则 $\xi_1 - \xi_2$ 是 $AX = 0$ 的一个解;

(2) 若 γ_0 是 $AX = \beta$ 的一个解,ξ 是 $AX = 0$ 的任一个解,则 $\gamma_0 + \xi$ 是 $AX = \beta$ 的一个解.

定理 3.6.3 设 γ_0 是 n 元非齐次线性方程组 $AX = \beta$ 的一个特解,$\xi_1, \xi_2, \cdots, \xi_{n-r}$ 是其导出组 $AX = 0$ 的一个基础解系,则 $AX = \beta$ 的通解为 $\gamma_0 + k_1 \xi_1 + k_2 \xi_2 + \cdots + k_{n-r} \xi_{n-r}$,其中 $k_1, k_2, \cdots, k_{n-r}$ 为任意常数,$r = r(A)$.

3.6.2 题型与方法

1. 齐次线性方程组的基础解系的判断(证明)

当齐次线性方程组 $AX = 0$ 有非零解时,可利用定义 3.6.1 来判断(证明) $AX = 0$ 的一组解是否为其一个基础解系. 由于 $AX = 0$ 一个基础解系就是其解集的一个极大无关组,因此,也可利用向量组的极大无关组来判断(证明).

例 3.6.1 设 n 元齐次线性方程组 $AX = 0$ 有非零解,且 $r(A) = r$,证明

(1) $AX = 0$ 的任意 $n - r$ 个线性无关的解都是其一个基础解系;

(2) 与 $AX = 0$ 的一个基础解系等价的线性无关的向量组也是其一个基础解系.

证明 (1) 设 $\eta_1, \eta_2, \cdots, \eta_{n-r}$ 为 $AX = 0$ 的任意 $n - r$ 个线性无关的解,β 为 $AX = 0$ 的任一个解. 若 β 为 $\eta_1, \eta_2, \cdots, \eta_{n-r}$ 中的某一个,则 β 可由 $\eta_1, \eta_2, \cdots, \eta_{n-r}$ 线性表示;若 $\beta \neq \eta_i (i = 1, 2, \cdots, n-r)$,则向量组 $\eta_1, \eta_2, \cdots, \eta_{n-r}, \beta$ 线性相关,由例 3.4.8 知,β 能由 $\eta_1, \eta_2, \cdots, \eta_{n-r}$ 线性表示,故 $\eta_1, \eta_2, \cdots, \eta_{n-r}$ 为 $AX = 0$ 的一个基础解系.

(2) 设 $\xi_1, \xi_2, \cdots, \xi_{n-r}$ 为方程组 $AX = 0$ 的一个基础解系,$\alpha_1, \alpha_2, \cdots, \alpha_s$ 是与此基础解系等价的任一个线性无关向量组,则 $s = n - r$,又由 $\alpha_i (i = 1, 2, \cdots, s)$ 都可由 $\xi_1, \xi_2, \cdots, \xi_{n-r}$ 线性表示知,$\alpha_i (i = 1, 2, \cdots, s)$ 都是 $AX = 0$ 的解,故由 (1) 知,$\alpha_1, \alpha_2, \cdots, \alpha_s$ 是 $AX = 0$ 的一个基础解系.

例 3.6.2(2011 年全国硕士研究生入学统一考试数学一、二真题) 设 $A = (\alpha_1, \alpha_2, \alpha_3, \alpha_4)$ 是四阶矩阵, A^* 为 A 的伴随矩阵, 若 $(1,0,1,0)^T$ 为方程组 $AX = 0$ 的一个基础解系, 则 $A^*X = 0$ 的一个基础解系为( ).

(A) α_1, α_2 (B) α_1, α_3 (C) $\alpha_1, \alpha_2, \alpha_3$ (D) $\alpha_2, \alpha_3, \alpha_4$

分析 可先确定 $A^*X = 0$ 的一个基础解系所含解向量的个数, 再求其一个基础解系.

解法一 由题设知, $r(A) = 3$, 于是由性质 2.3.2 得 $r(A^*) = 1$, 由定理 3.6.1 知, 方程组 $A^*X = 0$ 的一个基础解系含三个解向量, 故应排除选项(A)和(B). 由 $A^*A = |A|E = O$ 知, A 的列向量都是方程组 $A^*X = 0$ 的解, 因此, 由 $r(A) = 3$ 得, A 的列向量组的一个极大无关组就是 $A^*X = 0$ 的一个基础解系. 令 $\eta = (1,0,1,0)^T$, 则由题设知, $A\eta = 0$, 即 $\alpha_1 + \alpha_3 = 0$, 于是 α_1, α_3 线性相关, 由此得, $\alpha_1, \alpha_2, \alpha_4$ 或 $\alpha_2, \alpha_3, \alpha_4$ 是 A 的列向量组的一个极大无关组, 从而是方程组 $A^*X = 0$ 的一个基础解系, 故选项(D)正确.

解法二 令 $\eta = (1,0,1,0)^T$, 则由题设知, $A\eta = 0$, 即 $\alpha_1 + \alpha_3 = 0$, 于是 α_1, α_3 线性相关, 故排除选项(B)和(C). 又由题设得, $r(A) = 3$, 由性质 2.3.2 得 $r(A^*) = 1$, 于是方程组 $A^*X = 0$ 的一个基础解系含三个解向量, 故应排除选项(A), 从而选项(D)正确.

例 3.6.3 设向量组(I)$\alpha_1, \alpha_2, \cdots, \alpha_s$ 为齐次线性方程组 $AX = 0$ 的一个基础解系,

(II)$\beta_1 = t_1\alpha_1 + t_2\alpha_2, \beta_2 = t_1\alpha_2 + t_2\alpha_3, \cdots, \beta_s = t_1\alpha_s + t_2\alpha_1$,

其中 t_1, t_2 为实数, 试问 t_1, t_2 满足什么条件时, 向量组(II)也为 $AX = 0$ 的一个基础解系.

解 由题设得 $(\beta_1, \beta_2, \cdots, \beta_s) = (\alpha_1, \alpha_2, \cdots, \alpha_s)K$, 其中 $K = \begin{pmatrix} t_1 & 0 & 0 & \cdots & 0 & t_2 \\ t_2 & t_1 & 0 & \cdots & 0 & 0 \\ 0 & t_2 & t_1 & \cdots & 0 & 0 \\ \vdots & \vdots & \vdots & & \vdots & \vdots \\ 0 & 0 & 0 & \cdots & t_1 & 0 \\ 0 & 0 & 0 & \cdots & t_2 & t_1 \end{pmatrix}_s$.

计算得 $|K| = t_1^s + (-1)^{s+1}t_2^s$. 由题设知, 向量组(I)线性无关, 于是由例 3.4.1 知, 秩(II) = $r(K)$, 因此, 向量组(II)线性无关当且仅当 $r(K) = s$, 于是 $|K| \neq 0$, 即 $t_1^s + (-1)^{s+1}t_2^s \neq 0$, 由于

$$t_1^s + (-1)^{s+1}t_2^s \neq 0 \Leftrightarrow t_1 \neq \begin{cases} \pm t_2, & s = 2k, \\ -t_2, & s = 2k+1, \end{cases}$$

其中 k 为自然数, 故当 t_1, t_2 满足 $t_1 \neq \begin{cases} \pm t_2, & s = 2k, \\ -t_2, & s = 2k+1 \end{cases}$ (k 为自然数)时, 向量组(II)线性无关, 且秩(II) = 秩(I) = s. 又由题设知, 向量组(II)能由向量组(I)线性表示, 由例 3.3.8 知, 向量组(II)与向量组(I)等价, 故由例 3.6.1 中(2)知, 当 $t_1 \neq \begin{cases} \pm t_2, & s = 2k, \\ -t_2, & s = 2k+1 \end{cases}$ (k 为自然数)时, 向量组(II)为方程组 $AX = 0$ 的一个基础解系.

2. 齐次线性方程组的基础解系的应用

例 3.6.4　已知线性方程组 $\begin{cases} x_1 + x_2 + x_3 = 0, \\ ax_1 + bx_2 + cx_3 = 0, \\ a^2 x_1 + b^2 x_2 + c^2 x_3 = 0, \end{cases}$ 其中 a, b, c 是互不相等的数. 试问当 a, b, c 满足什么条件时, 方程组仅有零解? 当 a, b, c 满足什么条件时, 方程组有非零解, 并用基础解系表示通解.

解　方程组的系数矩阵 A 的行列式为 $|A| = \begin{vmatrix} 1 & 1 & 1 \\ a & b & c \\ a^2 & b^2 & c^2 \end{vmatrix} = (b-a)(c-a)(c-b)$.

当 a, b, c 互不相等时, $|A| \neq 0$, 由 Cramer 法则知, 方程组只有零解.

当 a, b, c 中至少有两个相等时, $|A| = 0$, 于是方程组有非零解, 下面分情况求其通解.

(1) 当 $a = b = c$ 时, 对方程组的系数矩阵 A 施行初等行变换化为行最简形

$$A = \begin{pmatrix} 1 & 1 & 1 \\ a & a & a \\ a^2 & a^2 & a^2 \end{pmatrix} \xrightarrow[r_3 - a^2 r_1]{r_2 - a r_1} \begin{pmatrix} 1 & 1 & 1 \\ 0 & 0 & 0 \\ 0 & 0 & 0 \end{pmatrix},$$

可见, 方程组与方程 $x_1 + x_2 + x_3 = 0$ 同解. 选 x_2, x_3 为自由未知量, 移项得 $x_1 = -x_2 - x_3$.

令 $x_2 = -1, x_3 = 0$ 和 $x_2 = 0, x_3 = -1$, 得方程组的一个基础解系为

$$\xi_1 = (1, -1, 0)^T, \quad \xi_2 = (1, 0, -1)^T,$$

因此, 方程组的通解为 $k_1 \xi_1 + k_2 \xi_2$, 其中 k_1, k_2 为任意常数.

(2) 当 $a = b \neq c$ 时, 类似(1)可求得方程组的一个基础解系为 $\xi = (-1, 1, 0)^T$, 因此, 方程组的通解为 $k\xi$, 其中 k 为任意常数;

当 $a = c \neq b$ 时, 类似(1)可求得方程组的一个基础解系为 $\xi = (-1, 0, 1)^T$, 因此, 方程组的通解为 $k\xi$, 其中 k 为任意常数;

当 $b = c \neq a$ 时，类似(1)可求得方程组的一个基础解系为 $\xi = (0,-1,1)^{\mathrm{T}}$，方程组的通解为 $k\xi$，其中 k 为任意常数.

例 3.6.5　设 A 为 n 阶实矩阵，证明 $r(A^{\mathrm{T}}A) = r(A)$.

证明　很显然，齐次线性方程组 $AX = 0$ 的解都是 $A^{\mathrm{T}}AX = 0$ 的解. 又对齐次线性方程组 $A^{\mathrm{T}}AX = 0$ 的任一解 X_0，有 $A^{\mathrm{T}}AX_0 = 0$，于是有 $X_0^{\mathrm{T}}A^{\mathrm{T}}AX_0 = 0$，即 $(AX_0)^{\mathrm{T}}(AX_0) = 0$. 令 $AX_0 = (a_1, a_2, \cdots, a_n)^{\mathrm{T}}$，其中 $a_i(i = 1,2,\cdots,n)$ 都是实数，则 $a_1^2 + a_2^2 + \cdots + a_n^2 = 0$，于是 $a_i = 0(i = 1,2,\cdots,n)$，从而 $AX_0 = 0$，即 X_0 也是 $AX = 0$ 的解. 因此，齐次线性方程组 $AX = 0$ 与 $A^{\mathrm{T}}AX = 0$ 同解，从而它们的基础解系所含解向量个数相等，即 $n - r(A^{\mathrm{T}}A) = n - r(A)$，故 $r(A^{\mathrm{T}}A) = r(A)$.

3. 与非齐次方程组解的结构有关的题

当非齐次方程组有解时，求其通解的关键是求它的一个特解与其导出组的一个基础解系.

例 3.6.6　已知线性方程组 $\begin{cases} x_1 + x_2 - 2x_3 + 3x_4 = 0, \\ 2x_1 + x_2 - 6x_3 + 4x_4 = -1, \\ 3x_1 + 2x_2 + px_3 + 7x_4 = -1, \\ x_1 - x_2 - 6x_3 - x_4 = t. \end{cases}$ 问参数 p,t 取何值时，

方程组有解，无解，且当有解时，试用导出组的基础解系表示其通解.

解　对方程组的增广矩阵 $\overline{A} = (A,\beta)$ 施行初等行变换化为阶梯形矩阵 J，

$$\overline{A} = \begin{pmatrix} 1 & 1 & -2 & 3 & 0 \\ 2 & 1 & -6 & 4 & -1 \\ 3 & 2 & p & 7 & -1 \\ 1 & -1 & -6 & -1 & t \end{pmatrix} \xrightarrow[\substack{r_3 - r_2 \\ r_4 - 2r_2}]{\substack{r_2 - 2r_1 \\ r_3 - 3r_1 \\ r_4 - r_1}} \begin{pmatrix} 1 & 1 & -2 & 3 & 0 \\ 0 & -1 & -2 & -2 & -1 \\ 0 & 0 & p+8 & 0 & 0 \\ 0 & 0 & 0 & 0 & t+2 \end{pmatrix} = J.$$

当 $t + 2 \neq 0$，即 $t \neq -2$ 时，$r(A) \neq r(\overline{A})$，方程组无解；

当 $t = -2$ 时，下面对参数 p 分情况讨论.

(1) 当 $p + 8 \neq 0$，即 $p \neq -8$ 时，$r(A) = r(\overline{A}) = 3 < 4$，方程组有无穷多解.

当 $p \neq -8$ 时，进一步，对 J 施行初等行变换化为行最简形矩阵：

$$J \xrightarrow[\substack{r_2 - 2r_3 \\ r_1 + 2r_3 \\ r_1 - r_2}]{\substack{r_2 \times (-1) \\ r_3 \times \frac{1}{p+8}}} \begin{pmatrix} 1 & 0 & 0 & 1 & -1 \\ 0 & 1 & 0 & 2 & 1 \\ 0 & 0 & 1 & 0 & 0 \\ 0 & 0 & 0 & 0 & 0 \end{pmatrix},$$

可见, 原方程组与方程组 $\begin{cases} x_1 + x_4 = -1, \\ x_2 + 2x_4 = 1, \\ x_3 = 0 \end{cases}$ 同解. 选 x_4 为自由未知量, 移项得

$$\begin{cases} x_1 = -1 - x_4, \\ x_2 = 1 - 2x_4, \\ x_3 = 0. \end{cases}$$

令 $x_4 = 0$, 得原方程组的一个特解为 $\gamma_0 = (-1, 1, 0, 0)^{\mathrm{T}}$.

而原方程组的导出组与方程组 $\begin{cases} x_1 = -x_4, \\ x_2 = -2x_4, \\ x_3 = 0 \end{cases}$ 同解, 令 $x_4 = -1$, 得导出组的一个基

础解系为 $\xi = (1, 2, 0, -1)^{\mathrm{T}}$, 因此, 原方程组的通解为 $\gamma_0 + k\xi$, 其中 k 为任意常数,

$$\gamma_0 = (-1, 1, 0, 0)^{\mathrm{T}}, \quad \xi = (1, 2, 0, -1)^{\mathrm{T}}.$$

(2) 当 $p + 8 = 0$, 即 $p = -8$ 时, $r(A) = r(\overline{A}) = 2 < 4$, 方程组有无穷多解, 此时,

进一步, 对 J 施行初等行变换可化为行最简形矩阵 $\begin{pmatrix} 1 & 0 & -4 & 1 & -1 \\ 0 & 1 & 2 & 2 & 1 \\ 0 & 0 & 0 & 0 & 0 \\ 0 & 0 & 0 & 0 & 0 \end{pmatrix}$, 可见, 原方

程组与方程组 $\begin{cases} x_1 - 4x_3 + x_4 = -1, \\ x_2 + 2x_3 + 2x_4 = 1 \end{cases}$ 同解, 选 x_3, x_4 为自由未知量, 移项得

$$\begin{cases} x_1 = -1 + 4x_3 - x_4, \\ x_2 = 1 - 2x_3 - 2x_4. \end{cases}$$

令 $x_3 = x_4 = 0$, 得原方程组的一个特解为 $\gamma_0 = (-1, 1, 0, 0)^{\mathrm{T}}$.

原方程组的导出组与方程组 $\begin{cases} x_1 = 4x_3 - x_4, \\ x_2 = -2x_3 - 2x_4 \end{cases}$ 同解, 令 $x_3 = 1, x_4 = 0$ 和 $x_3 = 0$,

$x_4 = 1$, 得导出组的一个基础解系为 $\xi_1 = (4, -2, 1, 0)^{\mathrm{T}}, \xi_2 = (-1, -2, 0, 1)^{\mathrm{T}}$, 故方程组的
通解为 $\gamma_0 + k_1\xi_1 + k_2\xi_2$, 其中 k_1, k_2 为任意常数, $\xi_1 = (4, -2, 1, 0)^{\mathrm{T}}, \xi_2 = (-1, -2, 0, 1)^{\mathrm{T}}$.

例 3.6.7(2017 年全国硕士研究生入学统一考试数学一、二、三真题)　设三阶
矩阵 $A = (\alpha_1, \alpha_2, \alpha_3)$ 有三个不同的特征值, 且 $\alpha_3 = \alpha_1 + 2\alpha_2$.

(1) 证明 $r(A) = 2$;

(2) 若 $\beta = \alpha_1 + \alpha_2 + \alpha_3$, 求方程组 $AX = \beta$ 的通解.

(1) **证明**　由 A 有三个不同的特征值知, A 相似于对角矩阵, 于是 $r(A) \geqslant 2$,
又由 $\alpha_3 = \alpha_1 + 2\alpha_2$ 知, A 的列向量组 $\alpha_1, \alpha_2, \alpha_3$ 线性相关, 从而 $r(A) \leqslant 2$, 故
$r(A) = 2$;

(2) **解**　由(1)知, 方程组 $AX = \beta$ 的导出组 $AX = 0$ 的基础解系只有一个解向量, 由 $\alpha_3 = \alpha_1 + 2\alpha_2$ 得 $A\xi = 0$, 其中 $\xi = (1, 2, -1)^{\mathrm{T}}$, 即 ξ 是导出组 $AX = 0$ 的一个非零解, 因此, ξ 是导出组 $AX = 0$ 的一个基础解系.

由 $\beta = \alpha_1 + \alpha_2 + \alpha_3$ 得 $A\gamma_0 = \beta$, 其中 $\gamma_0 = (1, 1, 1)^{\mathrm{T}}$, 即 γ_0 是 $AX = \beta$ 的一个特解, 故方程组 $AX = \beta$ 的通解为 $\gamma_0 + k\xi$, 其中 k 是任意常数, $\gamma_0 = (1, 1, 1)^{\mathrm{T}}$, $\xi = (1, 2, -1)^{\mathrm{T}}$.

例 3.6.8　设 $A = \begin{pmatrix} 1 & -2 & 3 & -4 \\ 0 & 1 & -1 & 1 \\ 1 & 2 & 2 & 3 \end{pmatrix}$, E 为三阶单位矩阵.

(1) 求方程组 $AX = 0$ 的一个基础解系;

(2) 求满足 $AB = E$ 的所有矩阵.

解　(1) 对方程组 $AX = 0$ 的系数矩阵 A 施行初等行变换化为行最简形:

$$A \xrightarrow[\substack{r_3 - 4r_2 \\ r_3 \times \frac{1}{3}}]{r_3 - r_1} \begin{pmatrix} 1 & -2 & 3 & -4 \\ 0 & 1 & -1 & 1 \\ 0 & 0 & 1 & 1 \end{pmatrix} \xrightarrow[\substack{r_1 - 3r_3 \\ r_1 + 2r_2}]{r_2 + r_3} \begin{pmatrix} 1 & 0 & 0 & -3 \\ 0 & 1 & 0 & 2 \\ 0 & 0 & 1 & 1 \end{pmatrix},$$

可见, $r(A) = 3 < 4$ (未知量的个数), 故 $AX = 0$ 的基础解系只含 1 个解向量, 且与方程组 $\begin{cases} x_1 - 3x_4 = 0, \\ x_2 + 2x_4 = 0, \\ x_3 + x_4 = 0 \end{cases}$ 同解. 选 x_4 为自由未知量, 移项得 $\begin{cases} x_1 = 3x_4, \\ x_2 = -2x_4, \\ x_3 = -x_4. \end{cases}$ 令 $x_4 = 1$, 得

$AX = 0$ 的一个基础解系为 $\xi = (3, -2, -1, 1)^{\mathrm{T}}$.

(2) 显然, 矩阵 B 是 4×3 矩阵, 不妨设 $B = \begin{pmatrix} x_1 & y_1 & z_1 \\ x_2 & y_2 & z_2 \\ x_3 & y_3 & z_3 \\ x_4 & y_4 & z_4 \end{pmatrix} = (X, Y, Z)$.

令 $E = (e_1, e_2, e_3)$, 由 $AB = E$ 得方程组 $AX = e_1, AY = e_2, AZ = e_3$, 由(1)知, 这三个方程组的导出组的一个基础解系均为 $\xi = (3, -2, -1, 1)^{\mathrm{T}}$.

对矩阵 (A, E) 施行初等行变换化为行最简形:

$$(A, E) \xrightarrow[\substack{r_2 + r_3 \\ r_1 - 3r_3 \\ r_1 + 2r_2}]{\substack{r_3 - r_1 \\ r_3 - 4r_2 \\ r_3 \times \frac{1}{3}}} \begin{pmatrix} 1 & 0 & 0 & -3 & \dfrac{4}{3} & \dfrac{10}{3} & -\dfrac{1}{3} \\ 0 & 1 & 0 & 2 & -\dfrac{1}{3} & -\dfrac{1}{3} & \dfrac{1}{3} \\ 0 & 0 & 1 & 1 & -\dfrac{1}{3} & -\dfrac{4}{3} & \dfrac{1}{3} \end{pmatrix},$$

可见, 方程组 $AX = e_1, AY = e_2, AZ = e_3$ 的通解分别为

$$X = \gamma_1 + k_1\xi, \quad Y = \gamma_2 + k_2\xi, \quad Z = \gamma_3 + k_3\xi,$$

其中 k_1, k_2, k_3 是任意常数,

$$\gamma_1 = -\frac{1}{3}(-4,1,1,0)^{\mathrm{T}}, \quad \gamma_2 = -\frac{1}{3}(-10,1,4,0)^{\mathrm{T}}, \quad \gamma_3 = \frac{1}{3}(-1,1,1,0)^{\mathrm{T}}, \quad \xi = (3,-2,-1,1)^{\mathrm{T}},$$

因此, 满足 $AB = E$ 的所有矩阵 B 为

$$B = \begin{pmatrix} \dfrac{4}{3} + 3k_1 & \dfrac{10}{3} + 3k_2 & -\dfrac{1}{3} + 3k_3 \\[2mm] -\dfrac{1}{3} - 2k_1 & -\dfrac{1}{3} - 2k_2 & \dfrac{1}{3} - 2k_3 \\[2mm] -\dfrac{1}{3} - k_1 & -\dfrac{4}{3} - k_2 & \dfrac{1}{3} - k_3 \\[2mm] k_1 & k_2 & k_3 \end{pmatrix},$$

其中 k_1, k_2, k_3 是任意常数.

例 3.6.9 设 γ_0 是 n 元非齐次线性方程组 $AX = \beta$ 的一个解, $r(A) = r$, 向量组 $\xi_1, \xi_2, \cdots, \xi_{n-r}$ 是导出组 $AX = 0$ 的一个基础解系, 证明

(1) 向量组(I) $\xi_1, \xi_2, \cdots, \xi_{n-r}, \gamma_0$ 线性无关;

(2) 向量组(II) $\xi_1 + \gamma_0, \xi_2 + \gamma_0, \cdots, \xi_{n-r} + \gamma_0, \gamma_0$ 线性无关;

(3) $AX = \beta$ 的解集的秩为 $n - r + 1$.

证明 (1)设有数 $l, l_i(i = 1, 2, \cdots, n-r)$, 使得 $l_1\xi_1 + l_2\xi_2 + \cdots + l_{n-r}\xi_{n-r} + l\gamma_0 = 0$, 则

$$l_1A\xi_1 + l_2A\xi_2 + \cdots + l_{n-r}A\xi_{n-r} + lA\gamma_0 = 0,$$

由题设得 $l\beta = 0$, 于是由 $\beta \neq 0$ 得 $l = 0$, 从而 $l_1\xi_1 + l_2\xi_2 + \cdots + l_{n-r}\xi_{n-r} = 0$, 由 $\xi_1, \xi_2, \cdots, \xi_{n-r}$ 线性无关得 $l_i = 0(i = 1, 2, \cdots, n-r)$, 故向量组(I)线性无关.

(2) 由(1)知, 向量组(I)线性无关, 由于

$$(\xi_1 + \gamma_0, \xi_2 + \gamma_0, \cdots, \xi_{n-r} + \gamma_0, \gamma_0) = (\xi_1, \xi_2, \cdots, \xi_{n-r}, \gamma_0)K,$$

其中 $K = \begin{pmatrix} 1 & 0 & \cdots & 0 & 0 \\ 0 & 1 & \cdots & 0 & 0 \\ \vdots & \vdots & & \vdots & \vdots \\ 0 & 0 & \cdots & 1 & 0 \\ 1 & 1 & \cdots & 1 & 1 \end{pmatrix}_{n-r+1}$. 易得 $r(K) = n - r + 1$, 于是由例 3.4.1 知, 秩(II) = $r(K) = n - r + 1$, 故向量组(II)线性无关.

(3) 很显然, 向量组(II)中的每一个向量都是方程组 $AX = \beta$ 的解, 由(2)知, 向量组(II)线性无关. 设 γ 是 $AX = \beta$ 的任一个解, 则 $\gamma - \gamma_0$ 是其导出组 $AX = 0$ 的一个解, 于是 $\gamma - \gamma_0$ 能由 $\xi_1, \xi_2, \cdots, \xi_{n-r}$ 线性表示, 不妨设表示式为 $\gamma - \gamma_0 = k_1\xi_1 +$

$k_2\xi_2 + \cdots + k_{n-r}\xi_{n-r}$，则

$$\gamma = k_1\xi_1 + k_2\xi_2 + \cdots + k_{n-r}\xi_{n-r} + \gamma_0$$

$$= k_1(\xi_1 + \gamma_0) + k_2(\xi_2 + \gamma_0) + \cdots + k_{n-r}(\xi_{n-r} + \gamma_0) + \left(1 - \sum_{i=1}^{n-r} k_i\right)\gamma_0,$$

即 γ 能由向量组(II)线性表示，故向量组(II)是方程组 $AX = \beta$ 的解集的一个极大无关组，从而其解集的秩为 $n-r+1$.

例 3.6.10　设向量组(I) $\beta_1, \beta_2, \cdots, \beta_{n-r+1}$ 为 n 元非齐次线性方程组 $AX = \beta$ 的解集的一个极大无关组，$r = r(A)$，证明

(1) $\gamma = \sum\limits_{i=1}^{n-r+1} k_i\beta_i$ 为 $AX = \beta$ 的一个解的充分必要条件是 $\sum\limits_{i=1}^{n-r+1} k_i = 1$，其中 $k_i(i = 1, 2, \cdots, n-r+1)$ 为任意常数；

(2) 向量组(II) $\beta_2 - \beta_1, \beta_3 - \beta_1, \cdots, \beta_{n-r+1} - \beta_1$ 为 $AX = \beta$ 的导出组 $AX = 0$ 的一个基础解系.

证明　(1) 必要性. 若 γ 为 $AX = \beta$ 的一个解，则 $\left(\sum\limits_{i=1}^{n-r+1} k_i\right)\beta_1 + \sum\limits_{i=2}^{n-r+1} k_i(\beta_i - \beta_1)$ 为方程组 $AX = \beta$ 的一个解，而 $\sum\limits_{i=2}^{n-r+1} k_i(\beta_i - \beta_1)$ 为其导出组 $AX = 0$ 的一个解，于是 $\left(\sum\limits_{i=1}^{n-r+1} k_i\right)\beta_1 = \gamma - \sum\limits_{i=2}^{n-r+1} k_i(\beta_i - \beta_1)$ 为 $AX = \beta$ 的解，因此，

$$A\left(\sum_{i=1}^{n-r+1} k_i\right)\beta_1 = \left(\sum_{i=1}^{n-r+1} k_i\right)A\beta_1 = \left(\sum_{i=1}^{n-r+1} k_i\right)\beta = \beta,$$

从而 $\sum\limits_{i=1}^{n-r+1} k_i = 1$.

充分性. 若 $\sum\limits_{i=1}^{n-r+1} k_i = 1$，则 $A\gamma = A\left(\sum\limits_{i=1}^{n-r+1} k_i\beta_i\right) = \sum\limits_{i=1}^{n-r+1} k_i(A\beta_i) = \left(\sum\limits_{i=1}^{n-r+1} k_i\right)\beta = \beta$，即 γ 为 $AX = \beta$ 的一个解.

(2) 很显然，向量组(II)中每一个向量均为导出组 $AX = 0$ 的解，又向量组(I)线性无关，且 $(\beta_2 - \beta_1, \beta_3 - \beta_1, \cdots, \beta_{n-r+1} - \beta_1) = (\beta_1, \beta_2, \cdots, \beta_{n-r+1})K$，其中

$$K = \begin{pmatrix} -1 & -1 & \cdots & -1 \\ 1 & 0 & \cdots & 0 \\ 0 & 1 & \cdots & 0 \\ \vdots & \vdots & & \vdots \\ 0 & 0 & \cdots & 1 \end{pmatrix}_{(n-r+1)\times(n-r)}.$$

易知，$r(K) = n-r$，因此，

秩 $(II) = r(K) = n - r$，于是向量组(II)为导出组 $AX = 0$ 的 $n - r$ 个线性无关的解，从而为导出组 $AX = 0$ 的一个基础解系.

4. 与两个线性方程组同解有关的题

例 3.6.11 设有 n 元齐次线性方程组 $AX = 0$，$BX = 0$，则

(1) $AX = 0$ 的解都是 $BX = 0$ 的解的充分必要条件是 $r(A) = r\begin{pmatrix} A \\ B \end{pmatrix}$；

(2) $AX = 0$ 与 $BX = 0$ 同解的充分必要条件是 $r(A) = r(B) = r\begin{pmatrix} A \\ B \end{pmatrix}$.

证明 (1) 充分性. 若 $r(A) = r\begin{pmatrix} A \\ B \end{pmatrix}$，则由推论 3.2.1 知，矩阵方程 $XA = B$ 有解，设矩阵 C 为其一个解，则 $CA = B$. 设 X_0 是方程组 $AX = 0$ 的任一解，则有 $AX_0 = 0$，于是 $BX_0 = CAX_0 = 0$，即 X_0 是方程组 $BX = 0$ 的解，故方程组 $AX = 0$ 的解都是方程组 $BX = 0$ 的解.

必要性. 由题设得，方程组 $AX = 0$ 与方程组 $\begin{cases} AX = 0, \\ BX = 0 \end{cases}$ 同解，于是它们的基础解系所含解向量的个数相同，即 $n - r(A) = n - r\begin{pmatrix} A \\ B \end{pmatrix}$，故 $r(A) = r\begin{pmatrix} A \\ B \end{pmatrix}$.

(2) 由(1)即可得证.

例 3.6.12 n 元齐次线性方程组 $AX = 0$ 与 $BX = 0$ 同解的充分必要条件是 $r(A) = r(B)$，且其中有一个方程组的解都是另一个方程组的解.

证明 必要性. 显然成立. 下面证明充分性.

不妨设方程组 $AX = 0$ 的解都是 $BX = 0$ 的解，则由例 3.6.11 知，$r(A) = r\begin{pmatrix} A \\ B \end{pmatrix}$，于是 $r(A) = r(B) = r\begin{pmatrix} A \\ B \end{pmatrix}$，故方程组 $AX = 0$ 与 $BX = 0$ 同解.

注 3.6.1 可根据例 3.6.11 和例 3.6.12 判断两个 n 元齐次线性方程组是否同解.

例 3.6.13 设 A 为列满秩矩阵，$AB = C$，证明齐次线性方程组 $BX = 0$ 与 $CX = 0$ 同解.

证法一 一方面，设 X_0 是方程组 $BX = 0$ 的任一解，则 $BX_0 = 0$，于是 $CX_0 = ABX_0 = 0$，即 X_0 是方程组 $CX = 0$ 的解；另一方面，设 Y_0 是方程组 $CX = 0$ 的任一解，则 $CY_0 = 0$，于是 $ABY_0 = CY_0 = 0$，即 $A(BY_0) = 0$，即 BY_0 是方程组 $AX = 0$ 的解，由 A 是列满秩知，$BY_0 = 0$，即 Y_0 是方程组 $BX = 0$ 的解，因此，方程组 $BX = 0$ 与 $CX = 0$ 同解.

证法二　同证法一得方程组 $BX = 0$ 的解都是 $CX = 0$ 的解, 由 A 是列满秩矩阵知, $r(B) = r(C)$, 因此, 由例 3.6.12 知, 方程组 $BX = 0$ 与 $CX = 0$ 同解.

例 3.6.14　设 n 元非齐次线性方程组 $AX = \beta_1, BX = \beta_2$ 都有解, 证明

(1)　$AX = \beta_1$ 的解都是 $BX = \beta_2$ 的解的充分必要条件是 $r(A, \beta_1) = r\begin{pmatrix} A & \beta_1 \\ B & \beta_2 \end{pmatrix}$;

(2)　$AX = \beta_1$ 与 $BX = \beta_2$ 同解的充分必要条件是 $r(A, \beta_1) = r(B, \beta_2) = r\begin{pmatrix} A & \beta_1 \\ B & \beta_2 \end{pmatrix}$.

证明　(1) 必要性. 由题设知, 方程组 $AX = \beta_1$ 与方程组 $\begin{cases} AX = \beta_1, \\ BX = \beta_2 \end{cases}$ 同解, 由

例 3.6.9 中(3)得 $n - r(A, \beta_1) + 1 = n - r\begin{pmatrix} A & \beta_1 \\ B & \beta_2 \end{pmatrix} + 1$, 于是 $r(A, \beta_1) = r\begin{pmatrix} A & \beta_1 \\ B & \beta_2 \end{pmatrix}$.

充分性. 若 $r(A, \beta_1) = r\begin{pmatrix} A & \beta_1 \\ B & \beta_2 \end{pmatrix}$, 则由推论 3.3.2 知, (B, β_2) 的行向量组可由 (A, β_1) 的行向量组线性表示, 于是矩阵方程 $X(A, \beta_1) = (B, \beta_2)$ 有解, 设矩阵 C 为其一个解, 则 $CA = B, C\beta_1 = \beta_2$, 设 X_0 为方程组 $AX = \beta_1$ 的任一解, 则 $AX_0 = \beta_1$, 于是 $BX_0 = CAX_0 = C\beta_1 = \beta_2$, 即 X_0 为方程组 $BX = \beta_2$ 的解, 故方程组 $AX = \beta_1$ 的解都是 $BX = \beta_2$ 的解.

(2) 由(1)即可得证.

注 3.6.2　可利用例 3.6.14 来判断两个 n 元非齐次线性方程组是否同解.

例 3.6.15　已知方程组(I) $\begin{cases} x_1 + x_2 + x_4 = 0, \\ tx_1 + t^2 x_3 = 0, \\ tx_2 + t^2 x_4 = 0 \end{cases}$ 的解都满足方程 $x_1 + x_2 + x_3 = 0$, 求参数 t 的值.

解　由题设知, 方程组(I)和方程组(II) $\begin{cases} x_1 + x_2 + x_4 = 0, \\ tx_1 + t^2 x_3 = 0, \\ tx_2 + t^2 x_4 = 0, \\ x_1 + x_2 + x_3 = 0 \end{cases}$ 同解, 由推论 3.1.3 知,

方程组(I)有非零解, 从而方程组(II)有非零解, 于是方程组(II)的系数矩阵 A 的行列式 $|A| = t^2(2t - 1) = 0$, 解得 $t = 0$ 或 $t = \dfrac{1}{2}$. 而当 $t = 0$ 时, 很显然, 方程组(I)与方程组(II)不同解, 因此, $t = \dfrac{1}{2}$.

例3.6.16 已知齐次线性方程组(I) $\begin{cases} x_1 + 2x_2 + 3x_3 = 0, \\ 2x_1 + 3x_2 + 5x_3 = 0, \\ x_1 + x_2 + ax_3 = 0, \end{cases}$ (II) $\begin{cases} x_1 + bx_2 + cx_3 = 0, \\ 2x_1 + b^2x_2 + (c+1)x_3 = 0 \end{cases}$

同解, 求 a, b, c 的值.

解 由方程组(II)的方程的个数小于未知量的个数知, 方程组(II)有非零解, 由题设知, 方程组(I)有非零解, 因此, 方程组(I)的系数矩阵的行列式 $|A| = 0$, 而 $|A| = 2 - a$, 故 $a = 2$.

当 $a = 2$ 时, 对方程组(I)的系数矩阵 A 施行初等行变换化为行最简形矩阵, 即

$$A = \begin{pmatrix} 1 & 2 & 3 \\ 2 & 3 & 5 \\ 1 & 1 & 2 \end{pmatrix} \xrightarrow[r_3 - r_1]{\substack{r_2 - 2r_1 \\ r_3 - r_2}} \begin{pmatrix} 1 & 2 & 3 \\ 0 & -1 & -1 \\ 0 & 0 & 0 \end{pmatrix} \xrightarrow[r_1 - 2r_2]{r_2 \times (-1)} \begin{pmatrix} 1 & 0 & 1 \\ 0 & 1 & 1 \\ 0 & 0 & 0 \end{pmatrix},$$

可见, $r(A) = 2$, 且方程组(I)的通解为 $k\xi$, 其中 $\xi = (1, 1, -1)^T$, k 为任意常数.

由题设知, ξ 是方程组(II)的解, 代入方程组(II)得 $b = 1, c = 2$ 或 $b = 0, c = 1$.

当 $b = 0, c = 1$ 时, 可求得方程组(II)的系数矩阵 $B = \begin{pmatrix} 1 & 0 & 1 \\ 2 & 0 & 2 \end{pmatrix}$ 的秩为 1, 而 $r(A) = 2$, 由例 3.6.11 知, 方程组(II)与方程组(I)不同解, 这与题设矛盾, 故应排除 $b = 0, c = 1$.

当 $b = 1, c = 2$ 时, 方程组(II)的系数矩阵 $B = \begin{pmatrix} 1 & 1 & 2 \\ 2 & 1 & 3 \end{pmatrix}$ 的秩为 2, 而 $r\begin{pmatrix} A \\ B \end{pmatrix} = r(A) = 2$, 由例 3.6.11 知, 方程组(II)与方程组(I)同解, 因此, $a = c = 2$, $b = 1$.

例3.6.17 已知非齐次线性方程组

$$(I) \begin{cases} x_1 + x_2 - 2x_4 = -6, \\ 4x_1 - x_2 - x_3 - x_4 = 1, \\ 3x_1 - x_2 - x_3 = 3, \end{cases} \quad (II) \begin{cases} x_1 + mx_2 - x_3 - x_4 = -5, \\ nx_2 - x_3 - 2x_4 = -11, \\ x_3 - 2x_4 = 1 - t, \end{cases}$$

问参数 m, n, t 取何值时, 方程组(I)与方程组(II)同解.

解 解方程组(I)得其一个特解为 $\gamma_0 = (-2, -4, -5, 0)^T$, 导出组的一个基础解系为 $\xi = (1, 1, 2, 1)^T$, 因此, 方程组(I)的通解为 $\gamma_0 + k\xi$, 其中 k 为任意常数.

若方程组(I)与方程组(II)同解, 则 γ_0 是方程组(II)的一个解, 将 γ_0 代入方程组

(II)得 $\begin{cases} 3 - 4m = -5, \\ 5 - 4n = -11, \\ -5 = 1 - t, \end{cases}$ 解得 $m = 2, n = 4, t = 6$.

当 $m=2, n=4, t=6$ 时, 对方程组(II)的增广矩阵施行初等行变换化为行最简形, 即

$$\begin{pmatrix} 1 & 2 & -1 & -1 & -5 \\ 0 & 4 & -1 & -2 & -11 \\ 0 & 0 & 1 & -2 & -5 \end{pmatrix} \xrightarrow[\substack{r_2 \times \frac{1}{4} \\ r_1 - 2r_2}]{\substack{r_2 + r_3 \\ r_1 + r_3}} \begin{pmatrix} 1 & 0 & 0 & -1 & -2 \\ 0 & 1 & 0 & -1 & -4 \\ 0 & 0 & 1 & -2 & -5 \end{pmatrix},$$

可见, γ_0 是方程组(II)的一个特解, $\xi = (1,1,2,1)^T$ 是方程组(II)的导出组的一个基础解系, 由此得方程组 (II) 与方程组 (I) 有相同的通解表达式, 因此, 当 $m=2, n=4, t=6$ 时, 方程组(I)与方程组(II)同解.

注 3.6.3　例 3.6.15 和例 3.6.16 也可利用例 3.6.11 或例 3.6.12 求解, 例 3.6.17 也可利用例 3.6.14 求解.

5. 已知齐次线性方程组的通解(基础解系), 求齐次线性方程组

设矩阵 $A_{m \times n}$, $r(A) = r(r < n)$, 线性无关向量组 $\alpha_1, \alpha_2, \cdots, \alpha_{n-r}$ 是齐次线性方程组 $AX = 0$ 的一个基础解系, 则 $A(\alpha_1, \alpha_2, \cdots, \alpha_{n-r}) = O$, 两边求转置得 $BA^T = O$, 其中 $B = (\alpha_1, \alpha_2, \cdots, \alpha_{n-r})^T$, 令 $A^T = (\beta_1, \beta_2, \cdots, \beta_m)$, 则 $BA^T = B(\beta_1, \beta_2, \cdots, \beta_m) = O$, 即 A^T 的列向量(A 的行向量)都是 $BX = 0$ 的解, 这就给出了求以线性无关向量组 $\alpha_1, \alpha_2, \cdots, \alpha_{n-r}$ 为基础解系的齐次线性方程组 $AX = 0$ 的一种方法, 具体如下:

(1) 以所给的基础解系中向量的转置为行向量作矩阵 B;

(2) 解齐次线性方程组 $BX = 0$, 求出其一个基础解系, 以此基础解系中向量的转置为行向量作矩阵 A, 则 $AX = 0$ 为所求的一个齐次线性方程组, 用此方法所求的齐次线性方程组不唯一.

例 3.6.18　求以 $k_1\eta_1 + k_2\eta_2$ 为通解的一个齐次线性方程组, 其中 k_1, k_2 是任意常数,

$$\eta_1 = (2, -3, 1, 0)^T, \quad \eta_2 = (-2, 4, 0, 1)^T.$$

解　很显然, η_1, η_2 是所求齐次线性方程组的一个基础解系. 令 $A = (\eta_1, \eta_2)^T$, 解齐次线性方程组 $AX = 0$, 得其一个基础解系为 $\xi_1 = (1, 0, -2, 2)^T, \xi_2 = (0, 1, 3, -4)^T$. 令 $B = (\xi_1, \xi_2)^T$, 则 $BX = 0$ 为所求的一个齐次线性方程组.

注 3.6.4　例 3.6.18 也可从通解直接求解.

例 3.6.19　求以向量组 $\alpha_1 = (0, 1, 2, 3)^T, \alpha_2 = (3, 2, 1, 0)^T$ 为基础解系的所有齐次线性方程组 $BX = 0$, 其中 B 是秩为 2 的 2×4 矩阵.

解　很显然, 向量组 α_1, α_2 线性无关. 令 $A = (\alpha_1, \alpha_2)^T$, 解方程组 $AX = 0$, 得其通解为 $k\xi_1 + l\xi_2$, 其中 k, l 为任意常数, $\xi_1 = (1, -2, 1, 0)^T, \xi_2 = (2, -3, 0, 1)^T$.

取 $\gamma_1 = k_1\xi_1 + l_1\xi_2, \gamma_2 = k_2\xi_1 + l_2\xi_2$, 其中 k_1, l_1 和 k_2, l_2 为两组都不全为零的任意常数, 令

$$B = (\gamma_1, \gamma_2)^{\mathrm{T}} = \begin{pmatrix} k_1 + 2l_1 & -2k_1 - 3l_1 & k_1 & l_1 \\ k_2 + 2l_2 & -2k_2 - 3l_2 & k_2 & l_2 \end{pmatrix},$$

可见, 当 $k_1 l_2 \neq k_2 l_1$ 时, $r(B) = 2$, 于是满足条件的所有齐次线性方程组为 $BX = 0$,
其中 $B = (\gamma_1, \gamma_2)^{\mathrm{T}} = \begin{pmatrix} k_1 + 2l_1 & -2k_1 - 3l_1 & k_1 & l_1 \\ k_2 + 2l_2 & -2k_2 - 3l_2 & k_2 & l_2 \end{pmatrix}$, k_1, l_1 和 k_2, l_2 为两组都不全为零的
任意常数, 且 $k_1 l_2 \neq k_2 l_1$.

6. 已知非齐次线性方程组的通解(解集的一个极大无关组), 求非齐次线性方
程组

设线性无关向量组 $\alpha_1, \alpha_2, \cdots, \alpha_t$ 为非齐次线性方程组的解集合的一个极大无
关组, 由例 3.6.10 知, 向量组 $\alpha_1 - \alpha_t, \alpha_2 - \alpha_t, \cdots, \alpha_{t-1} - \alpha_t$ 线性无关, 且以 $\alpha_1 - \alpha_t,$
$\alpha_2 - \alpha_t, \cdots, \alpha_{t-1} - \alpha_t$ 为基础解系的齐次线性方程组 $BX = 0$ 为所求非齐次线性方程
组的导出组, 于是非齐次线性方程组 $BX = B\alpha_t$ 的解集合的一个极大无关组即为
$\alpha_1, \alpha_2, \cdots, \alpha_t$. 这就给出了求以线性无关向量组 $\alpha_1, \alpha_2, \cdots, \alpha_t$ 为其解集合的一个极
大无关组的非齐次线性方程组的一种方法, 用此方法所求的非齐次线性方程组不
唯一.

例 3.6.20 求一个以 $\gamma_0 + k\xi$ 为通解的非齐次线性方程组, 其中 k 为任意常数,
$$\gamma_0 = (-2,1,1)^{\mathrm{T}}, \quad \xi = (-1,2,0)^{\mathrm{T}}.$$

解 由题设和例 3.6.9 知, $\gamma_0, \gamma_0 + \xi$ 是所求非齐次线性方程组 $AX = \beta$ 的解集
的一个极大无关组. 令矩阵 $B = (\xi^{\mathrm{T}}) = (-1,2,0)$, 解齐次线性方程组 $BX = 0$ 得其一
个基础解系为 $\xi_1 = (2,1,0)^{\mathrm{T}}, \xi_2 = (0,0,1)^{\mathrm{T}}$. 令矩阵 $A = (\xi_1, \xi_2)^{\mathrm{T}}$, 则以 ξ 为基础解系
的齐次线性方程组为 $AX = 0$, 故所求非齐次线性方程组为 $AX = A\gamma_0$, 即
$$\begin{cases} 2x_1 + x_2 = -3, \\ x_3 = 1. \end{cases}$$

注 3.6.5 例 3.6.20 也可从通解直接求解.

例 3.6.21 设向量组 $\alpha_1 = \frac{1}{3}(2,0,1,0,0)^{\mathrm{T}}, \alpha_2 = (0,0,-1,-1,0)^{\mathrm{T}}, \alpha_3 = (-1,-1,0,0,$
$-1)^{\mathrm{T}}$.

(1) 求一个以 $\alpha_1, \alpha_2, \alpha_3$ 为其解集的极大无关组的一个非齐次线性方程组;

(2) 求以 $\alpha_1, \alpha_2, \alpha_3$ 为其解集的极大无关组的所有非齐次线性方程组
$BX = B\alpha_1$, 其中 B 是秩为 3 的 3×5 矩阵.

解 (1)不难证明向量组 $\alpha_1, \alpha_2, \alpha_3$ 线性无关. 由例 3.6.10 知,
$$\alpha_2 - \alpha_1 = -\frac{1}{3}(2,0,4,3,0)^{\mathrm{T}}, \quad \alpha_3 - \alpha_1 = -\frac{1}{3}(5,3,1,0,3)^{\mathrm{T}}$$

为所求非齐次线性方程组的导出组的一个基础解系.

$$\diamondsuit A=(\alpha_2-\alpha_1,\alpha_3-\alpha_1)^{\mathrm{T}}=\begin{pmatrix}-\dfrac{2}{3}&0&-\dfrac{4}{3}&-1&0\\[2mm]-\dfrac{5}{3}&-1&-\dfrac{1}{3}&0&-1\end{pmatrix},\ \text{解齐次线性方程组 } AX=0$$

得其一个基础解系为

$$\xi_1=(-2,3,1,0,0)^{\mathrm{T}},\quad \xi_2=\frac{1}{2}(-3,5,0,2,0)^{\mathrm{T}},\quad \xi_3=(0,-1,0,0,1)^{\mathrm{T}}.$$

$$\diamondsuit B=(\xi_1,\xi_2,\xi_3)^{\mathrm{T}}=\begin{pmatrix}-2&3&1&0&0\\[1mm]-\dfrac{3}{2}&\dfrac{5}{2}&0&1&0\\[1mm]0&-1&0&0&1\end{pmatrix},\ \beta=B\alpha_1=(-1,-1,0)^{\mathrm{T}},\ \text{则 } BX=\beta \text{ 为所}$$

求的一个非齐次线性方程组.

(2) 由(1)知,齐次线性方程组 $AX=0$ 的通解为 $k\xi_1+l\xi_2+m\xi_3$,其中 k,l,m 为任意常数. 取 $\gamma_1=k_1\xi_1+l_1\xi_2+m_1\xi_3,\gamma_2=k_2\xi_1+l_2\xi_2+m_2\xi_3,\gamma_3=k_3\xi_1+l_3\xi_2+m_3\xi_3,$ 即

$$\gamma_1=\left(-2k_1-\frac{3}{2}l_1,3k_1+\frac{5}{2}l_1-m_1,k_1,l_1,m_1\right)^{\mathrm{T}},$$
$$\gamma_2=\left(-2k_2-\frac{3}{2}l_2,3k_2+\frac{5}{2}l_2-m_2,k_2,l_2,m_2\right)^{\mathrm{T}},$$
$$\gamma_3=\left(-2k_3-\frac{3}{2}l_3,3k_3+\frac{5}{2}l_3-m_3,k_3,l_3,m_3\right)^{\mathrm{T}},$$

其中 $k_i,l_i,m_i(i=1,2,3)$ 为任意常数,令 $B=(\gamma_1,\gamma_2,\gamma_3)^{\mathrm{T}}$,由于当 $\begin{vmatrix}k_1&l_1&m_1\\k_2&l_2&m_2\\k_3&l_3&m_3\end{vmatrix}\neq0$ 时,

$r(B)=3$,故满足条件的所有非齐次线性方程组为 $BX=\beta$,其中

$$B=(\gamma_1,\gamma_2,\gamma_3)^{\mathrm{T}}=\begin{pmatrix}-2k_1-\dfrac{3}{2}l_1&3k_1+\dfrac{5}{2}l_1-m_1&k_1&l_1&m_1\\[2mm]-2k_2-\dfrac{3}{2}l_2&3k_2+\dfrac{5}{2}l_2-m_2&k_2&l_2&m_2\\[2mm]-2k_3-\dfrac{3}{2}l_3&3k_3+\dfrac{5}{2}l_3-m_3&k_3&l_3&m_3\end{pmatrix},$$

$k_i,l_i,m_i(i=1,2,3)$ 为满足 $\begin{vmatrix}k_1&l_1&m_1\\k_2&l_2&m_2\\k_3&l_3&m_3\end{vmatrix}\neq0$ 的任意常数.

检 测 题 3

一、选择题

1. 设三个平面两两相交, 交线互相平行, 它们的方程 $a_{i1}x + a_{i2}y + a_{i3}z = d_i (i=1,2,3)$ 组成的线性方程组的系数矩阵和增广矩阵分别记为 A 和 $\overline{A}$, 则( ).

(A) $r(A)=2, r(\overline{A})=3$ (B) $r(A)=r(\overline{A})=2$

(C) $r(A)=1, r(\overline{A})=2$ (D) $r(A)=r(\overline{A})=1$

2. (2010 年全国硕士研究生入学统一考试数学二、三真题) 设向量组(I) $\alpha_1, \alpha_2, \cdots, \alpha_r$ 可由向量组(II) $\beta_1, \beta_2, \cdots, \beta_s$ 线性表示,下列命题正确的是( ).

(A) 若向量组(I)线性无关, 则 $r \leqslant s$ (B) 若向量组(I)线性相关, 则 $r > s$

(C) 若向量组(II)线性无关, 则 $r \leqslant s$ (D) 若向量组(II)线相相关, 则 $r > s$

3. (2013 年全国硕士研究生入学统一考试数学一、二、三真题) 设 A, B, C 均为 n 阶矩阵, 若 $AB = C$, 且 B 可逆, 则( ).

(A) 矩阵 C 的行向量组与矩阵 A 的行向量组等价

(B) 矩阵 C 的列向量组与矩阵 A 的列向量组等价

(C) 矩阵 C 的行向量组与矩阵 B 的行向量组等价

(D) 矩阵 C 的列向量组与矩阵 B 的列向量组等价

4. 设 A 为 n 阶实方阵, 则对于线性方程组(I) $AX = 0$ 和(II) $A^TAX = 0$, 则必有( ).

(A) 方程组(I)与方程组(II)同解

(B) 方程组(II)的解都是方程组(I)的解, 但方程组(I)的解不是方程组(II)的解

(C) 方程组(I)的解不是方程组(II)的解, 且方程组(II)的解也不是方程组(I)的解

(D) 方程组(I)的解都是方程组(II)的解, 但方程组(II)的解不是方程组(I)的解

5. (2012 年全国硕士研究生入学统一考试数学一、二、三真题) 设向量组

$$\alpha_1 = (0,0,c_1)^T, \quad \alpha_2 = (0,1,c_2)^T, \quad \alpha_3 = (1,-1,c_3)^T, \quad \alpha_4 = (-1,1,c_4)^T,$$

其中 c_1, c_2, c_3, c_4 是任意常数, 则下列向量组线性相关的是( ).

(A) $\alpha_1, \alpha_2, \alpha_3$ (B) $\alpha_1, \alpha_2, \alpha_4$ (C) $\alpha_1, \alpha_3, \alpha_4$ (D) $\alpha_2, \alpha_3, \alpha_4$

6. (2019 年全国硕士研究生入学统一考试数学二、三真题) 设 A 是四阶矩阵, A^* 是 A 的伴随矩阵, 若线性方程组 $AX = 0$ 的基础解系中只有两个向量, 则 A^* 的秩是( ).

(A) 0   (B) 1   (C) 2   (D) 3

二、填空题

1. (2019 年全国硕士研究生入学统一考试数学三真题) 设 $A = \begin{pmatrix} 1 & 0 & -1 \\ 1 & 1 & -1 \\ 0 & 1 & a^2-1 \end{pmatrix}$,

$\beta = \begin{pmatrix} 0 \\ 1 \\ a \end{pmatrix}$, $AX = \beta$ 有无穷多解, 则 $a = $ _____.

2. 设 A 为 4×3 矩阵, η_1, η_2, η_3 为非齐次线性方程组 $AX = \beta$ 的三个线性无关的解, 则 $AX = \beta$ 的通解为 _____.

3. 设向量组 $\alpha_1 = (a,3,1,)^T, \alpha_2 = (2,b,3)^T, \alpha_3 = (1,2,1)^T, \alpha_4 = (2,3,1)^T$ 的秩为 2, 则 $a = $ _____, $b = $ _____.

4. (2019 年全国硕士研究生入学统一考试数学一真题) 设 $A = (\alpha_1, \alpha_2, \alpha_3)$ 为三阶矩阵, 若 α_1, α_2 线性无关, $\alpha_3 = -\alpha_1 + 2\alpha_2$, 则线性方程组 $AX = 0$ 的通解为 _____.

5. (2017 年全国硕士研究生入学统一考试数学一、三真题) 设 $A = \begin{pmatrix} 1 & 0 & 1 \\ 1 & 1 & 2 \\ 0 & 1 & 1 \end{pmatrix}$,

$\alpha_1, \alpha_2, \alpha_3$ 为线性无关的三维列向量, 则向量组 $A\alpha_1, A\alpha_2, A\alpha_3$ 的秩为 _____.

6. 设向量组 $\alpha_1, \alpha_2, \alpha_3$ 线性无关, 若向量组 $-\alpha_1 + l\alpha_2, -\alpha_2 + m\alpha_3, \alpha_1 - \alpha_3$ 线性无关, 则 l, m 应满足 _____.

三、计算题与证明题

1. 当 λ 取什么值时, 下列方程组无解, 有唯一解, 有无穷多解? 并在有无穷多解时, 求其通解.

(1) $\begin{cases} (1+\lambda)x_1 + x_2 + x_3 = 0, \\ x_1 + (1+\lambda)x_2 + x_3 = 3, \\ x_1 + x_2 + (1+\lambda)x_3 = \lambda; \end{cases}$
(2) $\begin{cases} (\lambda-2)x_1 - 2x_2 + 2x_3 = -1, \\ -2x_1 + (\lambda-5)x_2 + 4x_3 = -2, \\ 2x_1 + 4x_2 + (\lambda-5)x_3 = \lambda+1; \end{cases}$

(3) $\begin{cases} \lambda x_1 + x_2 + x_3 = 1, \\ x_1 + \lambda x_2 + x_3 = \lambda, \\ x_1 + x_2 + \lambda x_3 = \lambda^2; \end{cases}$
(4) $\begin{cases} (\lambda+3)x_1 + x_2 + 2x_3 = \lambda, \\ \lambda x_1 + (\lambda-1)x_2 + x_3 = 2\lambda, \\ 3(\lambda+1)x_1 + \lambda x_2 + (\lambda+3)x_3 = 3. \end{cases}$

2. 设线性方程组 $\begin{cases} x_1 + a_1 x_2 + a_1^2 x_3 = a_1^3, \\ x_1 + a_2 x_2 + a_2^2 x_3 = a_2^3, \\ x_1 + a_3 x_2 + a_3^2 x_3 = a_3^3, \\ x_1 + a_4 x_2 + a_4^2 x_3 = a_4^3. \end{cases}$

(1) 证明若 a_1, a_2, a_3, a_4 互不相等, 则此方程组无解;

(2) 设 $a_1 = a_3 = k, a_2 = a_4 = -k$, 其中 k 是任意非零常数, 且向量 $\beta_1 = (-1,1,1)^T$ 和 $\beta_2 = (1,1,-1)^T$ 都是此方程组的解, 求此方程组的通解.

3. 设向量组 $\alpha_1 = (1,1,a)^T, \alpha_2 = (-2,a,4)^T, \alpha_3 = (-2,a,a)^T$ 和向量 $\beta = (1,1,2)^T$.

(1) a 取何值时, β 不能由向量组 $\alpha_1, \alpha_2, \alpha_3$ 线性表示;

(2) a 取何值时, β 可由向量组 $\alpha_1, \alpha_2, \alpha_3$ 唯一线性表示;

(3) a 取何值时, β 可由向量组 $\alpha_1, \alpha_2, \alpha_3$ 线性表示, 且表示式不唯一, 并求其表示式.

4. 设向量组 $\alpha_1 = (a,2,10)^T, \alpha_2 = (-2,1,5)^T, \alpha_3 = (-1,1,4)^T$ 和向量 $\beta = (1,b,-1)^T$.

(1) a,b 取何值时, β 不能由向量组 $\alpha_1, \alpha_2, \alpha_3$ 线性表示;

(2) a,b 取何值时, β 可由向量组 $\alpha_1, \alpha_2, \alpha_3$ 唯一线性表示;

(3) a,b 取何值时, β 可由向量组 $\alpha_1, \alpha_2, \alpha_3$ 线性表示, 且表示式不唯一, 并求表示式.

5. 设向量组 $\alpha_1 = (1,1,1)^T, \alpha_2 = (0,1,1)^T, \alpha_3 = (1,-1,2)^T$ 不能由向量组
$$\beta_1 = (1,1,2)^T, \quad \beta_2 = (1,2,1)^T, \quad \beta_3 = (2,3,a)^T$$
线性表示, 求 a 的值, 并将向量组 $\beta_1, \beta_2, \beta_3$ 用向量组 $\alpha_1, \alpha_2, \alpha_3$ 线性表示.

6. 设量组
$$\text{(I)} \ \alpha_1 = (1,0,2)^T, \alpha_2 = (1,1,3)^T, \alpha_3 = (1,-1,a+2)^T,$$
$$\text{(II)} \ \beta_1 = (1,2,a+3)^T, \beta_2 = (2,1,a+6)^T, \beta_3 = (2,1,a+4)^T.$$

(1) a 取何值时, 向量组(I)与向量组(II)等价?

(2) a 取何值时, 向量组(I)与向量组(II)不等价?

7. 设向量组
$$\text{(I)} \ \alpha_1 = (1,2,3)^T, \alpha_2 = (3,2,5)^T, \alpha_3 = (1,1,a)^T,$$
$$\text{(II)} \ \beta_1 = (1,b,c)^T, \beta_2 = (2,b^2,c+1)^T.$$

(1) 求参数 a, 使得 $\alpha_1, \alpha_2, \alpha_3$ 线性相关;

(2) 当 $\alpha_1, \alpha_2, \alpha_3$ 线性相关时, 求参数 b 和 c, 使得向量组(I)与向量组(II)等价.

8. 设 A 是 $n \times m$ 矩阵, $\alpha_1, \alpha_2, \cdots, \alpha_n$ 是 n 维线性无关的行向量组, 证明 A 是行满秩矩阵的充分必要条件是向量组 $\alpha_1 A, \alpha_2 A, \cdots, \alpha_n A$ 线性无关.

9. 设向量组 $\alpha_1,\alpha_2,\cdots,\alpha_m$ 线性相关, 且 $\alpha_1 \neq 0$, 证明向量组 $\alpha_1,\alpha_2,\cdots,\alpha_m$ 中存在某个向量 $\alpha_k(1 \leqslant k \leqslant m-1)$, 使得 α_k 能由 $\alpha_1,\alpha_2,\cdots,\alpha_{k-1}$ 线性表示.

10. 已知向量组 $\beta_1=(0,1,-1)^T,\beta_2=(a,2,1)^T,\beta_3=(b,1,0)^T$ 与 $\alpha_1=(1,2,-3)^T,\alpha_2=(3,0,1)^T,\alpha_3=(9,6,-7)^T$ 有相同的秩, 且 β_3 可由向量组 $\alpha_1,\alpha_2,\alpha_3$ 线性表示, 求 a,b 的值.

11. 已知三阶方阵 A 与三维列向量 α 满足 $A^3\alpha=3A\alpha-A^2\alpha$, 且向量组 $\alpha,A\alpha,A^2\alpha$ 线性无关.

(1) 令 $P=(\alpha,A\alpha,A^2\alpha)$, 求三阶方阵 B, 使得 $AP=PB$;　(2) 求 $|A|$.

12. 设向量组 $\alpha_1,\alpha_2,\cdots,\alpha_s$ 线性无关, 证明向量组

$$\beta_1=\alpha_1,\beta_2=\alpha_1+\alpha_2,\beta_3=\alpha_1+\alpha_2+\alpha_3,\cdots,\beta_s=\alpha_1+\alpha_2+\cdots+\alpha_s$$

也线性无关.

13. 设向量组 $\alpha_1,\alpha_2,\cdots,\alpha_m(m \geqslant 2)$ 中 $\alpha_m \neq 0$, 证明对任意的数 $k_i(i=1,2,\cdots,m-1)$, 向量组 $\beta_1=\alpha_1+k_1\alpha_m,\beta_2=\alpha_2+k_2\alpha_m,\cdots,\beta_{m-1}=\alpha_{m-1}+k_{m-1}\alpha_m$ 线性无关的充分必要条件是向量组 $\alpha_1,\alpha_2,\cdots,\alpha_m$ 线性无关.

14. (1)设向量组

$$\beta_1=\alpha_2+\alpha_3+\cdots+\alpha_n,\beta_2=\alpha_1+\alpha_3+\cdots+\alpha_n,\cdots,\beta_n=\alpha_1+\alpha_2+\cdots+\alpha_{n-1},$$

证明向量组 $\alpha_1,\alpha_2,\cdots,\alpha_n$ 与向量组 $\beta_1,\beta_2,\cdots,\beta_n$ 等价;

(2) 已知向量组(I) $\alpha_1,\alpha_2,\cdots,\alpha_r$, (II) $\alpha_1,\alpha_2,\cdots,\alpha_r,\alpha_{r+1},\cdots,\alpha_s$ 有相同的秩, 证明向量组(I)与向量组(II)等价.

15. 已知向量组(I) $\alpha_1,\alpha_2,\alpha_3,\alpha_4$, (II) $\alpha_1,\alpha_2,\alpha_3,\alpha_5$ 的秩分别为 3, 4, 证明向量组(III) $\alpha_1,\alpha_2,\alpha_3,\alpha_5-\alpha_4$ 的秩等于 4.

16. 设 n 元齐次线性方程组 $\begin{cases}(1+a)x_1+x_2+\cdots+x_n=0,\\ 2x_1+(2+a)x_2+\cdots+2x_n=0,\\ \qquad\cdots\cdots\\ nx_1+nx_2+\cdots+(n+a)x_n=0,\end{cases}$ 其中 $n \geqslant 2$, 试问 a 取何值时, 方程组有非零解, 并求出其通解.

17. (2016 年全国硕士研究生入学统一考试数学二、三真题)　设矩阵 $A=\begin{pmatrix}1 & 1 & 1-a \\ 1 & 0 & a \\ a+1 & 1 & a+1\end{pmatrix}$, $\beta=\begin{pmatrix}0 \\ 1 \\ 2a-2\end{pmatrix}$, 且方程组 $AX=\beta$ 无解.

(1) 求 a 的值;

(2) 求方程组 $A^TAX=A^T\beta$ 的解.

18. (2012 年全国硕士研究生入学统一考试数学一、二、三真题)　设矩阵

$$A = \begin{pmatrix} 1 & a & 0 & 0 \\ 0 & 1 & a & 0 \\ 0 & 0 & 1 & a \\ a & 0 & 0 & 1 \end{pmatrix}, \quad \beta = \begin{pmatrix} 1 \\ -1 \\ 0 \\ 0 \end{pmatrix}.$$

(1) 求 $|A|$;

(2) 已知线性方程组 $AX = \beta$ 有无穷多解, 求 a, 并求其通解.

19. 设 $A = \begin{pmatrix} a & b & 2 \\ a & 2b-1 & 3 \\ a & b & b+1 \end{pmatrix}, \beta = \begin{pmatrix} 1 \\ 1 \\ 2b-1 \end{pmatrix}$. 若方程组 $AX = \beta$ 有两个不同解,

求 a, b 的值, 且求其通解.

20. (2008 年全国硕士研究生入学统一考试数学二真题)　设矩阵 $A =$

$\begin{pmatrix} 2a & 1 & & \\ a^2 & 2a & \ddots & \\ & \ddots & \ddots & 1 \\ & & a^2 & 2a \end{pmatrix}$, 矩阵 A 满足方程 $AX = \beta$, 其中 $X = (x_1, x_2, \cdots, x_n)^\mathrm{T}, \beta =$

$(1, 0, \cdots, 0)^\mathrm{T}$.

(1) 证明 $|A| = (n+1)a^n$;

(2) 当 a 为何值时, 该方程组有唯一解, 并求 x_1;

(3) 当 a 为何值时, 该方程组有无穷多解, 并求通解.

21. 已知非齐次线性方程组 $\begin{cases} x_1 + x_2 + x_3 + x_4 = -1, \\ 4x_1 + 3x_2 + 5x_3 - x_4 = -1, \\ ax_1 + x_2 + 3x_3 + bx_4 = 1 \end{cases}$ 有三个线性无关的解.

(1) 证明方程组系数矩阵 A 的秩等于 2;

(2) 求 a, b 的值及方程组的通解.

22. 设矩阵 $A = (\alpha_1, \alpha_2, \alpha_3, \alpha_4)$, 其中向量组 $\alpha_2, \alpha_3, \alpha_4$ 线性无关, $\alpha_1 = 2\alpha_2 - \alpha_3$.

向量 $\beta = \alpha_1 + \alpha_2 + \alpha_3 + \alpha_4$, 求方程组 $AX = \beta$ 的通解.

23. 设 $\alpha_i (i = 1, 2, \cdots, s)$ 都为 n 元非齐次线性方程组 $AX = \beta$ 的解, 证明对任意

数 $k_i (i = 1, 2, \cdots, s)$, $\sum\limits_{i=1}^{s} k_i \alpha_i$ 是方程组 $AX = 0$ 的解的充分必要条件是 $\sum\limits_{i=1}^{s} k_i = 0$.

24. 已知齐次线性方程组 (I) $\begin{cases} x_1 + x_2 - x_3 = 0, \\ x_2 + x_3 - x_4 = 0, \end{cases}$ 齐次线性方程组 (II) 的一个基础

解系为 $\xi_1 = (-1, 1, 2, 4)^\mathrm{T}$, $\xi_2 = (1, 0, 1, 1)^\mathrm{T}$.

(1) 求方程组(I)的一个基础解系;

(2) 求方程组(I)与(II)的全部非零公共解, 并将非零公共解分别用方程组(I)与(II)的基础解系线性表示.

25. 设线性方程组(I)$\begin{cases} x_1 + x_2 + x_3 = 0, \\ x_1 + 2x_2 + ax_3 = 0, \\ x_1 + 4x_2 + a^2 x_3 = a \end{cases}$ 与方程(II) $x_1 + 2x_2 + x_3 = a-1$ 有公共

解, 求 a 的值及所有公共解.

26. 已知齐次线性方程组 $\begin{cases} x_1 + 2x_2 + 3x_3 = 0, \\ 2x_1 + 3x_2 + 5x_3 = 0, \\ x_1 + x_2 + ax_3 = 0 \end{cases}$ 和 $\begin{cases} x_1 + bx_2 + cx_3 = 0, \\ 2x_1 + b^2 x_2 + (c+1)x_3 = 0 \end{cases}$ 同解,

求参数 a, b, c 的值.

27. 已知非齐次线性方程组(I) $\begin{cases} x_1 + x_2 - 2x_4 = -6, \\ 4x_1 - x_2 - x_3 - x_4 = 1, \\ 3x_1 - x_2 - x_3 = 3 \end{cases}$ (II) $\begin{cases} x_1 + mx_2 - x_3 - x_4 = -5, \\ nx_2 - x_3 - 2x_4 = -11, \\ x_3 - 2x_4 = 1-t. \end{cases}$

求参数 m, n, t 的值, 使方程组(I)与(II)同解.

28. (1) 求一个以 $k_1 \eta_1 + k_2 \eta_2$ 为通解的齐次线性方程组, 其中

$$\eta_1 = (2, -3, 1, 0)^{\mathrm{T}}, \quad \eta_2 = (-2, 4, 0, 1)^{\mathrm{T}};$$

(2) 求一个以 $\alpha_1 = (1, 0, 2, 3)^{\mathrm{T}}, \alpha_2 = (1, 1, 3, 5)^{\mathrm{T}}$ 为基础解系的齐次线性方程组;

(3) 求以 $\alpha_1 = (1, -1, 3, 2)^{\mathrm{T}}, \alpha_2 = (2, 1, 1, -3)^{\mathrm{T}}$ 为基础解系的所有齐次线性方程组 $BX = 0$, 其中 B 是秩为 2 的 2×4 矩阵.

29. 求以向量组 $\alpha_1 = \dfrac{1}{3}(2, 0, 1, 0, 0)^{\mathrm{T}}, \alpha_2 = (0, 0, -1, -1, 0)^{\mathrm{T}}, \alpha_3 = (-1, -1, 0, 0, -1)^{\mathrm{T}}$ 为解的一个非齐次线性方程组.

30. 求一个以 $\gamma_0 + k\xi$ 为通解的非齐次线性方程组 $AX = \beta$, 其中 $\gamma_0 = (2, 1, -2)^{\mathrm{T}}, \xi = (1, 2, -1)^{\mathrm{T}}, k$ 为任意常数, 矩阵 A 为 4×3 矩阵.

31. 已知三阶矩阵 A 的第一行为 (a, b, c), 其中 a, b, c 不全为零, 矩阵 $B = \begin{pmatrix} 1 & 2 & 3 \\ 2 & 4 & 6 \\ 3 & 6 & k \end{pmatrix}$ (k 为任意常数), 且满足 $AB = 0$, 求线性方程组 $AX = 0$ 的通解.

32. 设 $A = \begin{pmatrix} 1 & -2 & 3 & -1 \\ 0 & 1 & -1 & 1 \\ 1 & 2 & -1 & 7 \end{pmatrix}$.

(1) 求方程组 $AX = 0$ 的一个基础解系;

(2) 求出满足 $AB=E$ 的所有矩阵 B, 其中 E 为三阶单位矩阵;

(3) 是否存在满足 $BA=E$ 的矩阵 B? 若存在, 请求出满足 $BA=E$ 的所有矩阵 B, 其中 E 为四阶单位矩阵.

33. 设矩阵 $A=\begin{pmatrix} 1 & -1 & 1 \\ 3 & a & 2 \\ -1 & 1 & a \end{pmatrix}, B=\begin{pmatrix} -1 & 2 \\ -2 & a+2 \\ a+2 & -2 \end{pmatrix}$, 当 a 取何值时, 矩阵方程 $AX=B$ 无解, 有唯一解, 有无穷多解.

34. 设 $A=\begin{pmatrix} 0 & 1 \\ a & 1 \end{pmatrix}, B=\begin{pmatrix} b & 1 \\ 1 & 0 \end{pmatrix}$, 当 a,b 为何值时, 存在矩阵 C, 使得 $AC-CA=B$, 并求所有矩阵 C.

35. 已知平面上三条不同直线的方程分别为
$$l_1: ax+2by+3c=0,$$
$$l_2: bx+2cy+3a=0,$$
$$l_3: cx+2ay+3b=0.$$

证明这三条直线相交于一点的充分必要条件为 $a+b+c=0$.

第4章 向 量 空 间

4.1 向量空间的维数、基与坐标

4.1.1 基础理论

定义 4.1.1 设 V 是数域 P 上 n 维向量组成的非空集合, 若 V 对向量的加法运算和数乘运算封闭, 即

(1) 若 $\alpha, \beta \in V$, 则 $\alpha + \beta \in V$;

(2) 若 $\alpha \in V, k \in P$, 则 $k\alpha \in V$,

则称 V 为数域 P 上的向量空间. 若 $P = R$, 则称 V 为实向量空间.

定义 4.1.2 设 W 是数域 P 上向量空间 V 的一个非空子集, 若 W 关于 V 的两种运算也构成数域 P 上的向量空间, 则称 W 为 V 的一个子空间.

定理 4.1.1 设 W 是数域 P 上向量空间 V 的一个非空子集, 若 W 对 V 的加法和数乘运算封闭, 则 W 是 V 的一个子空间.

定义 4.1.3 设 V 为向量空间, 若 r 个向量 $\alpha_1, \alpha_2, \cdots, \alpha_r \in V$, 且满足

(1) $\alpha_1, \alpha_2, \cdots, \alpha_r$ 线性无关;

(2) V 中任一向量都可由 $\alpha_1, \alpha_2, \cdots, \alpha_r$ 线性表示,

那么向量组 $\alpha_1, \alpha_2, \cdots, \alpha_r$ 就称为向量空间 V 的一组基, r 称为向量空间 V 的维数, 记为 $\dim V = r$, 并称 V 为 r 维向量空间.

n 元齐次线性方程组 $AX = 0$ 的解集 W 是一个向量空间, 称为 $AX = 0$ 的解空间. 若 $AX = 0$ 有非零解, 则其一个基础解系就是 W 的一组基, $\dim W = n - r(A)$, 其中 $r = r(A)$. 数域 P 上 n 维向量空间 P^n 中任意 n 个线性无关的向量均可作为 P^n 的一组基, 任意 $n+1$ 个向量一定线性相关.

设 $\alpha_1, \alpha_2, \cdots, \alpha_r$ 是数域 P 上向量空间 V 中 r 个向量, 则

$$L(\alpha_1, \alpha_2, \cdots, \alpha_r) = \{k_1\alpha_1 + k_2\alpha_2 + \cdots + k_r\alpha_r \mid k_i \in P, i = 1, 2, \cdots, r\},$$

是 V 的一个子空间, 称为由 $\alpha_1, \alpha_2, \cdots, \alpha_r$ 所生成的子空间.

命题 4.1.1 设 $\alpha_1, \alpha_2, \cdots, \alpha_r$ 和 $\beta_1, \beta_2, \cdots, \beta_s$ 是向量空间 V 中两组向量, 则

(1) $L(\alpha_1, \alpha_2, \cdots, \alpha_r) = L(\beta_1, \beta_2, \cdots, \beta_s)$ 当且仅当向量组 $\alpha_1, \alpha_2, \cdots, \alpha_r$ 与向量组 $\beta_1, \beta_2, \cdots, \beta_s$ 等价;

(2) $L(\alpha_1, \alpha_2, \cdots, \alpha_r)$ 的一组基是向量组 $\alpha_1, \alpha_2, \cdots, \alpha_r$ 的一个极大无关组, 从而

其维数等于向量组 $\alpha_1, \alpha_2, \cdots, \alpha_r$ 的秩.

定义 4.1.4　若在 n 维向量空间 V 中取定一组基 $\alpha_1, \alpha_2, \cdots, \alpha_n$, 则 V 中任一向量 α 都可唯一地表示为 $\alpha = x_1\alpha_1 + x_2\alpha_2 + \cdots + x_n\alpha_n$, 其中系数 $x_1, x_2, \cdots, x_n$ 是由 α 和基 $\alpha_1, \alpha_2, \cdots, \alpha_n$ 唯一确定的, 称为向量 α 在基 $\alpha_1, \alpha_2, \cdots, \alpha_n$ 下的坐标, 记为 $(x_1, x_2, \cdots, x_n)^\mathrm{T}$.

定义 4.1.5　设 $\alpha_1, \alpha_2, \cdots, \alpha_n$ 和 $\beta_1, \beta_2, \cdots, \beta_n$ 是 P^n 的两组基, 它们的关系为

$$\begin{cases} \beta_1 = c_{11}\alpha_1 + c_{21}\alpha_2 + \cdots + c_{n1}\alpha_n, \\ \beta_2 = c_{12}\alpha_1 + c_{22}\alpha_2 + \cdots + c_{n2}\alpha_n, \\ \qquad\qquad \cdots\cdots \\ \beta_n = c_{1n}\alpha_1 + c_{2n}\alpha_2 + \cdots + c_{nn}\alpha_n, \end{cases}$$

用矩阵表示为

$$(\beta_1, \beta_2, \cdots, \beta_n) = (\alpha_1, \alpha_2, \cdots, \alpha_n)C, \tag{4.1.1}$$

其中 $C = (c_{ij})_n$, 则称矩阵 C 为由基 $\alpha_1, \alpha_2, \cdots, \alpha_n$ 到基 $\beta_1, \beta_2, \cdots, \beta_n$ 的过渡矩阵. 过渡矩阵 C 为可逆矩阵.

定理 4.1.2　设 $\alpha_1, \alpha_2, \cdots, \alpha_n$ 和 $\beta_1, \beta_2, \cdots, \beta_n$ 是 P^n 的两组基, C 是由基 $\alpha_1, \alpha_2, \cdots, \alpha_n$ 到基 $\beta_1, \beta_2, \cdots, \beta_n$ 的过渡矩阵, P^n 中向量 α 在这两组基下的坐标分别为 $X = (x_1, x_2, \cdots, x_n)^\mathrm{T}, Y = (y_1, y_2, \cdots, y_n)^\mathrm{T}$, 则

$$X = CY \text{ 或 } Y = C^{-1}X. \tag{4.1.2}$$

(4.1.1)式常称为基变换公式, (4.1.2)式常称为坐标变换公式.

4.1.2　题型与方法

1. 子空间(向量空间)的判定

例 4.1.1　设 $\mathbf{Z}$ 是整数集, 判断下列集合能否构成 $\mathbf{R}^n$ 的子空间.

(1) $V_1 = \left\{ (x_1, x_2, \cdots, x_{n-1}, x_n)^\mathrm{T} \in \mathbf{R}^n \middle| x_n = 0 \right\}$;

(2) $V_2 = \left\{ (x_1, x_2, \cdots, x_{n-1}, x_n)^\mathrm{T} \in \mathbf{R}^n \middle| x_i \in \mathbf{Z}, i = 1, 2, \cdots, n \right\}$.

分析　可根据定理 4.1.1 判断.

解　集合 $V_i (i = 1, 2)$ 都是向量空间 $\mathbf{R}^n$ 的非空子集.

(1) V_1 是 $\mathbf{R}^n$ 的子空间. 因为 $\forall \alpha = (a_1, a_2, \cdots, a_{n-1}, 0)^\mathrm{T}, \beta = (b_1, b_2, \cdots, b_{n-1}, 0)^\mathrm{T} \in V_1, k \in \mathbf{R}$, 有

$$\alpha + \beta = (a_1 + b_1, a_2 + b_2, \cdots, a_{n-1} + b_{n-1}, 0)^\mathrm{T} \in V_1,$$
$$k\alpha = (ka_1, ka_2, \cdots, ka_{n-1}, 0)^\mathrm{T} \in V_1.$$

(2) V_2 不是 $\mathbf{R}^n$ 的子空间. 因为 V_2 对数乘运算不封闭, 例如, 取 $\alpha = (1,1,\cdots,1)^{\mathrm{T}} \in V_2$, $k = \dfrac{1}{2}$, 但 $\dfrac{1}{2}\alpha = \dfrac{1}{2}(1,1,\cdots,1)^{\mathrm{T}} \notin V_2$.

2. 基、维数以及坐标

可利用定义 4.1.3, 也可利用向量组的极大无关组理论来判断(证明)向量空间 V 的一组向量是否是 V 的一组基, 而求 V 中向量 α 在 V 的一组基下的坐标可以转化为解线性方程组, 也可利用定理 4.1.2 求解.

例 4.1.2 设向量组 $\alpha_1 = (2,2,-1)^{\mathrm{T}}, \alpha_2 = (2,-1,2)^{\mathrm{T}}, \alpha_3 = (-1,2,2)^{\mathrm{T}}$, 证明向量组 $\alpha_1, \alpha_2, \alpha_3$ 是 R^3 的一组基, 并求向量 $\beta_1 = (1,0,-4)^{\mathrm{T}}, \beta_2 = (4,3,2)^{\mathrm{T}}$ 在此基下的坐标.

证明 令矩阵 $A = (\alpha_1, \alpha_2, \alpha_3), B = (\beta_1, \beta_2)$.

对矩阵 (A,B) 施行初等行变换化为行阶梯形矩阵 J

$$(A,B) = \begin{pmatrix} 2 & 2 & -1 & 1 & 4 \\ 2 & -1 & 2 & 0 & 3 \\ -1 & 2 & 2 & -4 & 2 \end{pmatrix} \xrightarrow[\substack{r_3-2r_1 \\ r_3-2r_2}]{\substack{r_1 \leftrightarrow r_3 \\ r_1 \times (-1) \\ r_2-2r_1}} \begin{pmatrix} 1 & -2 & -2 & 4 & -2 \\ 0 & 3 & 6 & -8 & 7 \\ 0 & 0 & -9 & 9 & -6 \end{pmatrix} = J,$$

可见, $r(A) = 3$, 所以向量组 $\alpha_1, \alpha_2, \alpha_3$ 线性无关, 从而是 $\mathbf{R}^3$ 的一组基.

设 β_1 和 β_2 在基 $\alpha_1, \alpha_2, \alpha_3$ 下的坐标分别为 $X_1 = (x_1,x_2,x_3)^{\mathrm{T}}$ 和 $X_2 = (y_1,y_2,y_3)^{\mathrm{T}}$, 则 $\begin{cases} x_1\alpha_1 + x_2\alpha_2 + x_3\alpha_3 = \beta_1, \\ y_1\alpha_1 + y_2\alpha_2 + y_3\alpha_3 = \beta_2, \end{cases}$ 令 $X = (X_1, X_2)$, 得矩阵方程 $AX = B$, 由 $r(A) = 3$ 知, A 是可逆矩阵, 因此, $X = A^{-1}B$.

进一步对 J 施行初等行变换可化为行最简形 $\begin{pmatrix} 1 & 0 & 0 & \dfrac{2}{3} & \dfrac{4}{3} \\ 0 & 1 & 0 & -\dfrac{2}{3} & 1 \\ 0 & 0 & 1 & -1 & \dfrac{2}{3} \end{pmatrix}$, 可见,

$X = A^{-1}B = \dfrac{1}{3}\begin{pmatrix} 2 & -2 & -3 \\ 4 & 3 & 2 \end{pmatrix}^{\mathrm{T}}$, 即 $X_1 = \dfrac{1}{3}(2,-2,-3)^{\mathrm{T}}, X_2 = \dfrac{1}{3}(4,3,2)^{\mathrm{T}}$, 因此, β_1, β_2 在基 $\alpha_1, \alpha_2, \alpha_3$ 下的坐标分别为 $\dfrac{1}{3}(2,-2,-3)^{\mathrm{T}}$, $\dfrac{1}{3}(4,3,2)^{\mathrm{T}}$.

例 4.1.3(2015 年全国硕士研究生入学统一考试数学一真题) 设 $\alpha_1, \alpha_2, \alpha_3$ 是 $\mathbf{R}^3$ 的一组基,

$$\beta_1 = 2\alpha_1 + 2k\alpha_3, \quad \beta_2 = 2\alpha_2, \quad \beta_3 = \alpha_1 + (k+1)\alpha_3.$$

(1) 证明 $\beta_1, \beta_2, \beta_3$ 为 $\mathbf{R}^3$ 的一组基;

(2) 当 k 为何值时, 存在非零向量 ξ 在基 $\alpha_1, \alpha_2, \alpha_3$ 和 $\beta_1, \beta_2, \beta_3$ 下的坐标相同, 并求出所有的 ξ.

(1) **证明** 由题设知, $(\beta_1, \beta_2, \beta_3) = (\alpha_1, \alpha_2, \alpha_3)C$, 其中 $C = \begin{pmatrix} 2 & 0 & 1 \\ 0 & 2 & 0 \\ 2k & 0 & k+1 \end{pmatrix}$. 计

算得 $|C| = 4 \neq 0$, 即 C 是可逆矩阵, 于是秩 $(\beta_1, \beta_2, \beta_3) =$ 秩 $(\alpha_1, \alpha_2, \alpha_3) = 3$, 因此, 向量组 $\beta_1, \beta_2, \beta_3$ 线性无关, 从而是 $\mathbf{R}^3$ 的一组基.

(2) **解** 由(1)的证明知, C 为由基 $\alpha_1, \alpha_2, \alpha_3$ 到基 $\beta_1, \beta_2, \beta_3$ 的过渡矩阵. 设非零向量 ξ 在基 $\alpha_1, \alpha_2, \alpha_3$ 下的坐标为 $X = (x_1, x_2, x_3)^{\mathrm{T}}$, 则 $X \neq 0$, 由坐标变换公式知, ξ 在基 $\beta_1, \beta_2, \beta_3$ 下的坐标为 $C^{-1}X$, 由题设知, $X = C^{-1}X$, 于是 $CX = X$, 即 $(C - E)X = 0$, 亦即 X 是以 $C - E$ 为系数矩阵的齐次线性方程组的非零解, 于是 $|C - E| = 0$, 而 $|C - E| = -k$, 故 $k = 0$.

当 $k = 0$ 时, 解齐次线性方程组 $(C - E)X = 0$, 得其通解为 $c\eta$, 其中 c 为任意常数, $\eta = (-1, 0, 1)^{\mathrm{T}}$. 由此得, $X = c\eta$, 其中 c 为任意非零常数, 且所有的非零向量 ξ 为

$$\xi = (\alpha_1, \alpha_2, \alpha_3)c\eta = -c\alpha_1 + c\alpha_3,$$

其中 c 为任意非零常数.

3. 生成子空间

可利用命题 4.1.1 求生成子空间的一组基与维数以及证明两个生成子空间相等.

例 4.1.4 在 $\mathbf{R}^4$ 中, 求由向量

$$\alpha_1 = (1, 0, 3, 1)^{\mathrm{T}}, \quad \alpha_2 = (2, 1, -2, 0)^{\mathrm{T}}, \quad \alpha_3 = (-1, -1, 5, 1)^{\mathrm{T}}$$

生成的子空间的一组基与维数.

解 令矩阵 $A = (\alpha_1, \alpha_2, \alpha_3)$, 对 A 施行初等行变换化为行阶梯形矩阵

$$A = \begin{pmatrix} 1 & 2 & -1 \\ 0 & 1 & -1 \\ 3 & -2 & 5 \\ 1 & 0 & 1 \end{pmatrix} \xrightarrow[r_4 - r_1]{r_3 - 3r_1} \begin{pmatrix} 1 & 2 & -1 \\ 0 & 1 & -1 \\ 0 & -8 & 8 \\ 0 & -2 & 2 \end{pmatrix} \xrightarrow[r_4 + 2r_2]{r_3 + 8r_2} \begin{pmatrix} 1 & 2 & -1 \\ 0 & 1 & -1 \\ 0 & 0 & 0 \\ 0 & 0 & 0 \end{pmatrix},$$

可见, 秩 $(\alpha_1, \alpha_2, \alpha_3) = 2$, α_1, α_2 为 $\alpha_1, \alpha_2, \alpha_3$ 的一个极大无关组, 故由命题 4.1.1 知, $L(\alpha_1, \alpha_2, \alpha_3)$ 的一组基为 α_1, α_2, 从而 $\dim L(\alpha_1, \alpha_2, \alpha_3) = 2$.

例 4.1.5 已知 R^4 中向量组 $\alpha_1 = (1, 1, 0, 0)^{\mathrm{T}}, \alpha_2 = (1, 0, 1, 1)^{\mathrm{T}}$ 和 $\beta_1 = (2, -1, 3, 3)^{\mathrm{T}}$,

$\beta_2 = (0,1,-1,-1)^T$, 证明 $L(\alpha_1,\alpha_2) = L(\beta_1,\beta_2)$.

证明 令矩阵 $A = (\alpha_1,\alpha_2)$, $B = (\beta_1,\beta_2)$, 对 (A,B) 施行初等行变换化为行阶梯形矩阵.

$$(A,B) = \begin{pmatrix} 1 & 1 & 2 & 0 \\ 1 & 0 & -1 & 1 \\ 0 & 1 & 3 & -1 \\ 0 & 1 & 3 & -1 \end{pmatrix} \xrightarrow[\substack{r_4+r_2}]{\substack{r_2-r_1 \\ r_3+r_2}} \begin{pmatrix} 1 & 1 & 2 & 0 \\ 0 & -1 & -3 & 1 \\ 0 & 0 & 0 & 0 \\ 0 & 0 & 0 & 0 \end{pmatrix},$$

可见, $r(A,B) = r(A) = r(B) = 2$, 由定理 3.3.3 知, 向量组 α_1,α_2 与向量组 β_1,β_2 等价, 因此, $L(\alpha_1,\alpha_2) = L(\beta_1,\beta_2)$.

4. 基变换与坐标变换

例 4.1.6(2019 年全国硕士研究生入学统一考试数学一真题) 设向量组
$$\alpha_1 = (1,2,1)^T, \quad \alpha_2 = (1,3,2)^T, \quad \alpha_3 = (1,a,3)^T$$
为 $\mathbf{R}^3$ 的一组基, 向量 $\beta = (1,1,1)^T$ 在基 $\alpha_1,\alpha_2,\alpha_3$ 下的坐标为 $(b,c,1)^T$.

(1) 求 a,b,c;

(2) 证明 α_2,α_3,β 为 $\mathbf{R}^3$ 的一组基, 并求由基 α_2,α_3,β 到基 $\alpha_1,\alpha_2,\alpha_3$ 的过渡矩阵.

解 (1) 由题设知, $\beta = b\alpha_1 + c\alpha_2 + \alpha_3$, 于是有 $\begin{cases} b+c+1=1, \\ 2b+3c+a=1, \\ b+2c+3=1, \end{cases}$ 即有

$$\begin{cases} b+c=0, \\ a+2b+3c=1, \\ b+2c=-2. \end{cases}$$

设上述线性方程组的系数矩阵和增广矩阵分别为 A 和 $\overline{A}$, 对 $\overline{A}$ 施行初等行变换化为行最简形

$$\overline{A} = \begin{pmatrix} 0 & 1 & 1 & 0 \\ 1 & 2 & 3 & 1 \\ 0 & 1 & 2 & -2 \end{pmatrix} \xrightarrow[\substack{r_2-r_3 \\ r_1-3r_3 \\ r_1-2r_2}]{\substack{r_1\leftrightarrow r_2}} \begin{pmatrix} 1 & 0 & 0 & 3 \\ 0 & 1 & 0 & 2 \\ 0 & 0 & 1 & -2 \end{pmatrix},$$

可见, $r(\overline{A}) = r(A) = 3$, 方程组有唯一解 $(3,2,-2)^T$, 即 $a=3, b=2, c=-2$.

(2) **证法一** 令 $B = (\alpha_2,\alpha_3,\beta)$, 则当 $a=3, b=2, c=-2$ 时, $B = \begin{pmatrix} 1 & 1 & 1 \\ 3 & 3 & 1 \\ 2 & 3 & 1 \end{pmatrix}$, 计算得 $|B| = 2 \neq 0$, 因此, 向量组 α_2,α_3,β 线性无关, 从而是 $\mathbf{R}^3$ 的一组基.

由(1)知，$\beta = 2\alpha_1 - 2\alpha_2 + \alpha_3$，于是

$$(\alpha_2, \alpha_3, \beta) = (\alpha_2, \alpha_3, 2\alpha_1 - 2\alpha_2 + \alpha_3) = (\alpha_1, \alpha_2, \alpha_3)C,$$

其中 $C = \begin{pmatrix} 0 & 0 & 2 \\ 1 & 0 & -2 \\ 0 & 1 & 1 \end{pmatrix}$，很显然，$C$ 可逆，于是 $(\alpha_1, \alpha_2, \alpha_3) = (\alpha_2, \alpha_3, \beta)C^{-1}$，即由基

$\alpha_2, \alpha_3, \beta$ 到基 $\alpha_1, \alpha_2, \alpha_3$ 的过渡矩阵为 $C^{-1} = \begin{pmatrix} 0 & 0 & 2 \\ 1 & 0 & -2 \\ 0 & 1 & 1 \end{pmatrix}^{-1} = \dfrac{1}{2}\begin{pmatrix} 2 & 2 & 0 \\ -1 & 0 & 2 \\ 1 & 0 & 0 \end{pmatrix}$.

证法二　由 (1) 知，$\beta = 2\alpha_1 - 2\alpha_2 + \alpha_3$，于是 $(\alpha_2, \alpha_3, \beta) = (\alpha_1, \alpha_2, \alpha_3)C$，其中

$C = \begin{pmatrix} 0 & 0 & 2 \\ 1 & 0 & -2 \\ 0 & 1 & 1 \end{pmatrix}$，很显然，$r(C) = 3$，于是由 $\alpha_1, \alpha_2, \alpha_3$ 线性无关知，秩 $(\alpha_2, \alpha_3, \beta) = $

$r(C) = 3$，$\alpha_2, \alpha_3, \beta$ 线性无关，从而是 $\mathbf{R}^3$ 的一组基.

由基 $\alpha_2, \alpha_3, \beta$ 到基 $\alpha_1, \alpha_2, \alpha_3$ 的过渡矩阵为 $C^{-1} = \dfrac{1}{2}\begin{pmatrix} 2 & 2 & 0 \\ -1 & 0 & 2 \\ 1 & 0 & 0 \end{pmatrix}$.

例 4.1.7　已知 $\mathbf{R}^3$ 的两组基分别为 $\alpha_1 = (1,1,1)^{\mathrm{T}}, \alpha_2 = (1,0,-1)^{\mathrm{T}}, \alpha_3 = (1,0,1)^{\mathrm{T}}$ 和

$$\beta_1 = (1,2,1)^{\mathrm{T}}, \quad \beta_2 = (2,3,4)^{\mathrm{T}}, \quad \beta_3 = (3,4,3)^{\mathrm{T}}.$$

(1) 求由基 $\alpha_1, \alpha_2, \alpha_3$ 到基 $\beta_1, \beta_2, \beta_3$ 的过渡矩阵;

(2) 若向量 α 在基 $\alpha_1, \alpha_2, \alpha_3$ 下的坐标为 $X = (1,-1,2)^{\mathrm{T}}$，求 α 在基 $\beta_1, \beta_2, \beta_3$ 下的坐标.

解　(1) 取 R^3 的基 $e_1 = (1,0,0)^{\mathrm{T}}, e_2 = (0,1,0)^{\mathrm{T}}, e_3 = (0,0,1)^{\mathrm{T}}$，则

$$(\alpha_1, \alpha_2, \alpha_3) = (e_1, e_2, e_3)A, (\beta_1, \beta_2, \beta_3) = (e_1, e_2, e_3)B,$$

其中 $A = \begin{pmatrix} 1 & 1 & 1 \\ 1 & 0 & 0 \\ 1 & -1 & 1 \end{pmatrix}, B = \begin{pmatrix} 1 & 2 & 3 \\ 2 & 3 & 4 \\ 1 & 4 & 3 \end{pmatrix}$，于是有 $(\beta_1, \beta_2, \beta_3) = (\alpha_1, \alpha_2, \alpha_3)A^{-1}B$，故由基

$\alpha_1, \alpha_2, \alpha_3$ 到 $\beta_1, \beta_2, \beta_3$ 的过渡矩阵为 $C = A^{-1}B$. 矩阵 (A, B) 经初等行变换可化为行

最简形矩阵 $\begin{pmatrix} 1 & 0 & 0 & 2 & 3 & 4 \\ 0 & 1 & 0 & 0 & -1 & 0 \\ 0 & 0 & 1 & -1 & 0 & -1 \end{pmatrix}$，可见，$C = A^{-1}B = \begin{pmatrix} 2 & 3 & 4 \\ 0 & -1 & 0 \\ -1 & 0 & -1 \end{pmatrix}$.

(2) 设 α 在基 $\beta_1, \beta_2, \beta_3$ 下的坐标为 $Y = (y_1, y_2, y_3)^{\mathrm{T}}$，则由(1)和定理 4.1.2 得

$Y = C^{-1}X$. 对 (C, X) 施行初等行变换可化为行最简形矩阵 $\begin{pmatrix} 1 & 0 & 0 & -3 \\ 0 & 1 & 0 & 1 \\ 0 & 0 & 1 & 1 \end{pmatrix}$, 可见,

$C^{-1}X = (-3, 1, 1)^{\mathrm{T}}$, 故 α 在基 $\beta_1, \beta_2, \beta_3$ 下的坐标为 $(-3, 1, 1)^{\mathrm{T}}$.

4.2 向量的内积、长度及正交性

4.2.1 基础理论

定义 4.2.1 设 α, β 为实数域 $\mathbf{R}$ 上的向量空间 $\mathbf{R}^n$ 中的任意两个向量,
$$\alpha = (x_1, x_2, \cdots, x_n)^{\mathrm{T}}, \quad \beta = (y_1, y_2, \cdots, y_n)^{\mathrm{T}},$$
则称实数 $x_1 y_1 + x_2 y_2 + \cdots + x_n y_n = \alpha^{\mathrm{T}} \beta$ 为向量 α 与 β 的内积, 记为 (α, β). 定义了内积的向量空间 $\mathbf{R}^n$ 称为欧几里得(Euclid)空间, 简称为欧氏空间.

性质 4.2.1 欧氏空间 $\mathbf{R}^n$ 的内积满足

(1) $(\alpha, \beta) = (\beta, \alpha)$;

(2) $(k\alpha, \beta) = k(\alpha, \beta)$;

(3) $(\alpha + \beta, \gamma) = (\alpha, \gamma) + (\beta, \gamma)$;

(4) $(\alpha, \alpha) \geqslant 0$, 且 $(\alpha, \alpha) = 0$ 当且仅当 $\alpha = 0$,

这里 α, β, γ 是 $\mathbf{R}^n$ 中任意向量, k 是任意实数.

定义 4.2.2 设 α 为欧氏空间 $\mathbf{R}^n$ 的一个向量, 则非负实数 $\sqrt{(\alpha, \alpha)}$ 称为向量 α 的长度, 记为 $|\alpha|$.

长度为 1 的向量称为单位向量, 若 $\alpha \neq 0$, 则 $\dfrac{\alpha}{|\alpha|}$ 是一个单位向量, 此过程称为把向量 α 单位化(标准化).

定义 4.2.3 设 α, β 是 $\mathbf{R}^n$ 中两个非零向量, $\arccos \dfrac{(\alpha, \beta)}{|\alpha| |\beta|}$ 称为向量 α 与 β 的夹角, 记为 $\langle \alpha, \beta \rangle$.

定义 4.2.4 设 α, β 是 $\mathbf{R}^n$ 中两个向量. 若 $(\alpha, \beta) = 0$, 则称向量 α 与 β 正交(互相垂直), 记为 $\alpha \perp \beta$.

定理 4.2.1 对 $\mathbf{R}^n$ 中任意两个向量 α, β, 恒有不等式
$$(\alpha, \beta)^2 \leqslant (\alpha, \alpha)(\beta, \beta) \tag{4.2.1}$$
成立, 且等号仅当 α, β 线性相关时成立.

(4.2.1)式通常称为柯西-施瓦茨(Cauchy-Schwarz)不等式.

定义 4.2.5　$\mathbf{R}^n$ 中一组两两正交的非零向量称为 $\mathbf{R}^n$ 的一个正交向量组, 由单位向量构成的正交向量组称为单位(标准)正交向量组.

定理 4.2.2　设 $\alpha_1, \alpha_2, \cdots, \alpha_s$ 是欧氏空间 $\mathbf{R}^n$ 的一个正交向量组, 则 $\alpha_1, \alpha_2, \cdots, \alpha_s$ 线性无关.

应注意: 定理 4.2.2 的逆命题不成立.

4.2.2　题型与方法

1. 向量的内积、长度和夹角

例 4.2.1　设欧氏空间 $\mathbf{R}^4$ 中的向量 $\alpha = (-1, \sqrt{2}, 1, 0)^{\mathrm{T}}, \beta = (2, 0, -3, 2\sqrt{3})^{\mathrm{T}}$, 求 $\langle \alpha, \beta \rangle$.

解　易得 $(\alpha, \beta) = -5, |\alpha| = 2, |\beta| = 5$, 故

$$\langle \alpha, \beta \rangle = \arccos \frac{(\alpha, \beta)}{|\alpha||\beta|} = \arccos -\frac{1}{2} = \frac{2}{3}\pi.$$

例 4.2.2　设 α, β 是欧氏空间 V 中的任意向量, 证明

(1) $|\alpha + \beta|^2 + |\alpha - \beta|^2 = 2|\alpha|^2 + 2|\beta|^2$;

(2) $|\alpha + \beta|^2 - |\alpha - \beta|^2 = 4(\alpha, \beta)$;

(3) $|\alpha + \beta| \leqslant |\alpha| + |\beta|$;

(4) $|\alpha| - |\beta| \leqslant |\alpha - \beta| \leqslant |\alpha| + |\beta|$.

证明　(1) $|\alpha + \beta|^2 + |\alpha - \beta|^2 = (\alpha + \beta, \alpha + \beta) + (\alpha - \beta, \alpha - \beta)$
$$= (\alpha, \alpha) + 2(\alpha, \beta) + (\beta, \beta) + (\alpha, \alpha) - 2(\alpha, \beta) + (\beta, \beta)$$
$$= 2|\alpha|^2 + 2|\beta|^2.$$

(2) $|\alpha + \beta|^2 - |\alpha - \beta|^2 = (\alpha + \beta, \alpha + \beta) - (\alpha - \beta, \alpha - \beta)$
$$= (\alpha, \alpha) + 2(\alpha, \beta) + (\beta, \beta) - (\alpha, \alpha)$$
$$+ 2(\alpha, \beta) - (\beta, \beta) = 4(\alpha, \beta).$$

(3) $|\alpha + \beta|^2 = (\alpha + \beta, \alpha + \beta) = (\alpha, \alpha) + 2(\alpha, \beta) + (\beta, \beta)$, 由(4.2.1)式得
$$|\alpha + \beta|^2 \leqslant (\alpha, \alpha) + 2\sqrt{(\alpha, \alpha)(\beta, \beta)} + (\beta, \beta) = (|\alpha| + |\beta|)^2,$$
故 $|\alpha + \beta| \leqslant |\alpha| + |\beta|$.

(4) 由(3)得 $|\alpha - \beta| = |\alpha + (-\beta)| \leqslant |\alpha| + |-\beta| = |\alpha| + |\beta|$, 由于
$$|\alpha| = |(\alpha - \beta) + \beta| \leqslant |\alpha - \beta| + |\beta|,$$
因此, $|\alpha| - |\beta| \leqslant |\alpha - \beta|$, 从而 $|\alpha| - |\beta| \leqslant |\alpha - \beta| \leqslant |\alpha| + |\beta|$.

2. 与正交向量(正交向量组)有关的题

例 4.2.3 已知 $\alpha_1 = (1,1,1)^{\mathrm{T}}, \alpha_2 = (1,-2,1)^{\mathrm{T}}$ 为向量空间 $\mathbf{R}^3$ 中一正交向量组, 试求 $\mathbf{R}^3$ 中非零向量 α_3, 使得 $\alpha_1, \alpha_2, \alpha_3$ 也是正交向量组.

解 设 $\mathbf{R}^3$ 中与 α_1, α_2 正交的非零向量 $\alpha_3 = (x_1, x_2, x_3)^{\mathrm{T}}$, 则 $(\alpha_i, \alpha_3) = 0 (i = 1, 2)$, 即 $\begin{cases} x_1 + x_2 + x_3 = 0, \\ x_1 - 2x_2 + x_3 = 0, \end{cases}$ 解此方程组得其通解为 $k\xi$, 其中 k 为任意实数, $\xi = (-1, 0, 1)^{\mathrm{T}}$, 故所求 $\mathbf{R}^3$ 中非零向量 $\alpha_3 = k\xi$, 其中 k 为任意非零实数, $\xi = (-1, 0, 1)^{\mathrm{T}}$.

例 4.2.4 设 n 维向量 α_1, α_2 和 α_3, α_4 都线性无关, 若 $(\alpha_i, \alpha_j) = 0 (i = 1, 2; j = 3, 4)$, 证明向量组 $\alpha_1, \alpha_2, \alpha_3, \alpha_4$ 线性无关.

证明 设有数 k_1, k_2, k_3, k_4, 使得 $k_1\alpha_1 + k_2\alpha_2 + k_3\alpha_3 + k_4\alpha_4 = 0$, 两边分别用 α_1, α_2 作内积得

$$k_1(\alpha_1, \alpha_1) + k_2(\alpha_1, \alpha_2) + k_3(\alpha_1, \alpha_3) + k_4(\alpha_1, \alpha_4) = 0,$$

$$k_1(\alpha_2, \alpha_1) + k_2(\alpha_2, \alpha_2) + k_3(\alpha_2, \alpha_3) + k_4(\alpha_2, \alpha_4) = 0,$$

由 $(\alpha_i, \alpha_j) = 0 (i = 1, 2; j = 3, 4)$ 得齐次线性方程组(I) $\begin{cases} k_1(\alpha_1, \alpha_1) + k_2(\alpha_1, \alpha_2) = 0, \\ k_1(\alpha_2, \alpha_1) + k_2(\alpha_2, \alpha_2) = 0, \end{cases}$ 因为

$$\begin{vmatrix} (\alpha_1, \alpha_1) & (\alpha_1, \alpha_2) \\ (\alpha_2, \alpha_1) & (\alpha_2, \alpha_2) \end{vmatrix} = (\alpha_1, \alpha_1)(\alpha_2, \alpha_2) - (\alpha_1, \alpha_2)^2 > 0,$$

所以方程组(I)只有零解, 于是 $k_1 = k_2 = 0$, 由此得, $k_3\alpha_3 + k_4\alpha_4 = 0$, 由 α_3, α_4 线性无关得 $k_3 = k_4 = 0$, 故向量组 $\alpha_1, \alpha_2, \alpha_3, \alpha_4$ 线性无关.

4.3 标准正交基

4.3.1 基础理论

定义 4.3.1 在 $\mathbf{R}^n$ 中, 由 n 个向量组成的正交向量组称为正交基, 由单位向量组成的正交基, 称为标准正交基.

$\alpha_1, \alpha_2, \cdots, \alpha_n$ 为 $\mathbf{R}^n$ 的一组标准正交基的充分必要条件是

$$(\alpha_i, \alpha_j) = \begin{cases} 1, & i = j \\ 0, & i \neq j \end{cases} (i, j = 1, 2, \cdots, n).$$

定理 4.3.1 对于 n 维向量空间中任意一组基 $\alpha_1, \alpha_2, \cdots, \alpha_n$, 都可找到一组标准正交基 $\eta_1, \eta_2, \cdots, \eta_n$, 使得 $L(\eta_1, \eta_2, \cdots, \eta_i) = L(\alpha_1, \alpha_2, \cdots, \alpha_i) (i = 1, 2, \cdots, n)$.

将任意一组基 $\alpha_1, \alpha_2, \cdots, \alpha_n$ 改造为标准正交基 $\eta_1, \eta_2, \cdots, \eta_n$ 的方法, 称为施密

特(Schmidt)正交化方法，具体如下

(1) 正交化. 取

$$\beta_1 = \alpha_1,$$

$$\beta_2 = \alpha_2 - \frac{(\alpha_2, \beta_1)}{(\beta_1, \beta_1)} \beta_1,$$

$$\cdots\cdots$$

$$\beta_i = \alpha_i - \frac{(\alpha_i, \beta_1)}{(\beta_1, \beta_1)} \beta_1 - \frac{(\alpha_i, \beta_2)}{(\beta_2, \beta_2)} \beta_2 - \cdots - \frac{(\alpha_i, \beta_{i-1})}{(\beta_{i-1}, \beta_{i-1})} \beta_{i-1} \quad (i = 1, 2, \cdots, n),$$

则 $\beta_1, \beta_2, \cdots, \beta_n$ 为 V 的一组正交基.

(2) 单位化. 令 $\eta_i = \dfrac{\beta_i}{|\beta_i|} (i = 1, 2, \cdots, n)$，则 $\eta_1, \eta_2, \cdots, \eta_n$ 为 V 的一组标准正交基.

上述施密特正交化方法也可将线性无关向量组改造为单位正交向量组.

4.3.2　题型与方法

1. 求标准正交基(单位正交向量组)

可利用施密特正交化方法化一组基(线性无关向量组)为一组标准正交基(单位正交向量组).

例 4.3.1　将 $\mathbf{R}^4$ 中线性无关向量组 $\alpha_1 = (1,1,0,0)^{\mathrm{T}}, \alpha_2 = (1,0,1,0)^{\mathrm{T}}, \alpha_3 = (-1,0,0,1)^{\mathrm{T}}$ 化为一个单位正交向量组.

解　取

$$\beta_1 = \alpha_1,$$

$$\beta_2 = \alpha_2 - \frac{(\alpha_2, \beta_1)}{(\beta_1, \beta_1)} \beta_1 = \frac{1}{2}(1, -1, 2, 0)^{\mathrm{T}},$$

$$\beta_3 = \alpha_3 - \frac{(\alpha_3, \beta_1)}{(\beta_1, \beta_1)} \beta_1 - \frac{(\alpha_3, \beta_2)}{(\beta_2, \beta_2)} \beta_2 = \frac{1}{3}(-1, 1, 1, 3)^{\mathrm{T}},$$

再将 $\beta_1, \beta_2, \beta_3$ 单位化，得

$$\eta_1 = \frac{\beta_1}{|\beta_1|} = \frac{1}{\sqrt{2}}(1, 1, 0, 0)^{\mathrm{T}}, \quad \eta_2 = \frac{\beta_2}{|\beta_2|} = \frac{1}{\sqrt{6}}(1, -1, 2, 0)^{\mathrm{T}}, \quad \eta_3 = \frac{\beta_3}{|\beta_3|} = \frac{1}{2\sqrt{3}}(-1, 1, 1, 3)^{\mathrm{T}},$$

则 η_1, η_2, η_3 为所求 $\mathbf{R}^4$ 的一个单位正交向量组.

例 4.3.2　已知 $\mathbf{R}^3$ 中向量 $\alpha_1 = (1, -1, 1)^{\mathrm{T}}$，在 $\mathbf{R}^3$ 中，求单位向量 α_2, α_3，使得 $\alpha_1, \alpha_2, \alpha_3$ 是 $\mathbf{R}^3$ 的一组正交基，并将所求正交基化为一组标准正交基.

解　设 $\mathbf{R}^3$ 中与 α_1 正交的任一非零向量为 $\beta = (x_1, x_2, x_3)^{\mathrm{T}}$，则 $(\alpha_1, \beta) = 0$，即有 $x_1 - x_2 + x_3 = 0$，解得此方程组的一个基础解系为 $\xi_1 = (1, 1, 0)^{\mathrm{T}}, \xi_2 = (-1, 0, 1)^{\mathrm{T}}$.

先将 ξ_1,ξ_2 正交化得 $\beta_2=\xi_1=(1,1,0)^T,\beta_3=\xi_2-\dfrac{(\xi_2,\beta_2)}{(\beta_2,\beta_2)}\beta_2=\dfrac{1}{2}(-1,1,2)^T$，再将

β_2,β_3 单位化得所求单位向量 $\alpha_2=\dfrac{\beta_2}{|\beta_2|}=\dfrac{1}{\sqrt2}(1,1,0)^T,\alpha_3=\dfrac{\beta_3}{|\beta_3|}=\dfrac{1}{\sqrt6}(-1,1,2)^T$.

将 α_1 单位化得 $\mathbf{R}^3$ 的一组标准正交基为

$$\eta_1=\frac{\alpha_1}{|\alpha_1|}=\frac{1}{\sqrt3}(1,-1,1)^T,\quad \alpha_2=\frac{1}{\sqrt2}(1,1,0)^T,\quad \alpha_3=\frac{1}{\sqrt6}(-1,1,2)^T.$$

2. 与齐次线性方程组的解空间有关的题

例 4.3.3 求方程组(I) $\begin{cases}x_1-x_3+x_4=0,\\x_2-x_4=0\end{cases}$ 的解空间 W 的一组标准正交基，并在

$\mathbf{R}^4$ 中求与 W 中的所有向量都正交的向量.

解 解方程组(I),得其一个基础解系为 $\xi_1=(1,0,1,0)^T,\xi_2=(-1,1,0,1)^T$，即得解空间 W 的一组基为 ξ_1,ξ_2.

将 ξ_1,ξ_2 正交化得 $\beta_1=\xi_1,\beta_2=\xi_2-\dfrac{(\xi_2,\beta_1)}{(\beta_1,\beta_1)}\beta_1=\dfrac{1}{2}(-1,2,1,2)^T$.

再将 β_1,β_2 单位化得方程组(I)的解空间 W 的一组标准正交基为

$$\eta_1=\frac{\beta_1}{|\beta_1|}=\frac{1}{\sqrt2}(1,0,1,0)^T,\quad \eta_2=\frac{\beta_2}{|\beta_2|}=\frac{1}{\sqrt{10}}(-1,2,1,2)^T.$$

设 $\mathbf{R}^4$ 中与方程组(I)的解空间 W 中的所有向量都正交的任一向量为 $\alpha=(x_1,x_2,x_3,x_4)^T$，则 $(\alpha,\eta_i)=0(i=1,2)$，于是得齐次线性方程组(II) $\begin{cases}x_1+x_3=0,\\-x_1+2x_2+x_3+2x_4=0,\end{cases}$ 解方程组(II)得其一个基础解系为 $\alpha_1=(1,1,-1,0)^T,\alpha_2=(0,1,0,-1)^T$，故 $\mathbf{R}^4$ 中与方程组(I)的解空间 W 中的所有向量都正交的向量为 $k_1\alpha_1+k_2\alpha_2$，其中 k_1,k_2 是任意实数.

例 4.3.4 设 B 是秩为 2 的 5×4 矩阵，向量

$$\alpha_1=(1,1,2,3)^T,\quad \alpha_2=(-1,1,4,-1)^T,\quad \alpha_3=(5,-1,-8,9)^T$$

都是齐次线性方程组 $BX=0$ 的解，求 $BX=0$ 的解空间 W 的一组标准正交基.

分析 先求出方程组 $BX=0$ 的解空间的一组基，再将其化为一组标准正交基即可.

解 由 $r(B)=2$ 知，$\dim W=2$，由 α_1,α_2 线性无关知，α_1,α_2 是 W 的一组基.

将 α_1, α_2 正交化得 $\beta_1 = \alpha_1, \beta_2 = \alpha_2 - \dfrac{(\alpha_2, \beta_1)}{(\beta_1, \beta_1)} \beta_1 = \dfrac{2}{3}(-2, 1, 5, -3)^{\mathrm{T}}$.

再将 β_1, β_2 单位化得 $BX = 0$ 的解空间 W 的一组标准正交基为

$$\eta_1 = \frac{\beta_1}{|\beta_1|} = \frac{1}{\sqrt{15}}(1, 1, 2, 3)^{\mathrm{T}}, \quad \eta_2 = \frac{\beta_2}{|\beta_2|} = \frac{1}{\sqrt{39}}(-2, 1, 5, -3)^{\mathrm{T}}.$$

4.4　正　交　矩　阵

4.4.1　基础理论

定义 4.4.1　n 阶实矩阵 A 称为正交矩阵, 若 $A^{\mathrm{T}}A = E$.

性质 4.4.1　若 A 是正交矩阵, 则

(1) $|A| = 1$ 或 -1;

(2) $A^{-1} = A^{\mathrm{T}}$, 且 $A^{-1}(A^{\mathrm{T}})$ 也是正交矩阵.

性质 4.4.2　若 A, B 都是 n 阶正交矩阵, 则 AB 也是正交矩阵.

命题 4.4.1　n 阶实矩阵 A 为正交矩阵的充分必要条件是 A 的行(列)向量组是 $\mathbf{R}^n$ 的标准正交基.

命题 4.4.2　设 $\alpha_1, \alpha_2, \cdots, \alpha_n$ 是 $\mathbf{R}^n$ 的一组标准正交基, $\beta_1, \beta_2, \cdots, \beta_n$ 是 $\mathbf{R}^n$ 的一组基, 由基 $\alpha_1, \alpha_2, \cdots, \alpha_n$ 到基 $\beta_1, \beta_2, \cdots, \beta_n$ 的过渡矩阵为 C, 则 $\beta_1, \beta_2, \cdots, \beta_n$ 为 $\mathbf{R}^n$ 的一组标准正交基的充分必要条件是 C 为正交矩阵.

4.4.2　题型与方法

1. **正交矩阵的证明(判断)**

例 4.4.1　设 A, B 分别为 m 阶和 n 阶正交矩阵, 证明

(1) 对任意的实数 k, 若 $|k| = 1$, 则 kA 是正交矩阵;

(2) A 的伴随矩阵 A^* 是正交矩阵;

(3) $\begin{pmatrix} A & O \\ O & B \end{pmatrix}$ 是正交矩阵.

证明　(1) 由题设知, $AA^{\mathrm{T}} = E$, 于是 $(kA)(kA)^{\mathrm{T}} = k^2(AA^{\mathrm{T}}) = k^2 E$, 由 $|k| = 1$ 得 $(kA)(kA)^{\mathrm{T}} = E$, 故 kA 是正交矩阵.

(2) 由性质 4.4.1 知, A 可逆, 于是 A^* 也可逆, 且 $A^* = |A|A^{-1} = \pm A^{-1}$, 由(1)和 A^{-1} 是正交矩阵知, A^* 是正交矩阵.

(3) 由题设知, $A^T = A^{-1}$, $B^T = B^{-1}$, 于是

$$\begin{pmatrix} A & O \\ O & B \end{pmatrix}^T = \begin{pmatrix} A^T & O \\ O & B^T \end{pmatrix} = \begin{pmatrix} A^{-1} & O \\ O & B^{-1} \end{pmatrix} = \begin{pmatrix} A & O \\ O & B \end{pmatrix}^{-1},$$

故 $\begin{pmatrix} A & O \\ O & B \end{pmatrix}$ 是正交矩阵.

例 4.4.2 设 A 为 n 阶实对称矩阵, 即 $A^T = A$, 且满足 $A^2 - 6A + 8E = O$, 证明 $A - 3E$ 为对称的正交矩阵.

证明 由题设知, $A - 3E$ 是实对称矩阵, $A^2 - 6A + 9E = E$, 于是

$$(A - 3E)^T (A - 3E) = (A - 3E)(A - 3E) = A^2 - 6A + 9E = E,$$

即 $A - 3E$ 是正交矩阵, 故 $A - 3E$ 是对称的正交矩阵.

2. 正交矩阵的性质、构造及应用

例 4.4.3 在 $\mathbf{R}^n$ 中, 证明对任意的 $\alpha \in \mathbf{R}^n$ 和任意 n 阶正交矩阵 A, 都有 $|A\alpha| = |\alpha|$.

证明 因为

$$|A\alpha|^2 = (A\alpha, A\alpha) = (A\alpha)^T (A\alpha) = \alpha^T (A^T A)\alpha = \alpha^T E\alpha = \alpha^T \alpha = (\alpha, \alpha) = |\alpha|^2,$$

所以 $|A\alpha| = |\alpha|$.

例 4.4.4 设 $A = (a_{ij})$ 为 n 阶正交矩阵, A_{ij} 为 $|A|$ 中元素 a_{ij} 的代数余子式, 证明 $A_{ij} = \pm a_{ij}$.

证明 由 A 为正交矩阵知, $A^{-1} = A^T$, 且 $|A| = \pm 1$, 于是 $A^* = |A|A^{-1} = \pm A^{-1} = \pm A^T$, 即有 $(A_{ji})^T = \pm (a_{ij})$, 从而 $(A_{ij}) = (\pm a_{ij})$, 故 $A_{ij} = \pm a_{ij}$.

例 4.4.5 设 A, B 均为 n 阶正交矩阵, 且 $|AB| = -1$, 证明

(1) $|A + B| = 0$;

(2) 若 n 为偶数, 则 $|A - B| = 0$.

证明 (1) 由题设知, $A^T A = AA^T = E, B^T B = BB^T = E$, 且 $|A| = \pm 1, |B| = \pm 1$, 而由 $|AB| = -1$ 知, $|A|$ 与 $|B|$ 符号相反, 即 $|A| = -|B|$, 于是

$$|A + B| = |BB^T A + BA^T A| = |B||B^T + A^T||A| = -|B|^2|B^T + A^T| = -|A + B|,$$

故 $|A + B| = 0$.

(2) 类似(1)有

$$|A-B|=\left|BB^{\mathrm{T}}A-BA^{\mathrm{T}}A\right|=|B|\left|B^{\mathrm{T}}-A^{\mathrm{T}}\right||A|$$
$$=-|B|^2\left|B^{\mathrm{T}}-A^{\mathrm{T}}\right|=-|B-A|=(-1)^{n+1}|A-B|,$$

由 n 为偶数得 $|A-B|=-|A-B|$，故 $|A-B|=0$.

例 4.4.6 给定 $\mathbf{R}^3$ 中的单位向量 $\alpha_1=\dfrac{1}{\sqrt{3}}(1,1,-1)^{\mathrm{T}}$，求一个以 α_1 为第一列向量的三阶正交矩阵.

分析 只需在 $\mathbf{R}^3$ 中求一个与向量 α_1 正交的单位正交向量组即可.

解 设 $\mathbf{R}^3$ 中与 α_1 正交的任一向量为 $\beta=(x_1,x_2,x_3)^{\mathrm{T}}$，则 $(\alpha_1,\beta)=0$，即有齐次线性方程组 $x_1+x_2-x_3=0$，解得其一个基础解系为 $\xi_1=(-1,1,0)^{\mathrm{T}},\xi_2=(1,0,1)^{\mathrm{T}}$.

先将 ξ_1,ξ_2 正交化，再单位化，得 $\mathbf{R}^3$ 中与 α_1 正交的一个单位正交向量组为

$$\alpha_2=\frac{1}{\sqrt{2}}(-1,1,0)^{\mathrm{T}},\quad \alpha_3=\frac{1}{\sqrt{6}}(1,1,2)^{\mathrm{T}},$$

故所求正交矩阵为 $A=(\alpha_1,\alpha_2,\alpha_3)$.

例 4.4.7 设 $\alpha_1,\alpha_2,\alpha_3$ 是 $\mathbf{R}^3$ 的一组标准正交基，证明

$$\beta_1=\frac{1}{3}(2\alpha_1+2\alpha_2-\alpha_3),\quad \beta_2=\frac{1}{3}(2\alpha_1-\alpha_2+2\alpha_3),\quad \beta_3=\frac{1}{3}(\alpha_1-2\alpha_2-2\alpha_3)$$

也是 $\mathbf{R}^3$ 的一组标准正交基.

证明 由题设得 $(\beta_1,\beta_2,\beta_3)=(\alpha_1,\alpha_2,\alpha_3)A$，其中 $A=\dfrac{1}{3}\begin{pmatrix}2 & 2 & 1\\ 2 & -1 & -2\\ -1 & 2 & -2\end{pmatrix}$. 由于

$$A^{\mathrm{T}}A=\frac{1}{9}\begin{pmatrix}2 & 2 & -1\\ 2 & -1 & 2\\ 1 & -2 & -2\end{pmatrix}\begin{pmatrix}2 & 2 & 1\\ 2 & -1 & -2\\ -1 & 2 & -2\end{pmatrix}=E,$$

因此，A 是正交矩阵，由命题 4.4.2 得 β_1,β_2,β_3 是 $\mathbf{R}^3$ 的一组标准正交基.

例 4.4.8 设三阶正交矩阵 $A=(\alpha_{ij})$ 中元素 $\alpha_{22}=-1$，向量 $\beta=(0,1,0)^{\mathrm{T}}$，求线性方程组 $AX=\beta$ 和 $YA=\beta^{\mathrm{T}}$ 的解.

解 由题设得 $a_{21}^2+(-1)^2+a_{23}^2=1,a_{12}^2+(-1)^2+a_{32}^2=1$，于是 $a_{21}=a_{23}=a_{12}=a_{32}=0$，从而 $A=\begin{pmatrix}a_{11} & 0 & a_{13}\\ 0 & -1 & 0\\ a_{31} & 0 & a_{33}\end{pmatrix}$，由性质 4.4.1 知，$A$ 可逆，且 $A^{-1}=A^{\mathrm{T}}$，故方程组 $AX=\beta$ 和 $YA=\beta^{\mathrm{T}}$ 都有唯一解，且它们的唯一解分别为

$$X = A^{-1}\beta = A^{\mathrm{T}}\beta = \begin{pmatrix} a_{11} & 0 & a_{31} \\ 0 & -1 & 0 \\ a_{13} & 0 & a_{33} \end{pmatrix} \begin{pmatrix} 0 \\ 1 \\ 0 \end{pmatrix} = \begin{pmatrix} 0 \\ -1 \\ 0 \end{pmatrix} = -\beta,$$

$$Y = \beta^{\mathrm{T}} A^{-1} = \beta^{\mathrm{T}} A^{\mathrm{T}} = (0,1,0) \begin{pmatrix} a_{11} & 0 & a_{31} \\ 0 & -1 & 0 \\ a_{13} & 0 & a_{33} \end{pmatrix} = (0,-1,0) = -\beta^{\mathrm{T}}.$$

检 测 题 4

一、选择题

1. 在向量空间 $\mathbf{R}^4$ 中，与向量 $\alpha_1 = (1,-1,1,0)^{\mathrm{T}}, \alpha_2 = (2,1,3,-1)^{\mathrm{T}}, \alpha_3 = (-1,1,-1,-1)^{\mathrm{T}}$ 都正交的向量形成的子空间的维数为(　　).

(A) 1　　　　　　(B) 2　　　　　　(C) 3　　　　　　(D) 4

2. (2009 年全国硕士研究生入学统一考试数学一真题) 设 $\alpha_1, \alpha_2, \alpha_3$ 是向量空间 $\mathbf{R}^3$ 的一组基, 则由基 $\alpha_1, \dfrac{1}{2}\alpha_2, \dfrac{1}{3}\alpha_3$ 到基 $\alpha_1 + \alpha_2, \alpha_2 + \alpha_3, \alpha_3 + \alpha_1$ 的过渡矩阵为(　　).

(A) $\begin{pmatrix} 1 & 0 & 1 \\ 2 & 2 & 0 \\ 0 & 3 & 3 \end{pmatrix}$ 　　　　　　(B) $\begin{pmatrix} 1 & 2 & 0 \\ 0 & 2 & 3 \\ 1 & 0 & 3 \end{pmatrix}$

(C) $\dfrac{1}{12}\begin{pmatrix} 6 & 3 & -2 \\ -6 & 3 & 2 \\ 6 & -3 & 2 \end{pmatrix}$ 　　　(D) $\dfrac{1}{12}\begin{pmatrix} 6 & -6 & 6 \\ 3 & 3 & -3 \\ -2 & 2 & 2 \end{pmatrix}$

3. 设 $\alpha_1, \alpha_2, \alpha_3$ 是向量空间 $\mathbf{R}^3$ 的一组标准正交基,下列向量组中是 $\mathbf{R}^3$ 的标准正交基的是(　　).

(A) $\dfrac{1}{\sqrt{2}}\alpha_1 + \dfrac{1}{\sqrt{2}}\alpha_3, \dfrac{1}{\sqrt{2}}\alpha_1 - \dfrac{1}{\sqrt{2}}\alpha_2, \alpha_3$ (B) $\dfrac{1}{\sqrt{2}}\alpha_1 + \dfrac{1}{\sqrt{2}}\alpha_3, \alpha_2, \dfrac{1}{\sqrt{2}}\alpha_2 - \dfrac{1}{\sqrt{2}}\alpha_3$

(C) $\dfrac{1}{\sqrt{2}}\alpha_1 + \dfrac{1}{\sqrt{2}}\alpha_3, \dfrac{1}{\sqrt{2}}\alpha_1 - \dfrac{1}{\sqrt{2}}\alpha_3, \alpha_2$ (D) $\dfrac{1}{\sqrt{2}}\alpha_1 + \dfrac{1}{\sqrt{2}}\alpha_2, \dfrac{1}{\sqrt{2}}\alpha_1 - \dfrac{1}{\sqrt{2}}\alpha_3, \alpha_2$

4. 若 n 阶实对称矩阵 A 满足 $A^2 - 4A + 3E = O$, 则下列矩阵中为正交矩阵的是(　　).

(A) $A - 5E$　　　(B) $A - 4E$　　　(C) $A - 3E$　　　(D) $A - 2E$

5. 设 $\alpha_1, \alpha_2, \alpha_3, \alpha_4$ 是向量空间 $\mathbf{R}^4$ 的一组标准正交基, $\mathbf{R}^4$ 中向量 α, β 在此基下的坐标分别为 $(1,-1,3,2)^{\mathrm{T}}$ 和 $(4,0,1,-2)^{\mathrm{T}}$, 则 (α, β) 等于(　　).

(A) 1　　　　　　(B) 3　　　　　　(C) −3　　　　　　(D) 4

6. 在向量空间 $\mathbf{R}^3$ 中, 由向量 $\alpha_1 = (-1,1,-3)^T, \alpha_2 = (2,1,3)^T, \alpha_3 = (1,2,0)^T, \alpha_4 = (1,1,1)^T$ 所生成的子空间的维数为(　　).

(A) 1　　　　　　(B) 2　　　　　　(C) 3　　　　　　(D) 4

二、填空题

1. (2010 年全国硕士研究生入学统一考试数学一真题)　设向量组
$$\alpha_1 = (1,2,-1,0)^T, \quad \alpha_2 = (1,1,0,2)^T, \quad \alpha_3 = (2,1,1,a)^T,$$
若由 $\alpha_1, \alpha_2, \alpha_3$ 形成的向量空间的维数为 2, 则 $a = $ ＿＿＿＿＿＿.

2. (2013 年全国硕士研究生入学统一考试数学一真题)　由 $\mathbf{R}^2$ 的基 $\alpha_1 = (1,0)^T$, $\alpha_2 = (1,-1)^T$ 到基 $\beta_1 = (1,1)^T, \beta_2 = (1,2)^T$ 的过渡矩阵为 ＿＿＿＿＿＿.

3. 设 $\alpha_1 = \dfrac{1}{\sqrt{3}}(1,1,1)^T, \alpha_2 = \dfrac{1}{\sqrt{6}}(1,-2,1)^T, \alpha_3 = \dfrac{1}{\sqrt{2}}(-1,0,1)^T$ 是 $\mathbf{R}^3$ 的一组标准正交基, 则向量 $\beta = (1,2,-1)^T$ 在此基下的坐标为 ＿＿＿＿＿＿.

4. 与 n 元齐次线性方程组 $x_1 + x_2 + \cdots + x_n = 0$ 的解空间都正交的所有向量构成的子空间的维数为 ＿＿＿＿＿＿.

5. 设 $\alpha_1, \alpha_2, \alpha_3$ 是 $\mathbf{R}^3$ 的一组正交基, 若向量组
$$\beta_1 = \alpha_1 + k\alpha_2, \quad \beta_2 = \alpha_1 - \alpha_2 + t\alpha_3, \quad \beta_3 = -\alpha_1 + \alpha_2 + \alpha_3$$
也是 $\mathbf{R}^3$ 的一组正交基, 则 $k = $ ＿＿＿＿＿＿$, t = $ ＿＿＿＿＿＿.

6. 若四阶矩阵 A 满足 $A^T A = 2E, |A| < 0$, 其中 E 为四阶单位矩阵, 则 A 的伴随矩阵 A^* 的一个特征值为 ＿＿＿＿＿＿.

三、计算与证明题

1. 判断下列集合能否构成向量空间 $\mathbf{R}^n$ 的子空间.

(1) $V_1 = \left\{ (x_1, x_2, \cdots, x_{n-1}, x_n)^T \mid x_n = 1 \right\}$;　　(2) $V_2 = \left\{ (x_1, x_2, \cdots, x_{n-1}, x_n)^T \mid x_1 = 0 \right\}$;

(3) $V_3 = \left\{ (x_1, x_2, \cdots, x_n)^T \mid \sum\limits_{i=1}^{n} x_i = 0 \right\}$;　　(4) $V_4 = \left\{ (x_1, x_2, \cdots, x_n)^T \mid \sum\limits_{i=1}^{n} x_i = 1 \right\}$.

2. 设向量空间 $\mathbf{R}^4$ 中向量 $\alpha_1 = (1,0,1,-1)^T, \alpha_2 = (2,-2,1,-2)^T$, 令
$$W = \left\{ \beta \in \mathbf{R}^4 \mid (\beta, \alpha_i) = 0, i = 1,2 \right\}.$$

(1) 证明 W 是 $\mathbf{R}^4$ 的一个子空间;

(2) 求 W 的一组基与维数.

3. 设向量空间 $\mathbf{R}^4$ 中向量

$$\alpha_1 = (1,1,0,0)^{\mathrm{T}}, \quad \alpha_2 = (1,0,1,1)^{\mathrm{T}}, \quad \beta_1 = (2,-1,3,3)^{\mathrm{T}}, \quad \beta_2 = (0,1,-1,-1)^{\mathrm{T}},$$

证明 $L(\alpha_1, \alpha_2) = L(\beta_1, \beta_2)$.

4. 设向量组 $\alpha_1 = (1,-1,-1,1)^{\mathrm{T}}, \alpha_2 = (-1,1,-1,1)^{\mathrm{T}}, \alpha_3 = (-1,-1,1,1)^{\mathrm{T}}, \alpha_4 = (1,1,1,1)^{\mathrm{T}}$.

(1) 证明向量组 $\alpha_1, \alpha_2, \alpha_3, \alpha_4$ 是向量空间 $\mathbf{R}^4$ 的一组基;

(2) 求向量 $\beta = (1,2,3,-1)^{\mathrm{T}}$ 在基 $\alpha_1, \alpha_2, \alpha_3, \alpha_4$ 下的坐标.

5. 设 $\alpha_1, \alpha_2, \alpha_3$ 是向量空间 $\mathbf{R}^3$ 的一组基,

$$\beta_1 = \alpha_1 - \alpha_2 + k\alpha_3, \quad \beta_2 = 2\alpha_2 + \alpha_3, \quad \beta_3 = \alpha_1 + (k+1)\alpha_3.$$

(1) 证明 $\beta_1, \beta_2, \beta_3$ 也是 $\mathbf{R}^3$ 的一组基;

(2) 当 k 为何值时, 存在非零向量 ξ 在基 $\alpha_1, \alpha_2, \alpha_3$ 和基 $\beta_1, \beta_2, \beta_3$ 下的坐标相同, 并求所有的 ξ.

6. 已知向量空间 $\mathbf{R}^3$ 的两组基分别为 $(\mathrm{I})\alpha_1 = (1,1,1)^{\mathrm{T}}, \alpha_2 = (1,0,-1)^{\mathrm{T}}, \alpha_3 = (1,0,1)^{\mathrm{T}}$; $(\mathrm{II})\beta_1 = (1,2,1)^{\mathrm{T}}, \beta_2 = (2,3,4)^{\mathrm{T}}, \beta_3 = (3,4,3)^{\mathrm{T}}$.

(1) 求由基 (I) 到基 (II) 的过渡矩阵;

(2) 若向量 α 在基 (I) 下的坐标为 $(1,-1,2)^{\mathrm{T}}$, 求 α 在基 (II) 下的坐标.

7. 设向量组 $\alpha_1 = (1,-1,1)^{\mathrm{T}}, \alpha_2 = (1,a,-1)^{\mathrm{T}}, \alpha_3 = (1,1,3)^{\mathrm{T}}$ 是向量空间 $\mathbf{R}^3$ 的一组基, 向量 $\beta = (1,1,1)^{\mathrm{T}}$ 在基 $\alpha_1, \alpha_2, \alpha_3$ 下的坐标 $(b,1,c)^{\mathrm{T}}$.

(1) 求 a,b,c 的值;

(2) 证明 $\alpha_1, \alpha_3, \beta$ 为 $\mathbf{R}^3$ 的一组基, 并求由基 $\alpha_1, \alpha_3, \beta$ 到基 $\alpha_1, \alpha_2, \alpha_3$ 的过渡矩阵.

8. 给定向量空间 $\mathbf{R}^4$ 中标准正交组 $\alpha_1 = \dfrac{1}{\sqrt{3}}(1,1,-1,0)^{\mathrm{T}}, \alpha_2 = \dfrac{1}{\sqrt{3}}(-1,0,-1,1)^{\mathrm{T}}$, 求一个以向量 α_1, α_2 为第一列和第二列向量的四阶正交矩阵.

9. 设四阶正交矩阵 $A = (\alpha_{ij})$ 中的元素 $\alpha_{33} = 1, \beta = (0,0,1,0)^{\mathrm{T}}$, 求方程组 $AX = \beta$ 和 $YA = \beta^{\mathrm{T}}$ 的解.

10. 求齐次线性方程组 $\begin{cases} x_1 + 2x_2 + x_3 + 3x_4 - x_5 = 0, \\ 2x_1 + x_2 - x_3 + 3x_4 - 2x_5 = 0, \\ 3x_1 + 4x_2 + x_3 + 7x_4 - x_5 = 0 \end{cases}$ 的解空间的一组标准正交基.

11. 设 $\alpha_1, \alpha_2, \alpha_3, \alpha_4$ 是向量空间 $\mathbf{R}^4$ 的一组标准正交基,

$$\beta_1 = \alpha_1 + 2\alpha_2 - \alpha_3 + \alpha_4, \quad \beta_2 = \alpha_1 + \alpha_2 + \alpha_4.$$

在 $\mathbf{R}^4$ 中, 求与 $W = L(\beta_1, \beta_2)$ 中的每一个向量都正交的所有非零向量.

12. 设 $\alpha_1,\alpha_2,\alpha_3,\alpha_4$ 是向量空间 $\mathbf{R}^4$ 的一组标准正交基,
$$\beta_1=\alpha_1+\alpha_4,\quad \beta_2=\alpha_1-\alpha_2+\alpha_4,\quad \beta_3=\alpha_1+\alpha_2+\alpha_3,$$
求 $L(\beta_1,\beta_2,\beta_3)$ 的一组标准正交基.

13. 设向量空间 $\mathbf{R}^4$ 中的向量 $\beta=(4,2,4,a)^{\mathrm{T}}$ 和向量组
$$\alpha_1=(1,2,3,4)^{\mathrm{T}},\quad \alpha_2=(1,-1,-6,6)^{\mathrm{T}},\quad \alpha_3=(-2,-1,2,-9)^{\mathrm{T}},\quad \alpha_4=(1,2,-2,7)^{\mathrm{T}}.$$

(1) 求 $L(\alpha_1,\alpha_2,\alpha_3,\alpha_4)$ 的维数和一组基;

(2) 求 a 的值, 使得 $\beta\in W$, 并求 β 在(1)中所求基下的坐标.

14. 设 A,B 均为 n 阶正交矩阵, 且 $|AB|=1$, 证明若 n 为奇数, 则 $|A-B|=0$.

15. 设 A,B 均为 n 阶正交矩阵, 且 $|A|+|B|=0$, 证明
$$\left|AB\right|=\left|A^{\mathrm{T}}B\right|=\left|AB^{\mathrm{T}}\right|=\left|A^{\mathrm{T}}B^{\mathrm{T}}\right|=-1.$$

16. 设 A,B 均为 n 阶正交矩阵, 且 n 为奇数, 证明 $|A+B||A-B|=0$.

17. 设 $P=\begin{pmatrix}A&B\\O&C\end{pmatrix}$ 为正交矩阵, 其中 A,C 分别为 m,n 阶方阵, 证明 A 和 C 都是正交阵, 且 $B=O$.

18. 证明设 A 是 n 阶上三角形正交矩阵, 证明 A 是主对角线上元素为 1 或 -1 的对角形矩阵.

19. 设 A 为 n 阶实对称矩阵, 即 $A^{\mathrm{T}}=A$, 且满足 $4A^2-4A=O$, 证明 $2A-E$ 为对称的正交矩阵.

20. 设 A 为 n 阶正交矩阵, 且 $|A|=-1$, 证明 $A+E$ 不可逆.

21. 设 A 为正交矩阵, 证明 A 的实特征值只能为 ±1.

22. 设 $\alpha_1,\alpha_2,\cdots,\alpha_{n-1}$ 是 $\mathbf{R}^n$ 中线性无关向量组, 若 $\mathbf{R}^n$ 中向量 β_1,β_2 与 $\alpha_i(i=1,2,\cdots,n-1)$ 都正交, 证明 β_1,β_2 线性相关.

第 5 章　相似矩阵与矩阵的对角化

5.1　矩阵的特征值与特征向量

5.1.1　基础理论

定义 5.1.1　设 A 为数域 P 上 n 阶方阵, 如果存在数域 P 中的数 λ 和非零向量 ξ, 使得 $A\xi = \lambda\xi$, 则称 λ 为 A 的一个特征值, 而 ξ 称为 A 的属于特征值 λ 的一个特征向量.

设 $A = (a_{ij})$ 为 n 阶方阵, 称 $\sum_{i=1}^{n} a_{ii}$ 为 A 的迹, 记为 $\mathrm{tr}A$. 称矩阵 $\lambda E - A$ 的行列式 $|\lambda E - A|$ 为 A 的特征多项式, 记为 $f(\lambda)$. 称 λ 的方程 $|\lambda E - A| = 0$ 为 A 的特征方程.

定义 5.1.2　在 n 阶矩阵 A 中由第 i_1 行, 第 i_2 行 $,\cdots,$ 第 i_k 行和第 i_1 列, 第 i_2 列, $\cdots,$ 第 i_k 列交叉处元素组成的 k 阶子式, 称为 A 的 k 阶主子式.

定理 5.1.1　设 A 是 n 阶方阵, λ_0 是一个数, 则

(1) λ_0 是 A 的一个特征值的充分必要条件是 λ_0 为 A 的特征多项式 $f(\lambda)$ 在数域 P 中的一个根, 即 $|\lambda_0 E - A| = 0$;

(2) 当 λ_0 是 A 的一个特征值时, ξ_0 是 A 的属于特征值 λ_0 的一个特征向量当且仅当 ξ_0 是齐次线性方程组 $(\lambda_0 E - A)X = 0$ 的非零解.

命题 5.1.1　方阵 A 与它的转置矩阵 A^{T} 有相同的特征多项式, 从而有相同的特征值.

命题 5.1.2　设 λ_0 为 n 阶方阵 A 的一个特征值, ξ_0 为 A 的属于特征值 λ_0 的一个特征向量, 则

(1) 对数域 P 上的多项式 $g(x)$, $g(\lambda_0)$ 是 $g(A)$ 的一个特征值, ξ_0 是 $g(A)$ 的属于特征值 $g(\lambda_0)$ 的一个特征向量;

(2) 若 A 是可逆矩阵, 则 $\lambda_0 \neq 0$, $\dfrac{1}{\lambda_0}$ 是 A^{-1} 的一个特征值, ξ_0 是 A^{-1} 的属于特征值 $\dfrac{1}{\lambda_0}$ 的一个特征向量.

定理 5.1.2　方阵 A 的属于不同特征值的特征向量是线性无关的.

定理 5.1.3 若 $\lambda_1, \lambda_2, \cdots, \lambda_s$ 是方阵 A 的互异的特征值，$\xi_{i1}, \xi_{i2}, \cdots, \xi_{ir_i}$ 是 A 的属于特征值 $\lambda_i(i=1,2,\cdots,s)$ 的线性无关的特征向量，则

$$\xi_{11}, \xi_{12}, \cdots, \xi_{1r_1}, \xi_{21}, \xi_{22}, \cdots, \xi_{2r_2}, \cdots, \xi_{s1}, \xi_{s2}, \cdots, \xi_{sr_s}$$

线性无关.

定理 5.1.4 设 $A=(a_{ij})$ 为 n 阶方阵，A 的特征多项式为

$$f(\lambda) = |\lambda E - A| = \lambda^n + a_1\lambda^{n-1} + \cdots + a_{n-1}\lambda + a_n,$$

则 (1) a_k 等于 $(-1)^k$ 乘以 A 的所有 k 阶主子式之和. 特别地，

$$a_1 = -\sum_{i=1}^n a_{ii}, a_n = (-1)^n|A|;$$

(2) 若 $\lambda_1, \lambda_2, \cdots, \lambda_n$ 是 A 的 n 个特征值(重根按重数计算)，则

$$a_1 = -\sum_{i=1}^n \lambda_i, \quad a_n = (-1)^n\prod_{i=1}^n \lambda_i.$$

推论 5.1.1 设 $A=(a_{ij})$ 为 n 阶方阵，A 的全部特征值为 $\lambda_1, \lambda_2, \cdots, \lambda_n$，则

(1) $\operatorname{tr}A = \sum_{i=1}^n a_{ii} = \sum_{i=1}^n \lambda_i, |A| = \prod_{i=1}^n \lambda_i;$

(2) A 可逆的充分必要条件是 A 的特征值都不等于零.

命题 5.1.3 (1) 设 A,B 均为 n 阶方阵，则 AB 与 BA 有相同的特征值；

(2) 设 A,B 分别为 $m\times n, n\times m$ 矩阵 $(m>n)$，则 $|\lambda E-AB|=\lambda^{m-n}|\lambda E-BA|$，特别地，当 $n=1$ 时，有 $|\lambda E-AB|=\lambda^{m-1}|\lambda E-BA|$.

由命题 5.1.3 知，对 $m\times n, n\times m$ 矩阵 A 和 B，AB 和 BA 有相同的非零特征值.

定理 5.1.4 的证明可参阅文献(陈祥恩等，2013)[111]，命题 5.1.3 的证明见例 1.2.19.

5.1.2 题型与方法

1. 求方阵的特征值与特征向量

可根据定义 5.1.1、定理 5.1.1、命题 5.1.1、命题 5.1.2 和命题 5.1.3 求方阵的特征值与特征向量. 利用定理 5.1.1，求 n 阶方阵 A 的特征值和特征向量的步骤如下：

(1) 求出 A 的特征多项式 $f(\lambda)=|\lambda E-A|$ 在数域 P 中的全部根，它们就是 A 的全部特征值. 设 A 有 s 个不同特征值 $\lambda_1, \lambda_2, \cdots, \lambda_s$；

(2) 对 A 的每个不同的特征值 $\lambda_i(i=1,2,\cdots,s)$，求齐次线性方程组 $(\lambda_i E-A)X=0$ 的一个基础解系 $\xi_{i1}, \xi_{i2}, \cdots, \xi_{i,n-r_i}$，则 A 的属于特征值 λ_i 的全部特征

向量为

$$k_{i1}\xi_{i1} + k_{i2}\xi_{i2} + \cdots + k_{i,n-r_i}\xi_{i,n-r_i},$$

其中 $k_{i1}, k_{i2}, \cdots, k_{i,n-r_i}$ 为不全为零的任意常数, $r_i = r(\lambda_i E - A)$.

例 5.1.1　设 n 阶方阵 A 的各行元素之和为 a, 求

(1) A 的一个特征值及属于此特征值的所有特征向量;

(2) A^n 的各行元素之和;

(3) 若 A 是可逆的, 求 A^{-1} 的各行元素之和.

分析　可根据题设条件, 利用定义 5.1.1 和命题 5.1.2 求解.

解　(1) 由题设知, $A\alpha = a\alpha$, 其中 $\alpha = (1,1,\cdots,1)^T$, 即 a 为 A 的一个特征值, n 维向量 α 为 A 的属于特征值 a 的一个特征向量, 因此, A 的属于特征值 a 的所有特征向量为 $k\alpha$, 其中 k 为任意非零常数.

(2) 由(1)和命题 5.1.2 知, a^n 为 A^n 的一个特征值, α 为 A^n 的属于此特征值的一个特征向量, 即 $A^n \alpha = a^n \alpha$, 故 A^n 的各行元素之和为 a^n.

(3) 若 A 是可逆的, 则由(1)和命题 5.1.2 知, $a \neq 0$, $\dfrac{1}{a}$ 为 A^{-1} 的一个特征值, α 为 A^{-1} 的属于此特征值的一个特征向量, 即 $A^{-1}\alpha = \dfrac{1}{a}\alpha$, 故 A^{-1} 的各行元素之和为 $\dfrac{1}{a}$.

例 5.1.2　设 $A = \begin{pmatrix} 2 & -1 & 1 \\ 0 & 3 & -1 \\ 2 & 1 & 3 \end{pmatrix}$, 求 A 的全部特征值和特征向量.

解　A 的特征多项式为

$$f(\lambda) = |\lambda E - A| = \begin{vmatrix} \lambda - 2 & 1 & -1 \\ 0 & \lambda - 3 & 1 \\ -2 & -1 & \lambda - 3 \end{vmatrix} = (\lambda - 2)^2 (\lambda - 4),$$

所以 A 的全部特征值为 $\lambda_1 = 2$ (二重), $\lambda_2 = 4$.

对于 $\lambda_1 = 2$, 解齐次线性方程组 $(2E - A)X = 0$, 得其一个基础解系为 $\xi_1 = (-1,1,1)^T$, 故 A 的属于特征值 $\lambda_1 = 2$ 的全部特征向量为 $k_1 \xi_1$, 其中 k_1 为任意非零常数.

对于 $\lambda_2 = 4$, 解齐次线性方程组 $(4E - A)X = 0$, 得其一个基础解系为 $\xi_2 = (1, -1,1)^T$, 故 A 的属于特征值 $\lambda_2 = 4$ 的全部特征向量为 $k_2 \xi_2$, 其中 k_2 为任意非零常数.

例 5.1.3　设三阶方矩阵 A 的全部特征值为 $\lambda_1 = -1, \lambda_2 = 1, \lambda_3 = 2$, $\alpha_1, \alpha_2, \alpha_3$ 分

别为 A 的属于这三个特征值的特征向量, E 为三阶单位矩阵, A^* 为 A 的伴随矩阵, $B = A^* - 2A^2 + 4A - E$, 求

(1) B 的全部特征值和特征向量;

(2) $|B|$ 和 $\text{tr}B$.

分析　可先利用题设条件将 A^* 转化为 $|A|A^{-1}$, 再利用命题 5.1.2 和推论 5.1.1 求解.

解　(1) 由题设知, $|A| = -2$, 故 A 可逆, 于是 $A^* = |A|A^{-1} = -2A^{-1}$, 从而

$$B = -2A^{-1} - 2A^2 + 4A - E.$$

令 $g(x) = -2x^2 + 4x - 1$, 则 $g(A) = -2A^2 + 4A - E$, $B = -2A^{-1} + g(A)$, 由命题 5.1.2 知,

$$g(A)\alpha_i = g(\lambda_i)\alpha_i, \quad -2A^{-1}\alpha_i = \frac{-2}{\lambda_i}\alpha_i \quad (i = 1,2,3),$$

由此得, $B\alpha_i = (g(A) - 2A^{-1})\alpha_i = \left(g(\lambda_i) - \frac{2}{\lambda_i}\right)\alpha_i (i = 1,2,3)$, 故 B 的全部特征值为

$$g(\lambda_1) - \frac{2}{\lambda_1} = -5, \quad g(\lambda_2) - \frac{2}{\lambda_2} = -1, \quad g(\lambda_3) - \frac{2}{\lambda_3} = -2,$$

B 的属于这三个特征值的全部特征向量分别为 $k_1\alpha_1, k_2\alpha_2, k_3\alpha_3$, 其中 $k_i (i = 1,2,3)$ 均为任意非零常数.

(2) 由(1)和推论 5.1.1 得 $|B| = (-5) \times (-1) \times (-2) = -10$, $\text{tr}B = (-5) + (-1) + (-2) = -8$.

例 5.1.4　设矩阵 $A = \begin{pmatrix} 3 & 2 & 2 \\ 2 & 3 & 2 \\ 2 & 2 & 3 \end{pmatrix}, P = \begin{pmatrix} 0 & 1 & 0 \\ 1 & 0 & 1 \\ 0 & 0 & 1 \end{pmatrix}, B = P^{-1}A^*P$, 求 $B + 2E$ 的全部特征值和特征向量, 其中 A^* 为 A 的伴随矩阵, E 为三阶单位矩阵.

解　类似例 5.1.2 计算可得 A 的全部特征值为 $\lambda_1 = 7, \lambda_2 = 1$(二重), A 的属于这两个特征值的全部线性无关的特征向量分别为

$$\alpha_1 = (1,1,1)^T, \quad \alpha_2 = (-1,1,0)^T, \quad \alpha_3 = (-1,0,1)^T.$$

由 $|A| = 7 \neq 0$ 知, A 可逆, 于是 $A^* = |A|A^{-1} = 7A^{-1}, B = P^{-1}(7A^{-1})P$. 由命题 5.1.2 知, $7A^{-1}\alpha_i = \frac{7}{\lambda_i}\alpha_i (i = 1,2,3)$, 于是 $(B + 2E)(P^{-1}\alpha_i) = \left(\frac{7}{\lambda_i} + 2\right)(P^{-1}\alpha_i)(i = 1,2,3)$,

即 $\frac{7}{\lambda_i} + 2$ 是 $B + 2E$ 的特征值, 而 $P^{-1}\alpha_i$ 是 $B + 2E$ 的属于特征值 $\frac{7}{\lambda_i} + 2$ 的特征向

量, 令

$$\mu_1 = \frac{7}{\lambda_1} + 2 = 3, \quad \mu_2 = \frac{7}{\lambda_2} + 2 = 9,$$

$$\beta_1 = P^{-1}\alpha_1 = (0,1,1)^T, \quad \beta_2 = P^{-1}\alpha_2 = (1,-1,0)^T, \quad \beta_3 = P^{-1}\alpha_3 = (-1,-1,1)^T,$$

则 $B+2E$ 的全部特征值为 $\mu_1 = 3, \mu_2 = 9$ (二重), $B+2E$ 的属于这两个特征值的全部特征向量分别为 $k_1\beta_1$ 和 $k_2\beta_2 + k_3\beta_3$, 其中 k_1 为任意非零常数, k_2, k_3 为不全为零的任意常数.

注 5.1.1　例 5.1.4 也可以利用命题 5.1.2 和相似矩阵的性质求解.

例 5.1.5　设四阶方阵 A 满足 $|A| > 0, AA^T = \sqrt{3}E$, 且

$$|2E + A| = 0, \quad |-E + A| = 0, \quad |3E - A| = 0,$$

求 A 的伴随矩阵 A^* 的所有特征值.

分析　可利用定理 5.1.1 和命题 5.1.2 求解.

解　由 $|2E + A| = 0, |-E + A| = 0$ 得 $|-2E - A| = |2E + A| = 0, |E - A| = |-E + A| = 0$, 于是由 $|3E - A| = 0$ 和定理 5.1.1 知, $-2,1,3$ 都是 A 的特征值. 由 $|A| > 0, AA^T = \sqrt{3}E$ 得 $|A| = 3$, 于是 $-\frac{1}{2}$ 也为 A 的一个特征值, 故 A 的全部特征值为 $-2,1,3,-\frac{1}{2}$, 由于 $|A| = 3$, 因此, A 可逆, $A^* = 3A^{-1}$, 故由命题 5.1.2 知, $A^* = 3A^{-1}$ 的全部特征值为 $-\frac{3}{2}, 3, 1, -6$.

例 5.1.6　求 n 阶方阵 $A = \begin{pmatrix} a_1^2 + 1 & a_1 a_2 + 1 & \cdots & a_1 a_n + 1 \\ a_2 a_1 + 1 & a_2^2 + 1 & \cdots & a_2 a_n + 1 \\ \vdots & \vdots & & \vdots \\ a_n a_1 + 1 & a_n a_2 + 1 & \cdots & a_n^2 + 1 \end{pmatrix} \left(\sum_{i=1}^{n} a_i = 0 \right)$ 的全部特征值.

分析　可利用命题 5.1.3 求解.

解　令矩阵 $B = \begin{pmatrix} a_1 & a_2 & \cdots & a_n \\ 1 & 1 & \cdots & 1 \end{pmatrix}_{2 \times n}$, 则 $A = B^T B$, 且 $BB^T = \begin{pmatrix} \sum_{i=1}^{n} a_i^2 & 0 \\ 0 & n \end{pmatrix}$, 由于 BB^T 的全部特征值为 $n, \sum_{i=1}^{n} a_i^2$, 因此, 由命题 5.1.3 得 A 的全部特征值为 $0(n-2$ 重$)$, n 和 $\sum_{i=1}^{n} a_i^2$.

2. 与特征值和特征向量有关的题

例 5.1.7 设 λ_1, λ_2 是方阵 A 的两个不同的特征值, 对应的特征向量分别为 α_1, α_2, 则 $\alpha_1, A(\alpha_1 + \alpha_2)$ 线性无关的充分必要条件是( ).

(A) $\lambda_1 \neq 0$ (B) $\lambda_2 \neq 0$ (C) $\lambda_1 = 0$ (D) $\lambda_2 = 0$

分析 可根据题设条件, 利用定理 5.1.2 和例 3.4.1 求解.

解 由题设知, α_1, α_2 线性无关, 由于

$$(\alpha_1, A(\alpha_1 + \alpha_2)) = (\alpha_1, \lambda_1\alpha_1 + \lambda_2\alpha_2) = (\alpha_1, \alpha_2)K,$$

其中 $K = \begin{pmatrix} 1 & \lambda_1 \\ 0 & \lambda_2 \end{pmatrix}$, 由例 3.4.1 得秩 $(\alpha_1, A(\alpha_1 + \alpha_2)) = r(K)$, 因此, $\alpha_1, A(\alpha_1 + \alpha_2)$ 线性无关的当且仅当秩 $(\alpha_1, A(\alpha_1 + \alpha_2)) = 2$ 当且仅当 $r(K) = 2$, 即 $|K| = \lambda_2 \neq 0$, 故选项(B)正确.

例 5.1.8 设矩阵 $A = \begin{pmatrix} a & -1 & c \\ 1 & b & 2 \\ 1-c & 0 & -a \end{pmatrix}$, $|A| = -1$, A 的伴随矩阵 A^* 有一个特征值为 λ_0, A^* 属于特征值 λ_0 的一个特征向量为 $\alpha = (-1, -1, 1)^T$, 求 a, b, c 和 λ_0 的值.

解 由 $|A| = -1$ 知, A 可逆, 于是 A^* 可逆, 从而 $\lambda_0 \neq 0$. 由题设知, $A^*\alpha = \lambda_0\alpha$, 用 A 左乘此式两边得 $-\alpha = |A|E\alpha = AA^*\alpha = \lambda_0 A\alpha$, 即 $\lambda_0 A\alpha = -\alpha$, 于是

$$\begin{cases} \lambda_0(c - a + 1) = 1, \\ \lambda_0(1 - b) = 1, \\ \lambda_0(c - a - 1) = -1, \end{cases}$$

整理得

$$\begin{cases} \lambda_0(c - a + 1) = \lambda_0(1 - b), \\ \lambda_0(c - a + 1) = -\lambda_0(c - a - 1), \end{cases}$$

由 $\lambda_0 \neq 0$ 得 $\begin{cases} c - a + 1 = 1 - b, \\ c - a + 1 = -(c - a - 1), \end{cases}$ 解得 $\begin{cases} b = 0, \\ a = c, \end{cases}$ 代入 $|A|$, 计算得 $|A| = a - 2$, 由 $|A| = -1$ 得 $a = 1$, 从而 $c = 1$. 再将 $b = 0$ 代入 $\lambda_0(1 - b) = 1$ 得 $\lambda_0 = 1$, 故 $a = c = 1, b = 0$, $\lambda_0 = 1$.

例 5.1.9 设 A 为三阶矩阵, α_1, α_2 分别为 A 的属于特征值 $-1, 1$ 的特征向量, α_3 满足 $A\alpha_3 = \alpha_1 - \alpha_3$.

(1) 证明 $\alpha_1, \alpha_2, \alpha_3$ 线性无关;

(2) 令 $P = (\alpha_1, \alpha_2, \alpha_3)$, 求 $P^{-1}AP$.

解 (1) 由题设知, $A\alpha_1 = -\alpha_1, A\alpha_2 = \alpha_2, (A + E)\alpha_3 = \alpha_1$.

设有数 k_1, k_2, k_3, 使得 $k_1\alpha_1 + k_2\alpha_2 + k_3\alpha_3 = 0$, 于是

$$0 = (A + E)(k_1\alpha_1 + k_2\alpha_2 + k_3\alpha_3)$$
$$= k_1 A\alpha_1 + k_1\alpha_1 + k_2 A\alpha_2 + k_2\alpha_2 + k_3(A + E)\alpha_3$$
$$= -k_1\alpha_1 + k_1\alpha_1 + k_2\alpha_2 + k_2\alpha_2 + k_3\alpha_1 = k_3\alpha_1 + 2k_2\alpha_2,$$

由 α_1, α_2 线性无关得 $k_2 = k_3 = 0$, 从而 $k_1\alpha_1 = 0$, 由 $\alpha_1 \neq 0$ 得 $k_1 = 0$, 故 $\alpha_1, \alpha_2, \alpha_3$ 线性无关.

(2) 由 $\alpha_1, \alpha_2, \alpha_3$ 线性无关知, 矩阵 P 可逆, 于是

$$P^{-1}AP = P^{-1}(A\alpha_1, A\alpha_2, A\alpha_3) = P^{-1}(-\alpha_1, \alpha_2, \alpha_1 - \alpha_3)$$
$$= P^{-1}(\alpha_1, \alpha_2, \alpha_3)\begin{pmatrix} -1 & 0 & 1 \\ 0 & 1 & 0 \\ 0 & 0 & -1 \end{pmatrix} = P^{-1}P\begin{pmatrix} -1 & 0 & 1 \\ 0 & 1 & 0 \\ 0 & 0 & -1 \end{pmatrix} = \begin{pmatrix} -1 & 0 & 1 \\ 0 & 1 & 0 \\ 0 & 0 & -1 \end{pmatrix}.$$

例 5.1.10 已知 $\alpha_1, \alpha_2, \alpha_3$ 分别为 n 阶矩阵 A 的属于特征值 $\lambda_1, \lambda_2, \lambda_3$ 的特征向量, 且 $\alpha_1, \alpha_2, \alpha_3$ 线性无关, 证明

(1) 若 $\lambda_1 \neq \lambda_2$, 则 $\alpha_1 + 2\alpha_2$ 不是 A 的特征向量;

(2) 若 $\alpha_1 + 2\alpha_2 + 3\alpha_3$ 是 A 的特征向量, 则 $\lambda_1 = \lambda_2 = \lambda_3$.

分析 可利用定义 5.1.1 和定理 5.1.2 证明.

证明 (1) **反证法**. 假设 $\alpha_1 + 2\alpha_2$ 是 A 的属于特征值 λ 的特征向量, 则 $A(\alpha_1 + 2\alpha_2) = \lambda(\alpha_1 + 2\alpha_2)$, 由题设知, $A\alpha_1 = \lambda_1\alpha_1, A\alpha_2 = \lambda_2\alpha_2$, 于是有 $\lambda_1\alpha_1 + 2\lambda_2\alpha_2 = \lambda\alpha_1 + 2\lambda\alpha_2$, 整理得 $(\lambda_1 - \lambda)\alpha_1 + 2(\lambda_2 - \lambda)\alpha_2 = 0$, 由 α_1, α_2 线性无关得 $\lambda_1 - \lambda = 0, 2(\lambda_2 - \lambda) = 0$, 即 $\lambda_1 = \lambda_2 = \lambda$, 这与 $\lambda_1 \neq \lambda_2$ 矛盾, 故 $\alpha_1 + 2\alpha_2$ 不是 A 的特征向量.

(2) 设 $\alpha = \alpha_1 + 2\alpha_2 + 3\alpha_3$ 是 A 的属于特征值 λ 的特征向量, 则 $A\alpha = \lambda\alpha$, 由题设知, $A\alpha_i = \lambda_i\alpha_i (i = 1,2,3)$, 于是有 $\lambda_1\alpha_1 + 2\lambda_2\alpha_2 + 3\lambda_3\alpha_3 = \lambda(\alpha_1 + 2\alpha_2 + 3\alpha_3)$, 整理得

$$(\lambda_1 - \lambda)\alpha_1 + 2(\lambda_2 - \lambda)\alpha_2 + 3(\lambda_3 - \lambda)\alpha_3 = 0,$$

由 $\alpha_1, \alpha_2, \alpha_3$ 线性无关得 $\lambda_i - \lambda = 0(i = 1,2,3)$, 故 $\lambda_1 = \lambda_2 = \lambda_3 = \lambda$.

例 5.1.11 设 A, B 均为 n 阶方阵, $g(\lambda)$ 是 B 的特征多项式, 证明 $g(A)$ 可逆的充分必要条件是 A, B 没有公共的特征值.

证明 设 $\lambda_1, \lambda_2, \cdots, \lambda_n$ 为 B 的 n 个特征值(重根按重数计算), 则

$$g(\lambda) = (\lambda - \lambda_1)(\lambda - \lambda_2)\cdots(\lambda - \lambda_n),$$

于是 $g(A) = (A - \lambda_1 E)(A - \lambda_2 E)\cdots(A - \lambda_n E)$, 故 $g(A)$ 可逆当且仅当 $|g(A)| \neq 0$ 当且仅当 $|A - \lambda_i E| \neq 0(i = 1,2,\cdots,n)$ 当且仅当 $\lambda_1, \lambda_2, \cdots, \lambda_n$ 都不是 A 的特征值当且仅当 A, B 没有公共的特征值.

5.2　相似矩阵与矩阵的对角化

5.2.1　基础理论

定义 5.2.1　设 A, B 均为 n 阶方阵, 若存在 n 阶可逆矩阵 P, 使得 $P^{-1}AP = B$, 则称 A 与 B 相似.

性质 5.2.1　设 A, B 均为 n 阶方阵, 若 $B = P^{-1}AP$, 其中 P 为 n 阶可逆矩阵, 则

(1) $|\lambda E - A| = |\lambda E - B|$, $r(A) = r(B)$, $|A| = |B|$, $tr(A) = tr(B)$;

(2) 若 A 可逆, 则 B 也可逆, 且 A^{-1} 与 B^{-1} 相似;

(3) 对数域 P 上的多项式 $g(x)$, $g(A)$ 与 $g(B)$ 相似.

这里, 应注意的是, 性质 5.2.1(1)中的性质均为 A, B 相似的必要条件, 但不是充分条件.

定理 5.2.1　设 A 为 n 阶方阵, 则 A 能与对角矩阵相似的充分必要条件是 A 有 n 个线性无关的特征向量.

推论 5.2.1　若 n 阶矩阵 A 有 n 个不同的特征值, 则 A 必能相似于对角矩阵.

命题 5.2.1　设 λ_0 为 n 阶方阵 A 的 k 重特征值, 则 A 的对应于特征值 λ_0 的特征子空间 V_{λ_0} (即齐次线性方程组 $(\lambda_0 E - A)X = 0$ 的解空间)的维数不超过 k.

称 k 为特征值 λ_0 的代数重数,而称特征值 λ_0 的特征子空间 V_{λ_0} 的维数为 λ_0 的几何重数.

定理 5.2.2　n 阶方阵 A 能与对角矩阵相似的充分必要条件是 A 的每一个 n_i 重特征值 λ_i 的代数重数与几何重数相等, 即 $n_i = n - r(\lambda_i E - A)$.

命题 5.2.2　若 n 阶方阵 A 与 B 都能相似于对角矩阵, 则 A 与 B 相似的充分必要条件是它们有相同的特征值.

命题 5.2.1 和定理 5.2.2 的证明可分别参阅文献(张禾瑞等, 2007)[291] 和(上海交通大学数学系, 2007)[159].

5.2.2　题型与方法

1. 矩阵的对角化

可利用定理 5.2.1、推论 5.2.1 和定理 5.2.2 来判断(证明)方阵能否相似于对角矩阵. 对具体 n 阶方阵 A, 判断其能否相似于对角矩阵, 且当 A 能相似于对角矩阵时, 求其相似对角矩阵 Λ 及使 $P^{-1}AP = \Lambda$ 成立的可逆矩阵 P 的步骤如下:

(1) 求出 A 的全部互异的特征值 $\lambda_1, \lambda_2, \cdots, \lambda_s$, 设它们的重数分别为 $n_1, n_2, \cdots,$

n_s, $\sum\limits_{i=1}^{s} n_i = n$;

(2) 对 A 的每一个特征值 λ_i, 计算 $r(\lambda_i E - A)$, 判断其代数重数与几何重数是否相等, 即判断 n_i 与 $n - r(\lambda_i E - A)$ 是否相等, 若都相等, 则 A 能相似于对角矩阵, 否则, A 不能相似于对角矩阵;

(3) 当 A 能相似于对角矩阵时, 对 A 的每一个特征值 λ_i, 求齐次线性方程组 $(\lambda_i E - A)X = 0$ 的一个基础解系, 设为 $\xi_{i1}, \xi_{i2}, \cdots, \xi_{in_i}$ $(i = 1, 2, \cdots, s)$. 令 $P = (\xi_{11}, \xi_{12}, \cdots, \xi_{1n_1}, \cdots, \xi_{s1}, \xi_{s2}, \cdots, \xi_{sn_s})$, 则 P 为 n 阶可逆矩阵, 且

$$P^{-1}AP = \Lambda = \mathrm{diag}(\overbrace{\lambda_1, \cdots, \lambda_1}^{n_1 \uparrow}, \cdots, \overbrace{\lambda_s, \cdots, \lambda_s}^{n_s \uparrow}).$$

例 5.2.1 判断矩阵 $A = \begin{pmatrix} 5 & -6 & -6 \\ -1 & 4 & 2 \\ 3 & -6 & -4 \end{pmatrix}$ 能否相似于对角矩阵.

解法一 A 的特征多项式为

$$f(\lambda) = |\lambda E - A| = \begin{vmatrix} \lambda - 5 & 6 & 6 \\ 1 & \lambda - 4 & -2 \\ -3 & 6 & \lambda + 4 \end{vmatrix} = (\lambda - 2)^2 (\lambda - 1),$$

所以 A 的全部特征值为 $\lambda_1 = 2$ (二重), $\lambda_2 = 1$.

对于 $\lambda_1 = 2$, 解齐次线性方程组 $(2E - A)X = 0$, 得其一个基础解系为

$$\xi_1 = (2, 1, 0)^{\mathrm{T}}, \quad \xi_2 = (2, 0, 1)^{\mathrm{T}};$$

对于 $\lambda_2 = 1$, 解齐次线性方程组 $(E - A)X = 0$, 得其一个基础解系为 $\xi_3 = (3, -1, 3)^{\mathrm{T}}$.

由定理 5.1.3 知, ξ_1, ξ_2, ξ_3 线性无关, 从而 A 有三个线性无关的特征向量, 故由定理 5.2.1 知, A 能相似于对角矩阵.

解法二 同解法一可得, A 的全部特征值为 $\lambda_1 = 2$ (二重), $\lambda_2 = 1$.

对于 $\lambda_1 = 2$, 其代数重数为 2, 不难求得 $r(2E - A) = 1$, 于是特征值 $\lambda_1 = 2$ 的几何重数为 $3 - r(2E - A) = 2$; 对于 $\lambda_2 = 1$, 其代数重数为 1, 不难求得 $r(E - A) = 2$, 于是特征值 $\lambda_2 = 1$ 的几何重数为 $3 - r(E - A) = 1$, 由此得, A 的特征值 $\lambda_1 = 2$, $\lambda_2 = 1$ 的代数重数与几何重数均相等, 故由定理 5.2.2 知, A 能相似于对角矩阵.

注 5.2.1 比较例 5.2.1 的解法一和解法二, 解法二只需求出 A 的每一个特征值 λ 所对应的特征矩阵 $\lambda E - A$ 的秩, 而不需要求它们对应的特征向量, 因此, 较解法一简单.

例 5.2.2 判断例 5.1.2 中的矩阵 A 能否相似于对角矩阵.

解 由例 5.1.2 知, A 的全部特征值为 $\lambda_1 = 2$ (二重), $\lambda_2 = 4$, A 的属于这两个特征值的特征向量分别为 $\xi_1 = (-1,1,1)^T, \xi_2 = (1,-1,1)^T$, A 只有两个线性无关的特征向量, 故由定理 5.2.1 知, A 不能相似于对角矩阵.

例 5.2.3 设矩阵 $A = \begin{pmatrix} 2 & 0 & 1 \\ 3 & 1 & a \\ 4 & 0 & 5 \end{pmatrix}$, 若 A 能相似于对角矩阵, 求 a 的值, 并求一个可逆矩阵 P, 使得 $P^{-1}AP$ 为对角矩阵.

分析 可利用定理 5.2.1 或定理 5.2.2 求参数 a 的值.

解 A 的特征多项式为

$$f(\lambda) = |\lambda E - A| = \begin{vmatrix} \lambda - 2 & 0 & -1 \\ -3 & \lambda - 1 & -a \\ -4 & 0 & \lambda - 5 \end{vmatrix} = (\lambda - 1)^2(\lambda - 6),$$

所以 A 的全部特征值为 $\lambda_1 = 1$ (二重), $\lambda_2 = 6$.

不难验证特征值 $\lambda_2 = 6$ 的代数重数与几何重数相等. 而 $\lambda_1 = 1$ 的代数重数为 2, 于是由定理 5.2.2 知, A 能相似于对角矩阵当且仅当 $\lambda_1 = 1$ 的几何重数等于 2, 即 $r(E - A) = 1$, 而 $E - A = \begin{pmatrix} -1 & 0 & -1 \\ -3 & 0 & -a \\ -4 & 0 & -4 \end{pmatrix}$, 很显然, $r(E - A) = 1$ 当且仅当 $a = 3$, 故 $a = 3$.

当 $a = 3$ 时, 不难求得 A 的属于特征值 $\lambda_1 = 1, \lambda_2 = 6$ 的线性无关的特征向量分别为

$$\xi_1 = (0,1,0)^T, \quad \xi_2 = (-1,0,1)^T, \quad \xi_3 = (1,3,4)^T.$$

令 $P = (\xi_1, \xi_2, \xi_3)$, 则 P 是所求的可逆矩阵, 且 $P^{-1}AP = \text{diag}(1,1,6)$.

例 5.2.4 设矩阵 $A = \begin{pmatrix} 2 & -1 & 2 \\ -2 & a & 1 \\ -1 & b & -1 \end{pmatrix}$ 有两个特征值 $1, -1$.

(1) 求参数 a, b 的值;

(2) 判断 A 能否相似于对角矩阵, 并说明理由.

分析 可利用定理 5.1.1、推论 5.1.1 和推论 5.2.1 求解.

解 (1) 由题设和定理 5.1.1 知, $|E - A| = 0, |-E - A| = 0$, 不难计算

$$|E - A| = -5(1 - b), \quad |-E - A| = 7b - 2a - 3,$$

于是 $\begin{cases} 1 - b = 0, \\ 7b - 2a - 3 = 0, \end{cases}$ 解得 $\begin{cases} a = 2, \\ b = 1. \end{cases}$

(2) 当 $a=2, b=1$ 时, $|A|=-3$, 设 A 的另一个特征值为 λ, 则 $|A|=-\lambda$, 于是 $\lambda=3$, 从而 A 有三个不同的特征值, 故由推论 5.2.1 知, A 能相似于对角矩阵.

例 5.2.5　设 n 阶方阵 $A=\begin{pmatrix} a & b & \cdots & b \\ b & a & \cdots & b \\ \vdots & \vdots & & \vdots \\ b & b & \cdots & a \end{pmatrix}$, 求 A 的特征值, 判断 A 能否相似于对角矩阵, 若能, 求一个可逆矩阵 P, 使得 $P^{-1}AP$ 为对角矩阵.

分析　可利用命题 5.1.3 和命题 5.1.2 求 A 的特征值, 利用定理 5.2.1 判断 A 能否相似于对角矩阵.

解　令 $C=(1,1,\cdots,1)_{1\times n}$, 则 $A=(a-b)E_n+bC^{\mathrm{T}}C$, $bCC^{\mathrm{T}}=nb$, 其中 E 为 n 阶单位矩阵, 于是由命题 5.1.3 得 $bC^{\mathrm{T}}C$ 的全部特征值为 nb, 0 ($n-1$ 重), 因此, 由命题 5.1.2 得 A 的全部特征值为 $\lambda_1=a+(n-1)b$ 和 $\lambda_2=a-b$ ($n-1$ 重).

当 $b=0$ 时, $A=aE$, 很显然, 矩阵 A 能相似于对角矩阵. 下面不妨设 $b\neq 0$.

对于 $\lambda_1=a+(n-1)b$, $r(\lambda_1 E-A)=n-1$, 且 $(\lambda_1 E-A)$ 的各行元素之和都为 0, 于是由例 5.1.1 知, n 维向量 $\xi_1=(1,1,\cdots,1)^{\mathrm{T}}$ 是 A 的属于特征值 λ_1 的全部线性无关的特征向量.

对于 $\lambda_2=a-b$, 解齐次线性方程组 $((a-b)E-A)X=0$, 得 A 的属于特征值 λ_2 的全部线性无关的特征向量为

$$\xi_2=(-1,1,0,\cdots,0)^{\mathrm{T}}, \xi_3=(-1,0,1,0,\cdots,0)^{\mathrm{T}},\cdots,\xi_n=(-1,0,\cdots,0,1)^{\mathrm{T}}.$$

由定理 5.1.3 知, $\xi_1,\xi_2,\cdots,\xi_n$ 线性无关, 从而 A 有 n 个线性无关的特征向量, 故由定理 5.2.1 知, A 能相似于对角矩阵. 令 $P=(\xi_1,\xi_2,\cdots,\xi_n)$, 则 P 为所求可逆矩阵, 且

$$P^{-1}AP=\mathrm{diag}(a+(n-1)b,\overbrace{a-b,\cdots,a-b}^{(n-1)\text{ 个}}).$$

例 5.2.6(2015 年全国硕士研究生入学统一考试数学一、二、三真题)　设矩阵 $A=\begin{pmatrix} 0 & 2 & -3 \\ -1 & 3 & -3 \\ 1 & -2 & a \end{pmatrix}$ 相似于矩阵 $B=\begin{pmatrix} 1 & -2 & 0 \\ 0 & b & 0 \\ 0 & 3 & 1 \end{pmatrix}$.

(1) 求 a,b 的值;

(2) 求一个可逆矩阵 P, 使得 $P^{-1}AP$ 为对角矩阵.

解　(1) 由相似矩阵的性质知, $\mathrm{tr}(A)=\mathrm{tr}(B), |A|=|B|$, 即

$$3+a=2+b, \begin{vmatrix} 0 & 2 & -3 \\ -1 & 3 & -3 \\ 1 & -2 & a \end{vmatrix} = \begin{vmatrix} 1 & -2 & 0 \\ 0 & b & 0 \\ 0 & 3 & 1 \end{vmatrix},$$

于是 $\begin{cases} a-b=-1, \\ 2a-b=3, \end{cases}$ 解得 $\begin{cases} a=4, \\ b=5. \end{cases}$

(2) 当 $a=4,b=5$ 时，矩阵 $A=E+B_1C_1$，其中 $B_1=(-1,-1,1)^{\mathrm{T}}, C_1=(1,-2,3)$，$E$ 为三阶单位矩阵，而 $C_1B_1=4$，由命题 5.1.3 得 B_1C_1 的全部特征值为 $\lambda_1=0$ (二重)，$\lambda_2=4$.

对于 $\lambda_1=0$，$\lambda_2=4$，解齐次线性方程组 $(0E-B_1C_1)X=0$，$(4E-B_1C_1)X=0$，得它们的一个基础解系分别为 $\xi_1=(2,1,0)^{\mathrm{T}}, \xi_2=(-3,0,1)^{\mathrm{T}}$ 和 $\xi_3=(-1,-1,1)^{\mathrm{T}}$.

由命题 5.1.2 得 A 的全部特征值为 1 (二重)和 5，A 的属于特征值 1 和 5 的全部线性无关特征向量分别为 ξ_1,ξ_2 和 ξ_3，由定理 5.1.3 知，ξ_1,ξ_2,ξ_3 线性无关，从而 A 有三个线性无关的特征向量，故由定理 5.2.1 知，A 能相似于对角矩阵.

令 $P=(\xi_1,\xi_2,\xi_3)$，则 P 是所求的可逆矩阵，且 $P^{-1}AP=\mathrm{diag}(1,1,5)$.

例 5.2.7　设二阶方阵 $A=\begin{pmatrix} a & b \\ c & d \end{pmatrix}$，证明

(1) 若 $|A|<0$，则 A 能相似于对角矩阵；

(2) 若 b 与 c 同号，则 A 能相似于对角矩阵.

证明　(1) 由 $|A|<0$ 知，A 有两个互异特征值，故 A 能相似于对角矩阵.

(2) A 的特征多项式为 $f(\lambda)=|\lambda E-A|=\lambda^2-(a+d)\lambda+ad-bc$，于是其特征方程 $f(\lambda)=0$ 的判别式 $\Delta=(a+d)^2-4(ad-bc)=(a-d)^2+4bc$，若 b 与 c 同号，则 $\Delta>0$，由此得，A 有两个互异特征值，故 A 能相似于对角矩阵.

2. 矩阵相似的判断(证明)

可根据定义 5.2.1 或命题 5.2.2 判断(证明)两个 n 阶矩阵相似，但命题 5.2.2 只适用于两个矩阵都能相似于对角矩阵的情形；判断(证明)两个 n 阶矩阵不相似只需说明它们的特征多项式不相同，特别地，说明它们的迹或行列式不相等即可.

例 5.2.8(2018 年全国硕士研究生入学统一考试数学一、二、三真题)　下列矩阵中，与矩阵 $A=\begin{pmatrix} 1 & 1 & 0 \\ 0 & 1 & 1 \\ 0 & 0 & 1 \end{pmatrix}$ 相似的为(　　).

(A) $\begin{pmatrix} 1 & 1 & -1 \\ 0 & 1 & 1 \\ 0 & 0 & 1 \end{pmatrix}$ (B) $\begin{pmatrix} 1 & 0 & -1 \\ 0 & 1 & 1 \\ 0 & 0 & 1 \end{pmatrix}$ (C) $\begin{pmatrix} 1 & 1 & -1 \\ 0 & 1 & 0 \\ 0 & 0 & 1 \end{pmatrix}$ (D) $\begin{pmatrix} 1 & 0 & -1 \\ 0 & 1 & 0 \\ 0 & 0 & 1 \end{pmatrix}$

解 因为 $P^{-1}AP = \begin{pmatrix} 1 & 1 & -1 \\ 0 & 1 & 1 \\ 0 & 0 & 1 \end{pmatrix}$, 其中 $P = \begin{pmatrix} 1 & 1 & 0 \\ 0 & 1 & 0 \\ 0 & 0 & 1 \end{pmatrix}$, 所以选项(A)正确.

例 5.2.9(2014 年全国硕士研究生入学统一考试数学一、二、三真题) 证明 n

阶矩阵 $A = \begin{pmatrix} 1 & 1 & \cdots & 1 \\ 1 & 1 & \cdots & 1 \\ \vdots & \vdots & & \vdots \\ 1 & 1 & \cdots & 1 \end{pmatrix}$ 与 $B = \begin{pmatrix} 0 & \cdots & 0 & 1 \\ 0 & \cdots & 0 & 2 \\ \vdots & & \vdots & \vdots \\ 0 & \cdots & 0 & n \end{pmatrix}$ 相似.

分析 可根据命题 5.2.2 证明.

证明 由 A 是实对称矩阵知, A 相似于对角矩阵. 由于 $A = \alpha^{\mathrm{T}}\alpha$, 其中 $\alpha = (1,1,\cdots,1)_{1\times n}$, 而 $\alpha\alpha^{\mathrm{T}} = n$, 于是由命题 5.1.3 得 A 的全部特征值为 $\lambda_1 = 0$ ($n-1$ 重), $\lambda_2 = n$. 不难计算 B 的特征多项式为 $f(\lambda) = \lambda^{n-1}(\lambda - n)$, 从而 B 与 A 有相同的特征值.

对于 $\lambda_1 = 0$, $r(0E - B) = 1$, 于是其代数重数与几何重数相等都等于 $n-1$; 对于 $\lambda_2 = n$, $r(nE - B) = n-1$, 于是其代数重数与几何重数相等都等于 1, 因此, 由定理 5.2.2 知, B 能相似于对角矩阵, 故由命题 5.2.2 知, A 与 B 相似.

例 5.2.10 设 A, B, C, D 均为 n 阶方阵, 若 A 与 B 相似, C 与 D 相似, 证明矩阵 $\begin{pmatrix} A & O \\ O & C \end{pmatrix}$ 与 $\begin{pmatrix} B & O \\ O & D \end{pmatrix}$ 相似.

证明 由题设知, 存在 n 阶可逆矩阵 P_1, P_2, 使得 $P_1^{-1}AP_1 = B, P_2^{-1}CP_2 = D$, 令 $P = \begin{pmatrix} P_1 & O \\ O & P_2 \end{pmatrix}$, 则由 $|P| = |P_1||P_2| \neq 0$ 知, P 可逆, 且 $P^{-1} = \begin{pmatrix} P_1^{-1} & O \\ O & P_2^{-1} \end{pmatrix}$, 于是

$$P^{-1}\begin{pmatrix} A & O \\ O & C \end{pmatrix}P = \begin{pmatrix} P_1^{-1} & O \\ O & P_2^{-1} \end{pmatrix}\begin{pmatrix} A & O \\ O & C \end{pmatrix}\begin{pmatrix} P_1 & O \\ O & P_2 \end{pmatrix} = \begin{pmatrix} P_1^{-1}AP_1 & O \\ O & P_2^{-1}AP_2 \end{pmatrix} = \begin{pmatrix} B & O \\ O & D \end{pmatrix},$$

故 $\begin{pmatrix} A & O \\ O & C \end{pmatrix}$ 与 $\begin{pmatrix} B & O \\ O & D \end{pmatrix}$ 相似.

例 5.2.11 设 A, B 均为 n 阶方阵, 若 $B = P^{-1}AP$, 其中 P 是 n 阶可逆矩阵, 证明

(1) A^* 与 B^* 相似, 其中 A^* 与 B^* 分别是 A 与 B 的伴随矩阵;

(2) 若 λ_0 为 A 的一个特征值, ξ_0 为 A 的属于特征值 λ_0 的一个特征向量, 则 $P^{-1}\xi_0$ 是 B 的属于特征值 λ_0 的一个特征向量.

证明　(1) 由性质 2.3.1 知，P 的伴随矩阵 P^* 可逆，且 $(P^*)^{-1} = (P^{-1})^*$，于是由性质 2.3.2 中(4)得 $B^* = (P^{-1}AP)^* = P^*A^*(P^{-1})^* = P^*A^*(P^*)^{-1}$，故 A^* 与 B^* 相似.

(2) 由题设知，$A\xi_0 = \lambda_0\xi_0$，$P^{-1}\xi_0 \neq 0$，于是

$$B(P^{-1}\xi_0) = P^{-1}AP(P^{-1}\xi_0) = P^{-1}A(PP^{-1})\xi_0 = P^{-1}A\xi_0 = \lambda_0(P^{-1}\xi_0),$$

即 $P^{-1}\xi_0$ 是 B 的属于特征值 λ_0 的一个特征向量.

例 5.2.12(2019 年全国硕士研究生入学统一考试数学一、二、三真题)　已知

矩阵 $A = \begin{pmatrix} -2 & -2 & 1 \\ 2 & x & -2 \\ 0 & 0 & -2 \end{pmatrix}$ 与 $B = \begin{pmatrix} 2 & 1 & 0 \\ 0 & -1 & 0 \\ 0 & 0 & y \end{pmatrix}$ 相似.

(1) 求 x, y;

(2) 求一个可逆矩阵 P，使得 $P^{-1}AP = B$.

分析　先根据性质 5.2.1 求出 x, y 的值，然后分别把 A, B 对角化，即可求得可逆矩阵 P.

解　(1) 由相似矩阵的性质知，$|A| = |B|$，$\mathrm{tr}A = \mathrm{tr}B$，于是 $\begin{cases} 2x + y = 4, \\ x - y = 5, \end{cases}$ 解得 $x = 3, y = -2$.

(2) 当 $x = 3, y = -2$ 时，B 的全部特征值为 $\lambda_1 = 2, \lambda_2 = -1, \lambda_3 = -2$，$A$ 的特征多项式为 $f(\lambda) = (\lambda - 2)(\lambda + 1)(\lambda + 2)$，因此，$A$ 与 B 有相同的特征值，且 A, B 都相似于对角形矩阵 $\Lambda = \mathrm{diag}(2, -1, -2)$.

解齐次线性方程组 $(2E - A)X = 0, (-E - A)X = 0, (-2E - A)X = 0$，得 A 的属于特征值 $\lambda_1 = 2, \lambda_2 = -1, \lambda_3 = -2$ 的线性无关的特征向量分别为

$$\alpha_1 = (1, -2, 0)^{\mathrm{T}}, \quad \alpha_2 = (2, -1, 0)^{\mathrm{T}}, \quad \alpha_3 = (-1, 2, 4)^{\mathrm{T}}.$$

令 $P_1 = (\alpha_1, \alpha_2, \alpha_3)$，则 P_1 是可逆矩阵，且 $P_1^{-1}AP_1 = \Lambda$.

解齐次线性方程组 $(2E - B)X = 0, (-E - B)X = 0, (-2E - B)X = 0$，得 B 的属于特征值 $\lambda_1 = 2, \lambda_2 = -1, \lambda_3 = -2$ 线性无关的特征向量为分别为

$$\beta_1 = (1, 0, 0)^{\mathrm{T}}, \quad \beta_2 = (-1, 3, 0)^{\mathrm{T}}, \quad \beta_3 = (0, 0, 1)^{\mathrm{T}}.$$

令 $P_2 = (\beta_1, \beta_2, \beta_3)$，则 P_2 是可逆矩阵，且 $P_2^{-1}BP_2 = \Lambda$.

令 $P = P_1P_2^{-1}$，则 P 是可逆矩阵，且 $P^{-1}AP = B$，故所求可逆矩阵

$$P = P_1P_2^{-1} = \begin{pmatrix} 1 & 1 & -1 \\ -2 & -1 & 2 \\ 0 & 0 & 4 \end{pmatrix}.$$

例 5.2.13　设 α, β 均为三维列向量, β^{T} 为 β 的转置, $\alpha\beta^{\mathrm{T}}$ 相似于 $\begin{pmatrix} 2 & 0 & 0 \\ 0 & 0 & 0 \\ 0 & 0 & 0 \end{pmatrix}$,

求 $\beta^{\mathrm{T}}\alpha$.

解　由相似矩阵的性质知, $\alpha\beta^{\mathrm{T}}$ 的全部特征值为 2, 0(二重), 于是由命题
5.1.3 知, $\alpha\beta^{\mathrm{T}}$ 与 $\beta^{\mathrm{T}}\alpha$ 有相同的非零特征值, 故 $\beta^{\mathrm{T}}\alpha$ 的特征值为 2, 即 $\beta^{\mathrm{T}}\alpha = 2$.

3. 矩阵对角化的应用

例 5.2.14　设三阶矩阵 A 的特征值分别为 $\lambda_1 = 1, \lambda_2 = 0, \lambda_3 = -1$, 对应的特征向
量分别为 $\xi_1 = (1,2,2)^{\mathrm{T}}, \xi_2 = (2,-2,1)^{\mathrm{T}}, \xi_3 = (-2,-1,2)^{\mathrm{T}}$, 试求 A.

解　由题设知, A 有三个不同的特征值, 故 A 能相似于对角矩阵. 易验证,
ξ_1, ξ_2, ξ_3 两两正交, 将其单位化得 $\eta_1 = \frac{1}{3}(1,2,2)^{\mathrm{T}}, \eta_2 = \frac{1}{3}(2,-2,1)^{\mathrm{T}}, \eta_3 = \frac{1}{3}(-2,-1,2)^{\mathrm{T}}$.

令 $Q = (\eta_1, \eta_2, \eta_3)$, 则 Q 为正交矩阵, 且 $Q^{\mathrm{T}}AQ = \mathrm{diag}(1, 0, -1)$, 于是

$$A = Q\mathrm{diag}(1, 0, -1)Q^{\mathrm{T}} = \frac{1}{3}\begin{pmatrix} -1 & 0 & 2 \\ 0 & 1 & 2 \\ 2 & 2 & 0 \end{pmatrix}.$$

例 5.2.15　设三阶矩阵 A 的特征值分别为 $\lambda_1 = 1, \lambda_2 = 2, \lambda_3 = 3$, 对应的特征向
量分别为

$$\xi_1 = (1,1,1)^{\mathrm{T}}, \quad \xi_2 = (1,2,4)^{\mathrm{T}}, \quad \xi_3 = (1,3,9)^{\mathrm{T}}.$$

(1) 将向量 $\beta = (1,1,3)^{\mathrm{T}}$ 用 ξ_1, ξ_2, ξ_3 线性表示;

(2) 求 $A^n\beta$, 其中 n 为自然数.

解　(1) 由题设知, ξ_1, ξ_2, ξ_3 线性无关, $\xi_1, \xi_2, \xi_3, \beta$ 线性相关, 于是 β 能由
ξ_1, ξ_2, ξ_3 唯一线性表示, 且线性表示的系数为线性方程组 $(\xi_1, \xi_2, \xi_3)X = \beta$ 的唯
一解.

对 $(\xi_1, \xi_2, \xi_3, \beta)$ 施行初等行变换化为行最简形

$$(\xi_1, \xi_2, \xi_3, \beta) = \begin{pmatrix} 1 & 1 & 1 & 1 \\ 1 & 2 & 3 & 1 \\ 1 & 4 & 9 & 3 \end{pmatrix} \xrightarrow[\substack{r_3-r_1 \\ r_3-3r_2 \\ r_3\times\frac{1}{2}}]{r_2-r_1} \begin{pmatrix} 1 & 1 & 1 & 1 \\ 0 & 1 & 2 & 0 \\ 0 & 0 & 1 & 1 \end{pmatrix} \xrightarrow[\substack{r_1-r_3 \\ r_1-r_2}]{r_2-2r_3} \begin{pmatrix} 1 & 0 & 0 & 2 \\ 0 & 1 & 0 & -2 \\ 0 & 0 & 1 & 1 \end{pmatrix},$$

可见, 方程组 $(\xi_1, \xi_2, \xi_3)X = \beta$ 的唯一解为 $(2, -2, 1)^{\mathrm{T}}$, 故 $\beta = 2\xi_1 - 2\xi_2 + \xi_3$.

(2) 由题设知, A 能相似于对角矩阵, 令 $P = (\xi_1, \xi_2, \xi_3)$, 则 P 是可逆矩阵,

$P^{-1}AP = \mathrm{diag}(1,2,3)$, 由(1)知, $\beta = (\xi_1, \xi_2, \xi_3)\begin{pmatrix} 2 \\ -2 \\ 1 \end{pmatrix}$, 于是

$$A^n\beta = P\begin{pmatrix} 1 & & \\ & 2^n & \\ & & 3^n \end{pmatrix}P^{-1}P\begin{pmatrix} 2 \\ -2 \\ 1 \end{pmatrix} = \begin{pmatrix} 1 & 1 & 1 \\ 1 & 2 & 3 \\ 1 & 4 & 9 \end{pmatrix}\begin{pmatrix} 1 & & \\ & 2^n & \\ & & 3^n \end{pmatrix}\begin{pmatrix} 2 \\ -2 \\ 1 \end{pmatrix} = \begin{pmatrix} 2-2^{n+1}+3^n \\ 2-2^{n+2}+3^{n+1} \\ 2-2^{n+3}+3^{n+2} \end{pmatrix}.$$

例 5.2.16(2016 年全国硕士研究生入学统一考试数学一、二、三真题)　已知
矩阵

$$A = \begin{pmatrix} 0 & -1 & 1 \\ 2 & -3 & 0 \\ 0 & 0 & 0 \end{pmatrix}.$$

(1) 求 A^{99};

(2) 设三阶矩阵 $B = (\alpha_1, \alpha_2, \alpha_3)$ 满足 $B^2 = BA$. 记 $B^{100} = (\beta_1, \beta_2, \beta_3)$, 将 $\beta_1, \beta_2, \beta_3$ 分别表示为 $\alpha_1, \alpha_2, \alpha_3$ 的线性组合.

解　(1) A 的特征多项式为 $f(\lambda) = |\lambda E - A| = \lambda(\lambda+1)(\lambda+2)$, 所以 A 有三个互异特征值 $\lambda_1 = 0, \lambda_2 = -1, \lambda_3 = -2$, 于是由推论 5.2.1 知, A 能与对角矩阵相似.

对于 $\lambda_1 = 0, \lambda_2 = -1, \lambda_3 = -2$, 解齐次线性方程组 $(0E-A)X = 0, (-E-A)X = 0$, $(-2E-A)X = 0$, 得 A 的属于这三个特征值的线性无关的特征向量分别为

$$\xi_1 = (3,2,2)^{\mathrm{T}}, \quad \xi_2 = (1,1,0)^{\mathrm{T}}, \quad \xi_3 = (1,2,0)^{\mathrm{T}}.$$

令 $P = (\xi_1, \xi_2, \xi_3)$, 则 P 是可逆矩阵, 且 $P^{-1}AP = \mathrm{diag}(0,-1,-2) = \Lambda$, 于是

$$A^{99} = P\Lambda^{99}P^{-1} = \begin{pmatrix} 3 & 1 & 1 \\ 2 & 1 & 2 \\ 2 & 0 & 0 \end{pmatrix}\begin{pmatrix} 0 & & \\ & (-1)^{99} & \\ & & (-2)^{99} \end{pmatrix}\begin{pmatrix} 0 & 0 & \frac{1}{2} \\ 2 & -1 & -2 \\ -1 & 1 & \frac{1}{2} \end{pmatrix}$$

$$= \begin{pmatrix} 2^{99}-2 & 1-2^{99} & 2-2^{98} \\ 2^{100}-2 & 1-2^{100} & 2-2^{99} \\ 0 & 0 & 0 \end{pmatrix}.$$

(2) 由 $B^2 = BA$ 得 $B^3 = B^2 A = (BA)A = BA^2, \cdots, B^{100} = B^2 A^{98} = (BA)A^{98} = BA^{99}$, 故

$$\beta_1 = (2^{99}-2)\alpha_1 + (2^{100}-2)\alpha_2,$$
$$\beta_2 = (1-2^{99})\alpha_1 + (1-2^{100})\alpha_2,$$
$$\beta_3 = (2-2^{98})\alpha_1 + (2-2^{99})\alpha_2.$$

5.3　实对称矩阵的对角化

5.3.1　基础理论

性质 5.3.1　实对称矩阵的特征值都是实数.

性质 5.3.2　设 A 是一个 n 阶实对称矩阵, 则属于 A 的不同特征值的实特征向量一定正交.

定理 5.3.1　设 A 是一个 n 阶实对称矩阵, 则存在一个 n 阶正交矩阵 Q, 使得

$$Q^{-1}AQ = Q^{\mathrm{T}}AQ = \mathrm{diag}(\lambda_1, \lambda_2, \cdots, \lambda_n),$$

其中 $\lambda_1, \lambda_2, \cdots, \lambda_n$ 为 A 的全部特征值.

推论 5.3.1　实对称矩阵每个特征值的几何重数等于代数重数.

5.3.2　题型与方法

1. 实对称矩阵的对角化

求 n 阶实对称矩阵 A 的相似对角矩阵 Λ 和使 $Q^{-1}AQ = \Lambda$ 的正交矩阵 Q 的步骤如下

(1) 求出 A 的全部互异特征值 $\lambda_1, \lambda_2, \cdots, \lambda_s$, 设它们的重数分别为 $n_1, n_2, \cdots, n_s$, $\sum\limits_{i=1}^{s} n_i = n$;

(2) 对每一个特征值 $\lambda_i (i = 1, 2, \cdots, s)$, 求齐次线性方程组 $(\lambda_i E - A)X = 0$ 的一个基础解系, 设为 $\xi_{i1}, \xi_{i2}, \cdots, \xi_{in_i}$, 将 $\xi_{i1}, \xi_{i2}, \cdots, \xi_{in_i}$ 用施密特正交化方法化为标准正交组 $\eta_{i1}, \eta_{i2}, \cdots, \eta_{in_i} (i = 1, 2, \cdots, s)$, 则 $\eta_{11}, \eta_{12}, \cdots, \eta_{1n_1}, \eta_{21}, \eta_{22}, \cdots, \eta_{2n_2}, \cdots, \eta_{s1}, \eta_{s2}, \cdots, \eta_{sn_s}$ 为 R^n 的一组标准正交基;

(3) 令 $Q = (\eta_{11}, \eta_{12}, \cdots, \eta_{1n_1}, \cdots, \eta_{s1}, \eta_{s2}, \cdots, \eta_{sn_s})$, 则 Q 为所求 n 阶正交矩阵, 且

$$Q^{-1}AQ = Q^{\mathrm{T}}AQ = \mathrm{diag}(\overbrace{\lambda_1, \cdots, \lambda_1}^{n_1 \uparrow}, \overbrace{\lambda_2, \cdots, \lambda_2}^{n_2 \uparrow}, \cdots, \overbrace{\lambda_s, \cdots, \lambda_s}^{n_s \uparrow}).$$

这里, 应注意的是, 在上式右边的对角矩阵中, 主对角线上元素的排列次序和正交矩阵 Q 列向量的排列次序一致.

例 5.3.1　设矩阵 $A = \begin{pmatrix} 2 & 2 & -2 \\ 2 & 5 & -4 \\ -2 & -4 & 5 \end{pmatrix}$, 求一个正交矩阵 Q, 使得 $Q^{\mathrm{T}}AQ$ 为对角矩阵.

解　A 的特征多项式为 $f(\lambda) = |\lambda E - A| = (\lambda - 1)^2 (\lambda - 10)$, 所以 A 的全部特征

值为 $\lambda_1 = 1$(二重), $\lambda_2 = 10$.

对于 $\lambda_1 = 1$, 解齐次线性方程组 $(E-A)X = 0$, 得其一个基础解系为

$$\xi_1 = (2,-1,0)^{\mathrm{T}}, \quad \xi_2 = (2,0,1)^{\mathrm{T}}.$$

将 ξ_1, ξ_2 正交化得 $\beta_1 = \xi_1, \beta_2 = \xi_2 - \dfrac{(\xi_2, \beta_1)}{(\beta_1, \beta_1)}\beta_1 = \xi_2 - \dfrac{4}{5}\beta_1 = \dfrac{1}{5}(2,4,5)^{\mathrm{T}}$.

对于 $\lambda_2 = 10$, 解齐次线性方程组 $(10E-A)X = 0$, 得其一个基础解系为 $\xi_3 = (1,2,-2)^{\mathrm{T}}$. 将 β_1, β_2, ξ_3 单位化得

$$\eta_1 = \frac{1}{\sqrt{5}}(2,-1,0)^{\mathrm{T}}, \quad \eta_2 = \frac{1}{3\sqrt{5}}(2,4,5)^{\mathrm{T}}, \quad \eta_3 = \frac{1}{3}(1,2,-2)^{\mathrm{T}}.$$

令 $Q = (\eta_1, \eta_2, \eta_3)$, 则 Q 为所求的正交矩阵, 且 $Q^{\mathrm{T}}AQ = \mathrm{diag}(1,1,10)$.

例 5.3.2 设三阶实对称矩阵 A 的各行元素之和均为 3, 向量 $\alpha_1 = (-1,2,-1)^{\mathrm{T}}$, $\alpha_2 = (0,-1,1)^{\mathrm{T}}$ 是线性方程组 $AX = 0$ 的两个解.

(1) 求矩阵 A 的特征值与特征向量;

(2) 求一个正交矩阵 Q 和对角形矩阵 Λ, 使得 $Q^{\mathrm{T}}AQ = \Lambda$.

解 (1) 由题设知, $A\alpha_3 = 3\alpha_3$, 其中 $\alpha_3 = (1,1,1)^{\mathrm{T}}$, 即 3 是 A 的一个特征值, α_3 是 A 的属于特征值 3 的特征向量, 故 A 的属于特征值 3 的全部特征向量为 $k_3\alpha_3$, 其中 k_3 是任意非零实数.

由定理 5.3.1 和 3 是 A 的一个特征值知, $r(A) \geqslant 1$, 由 α_1, α_2 是 $AX = 0$ 的两个线性无关的解知, $r(A) \leqslant 3 - 2 = 1$, 所以 $r(A) = 1$, 从而 0 是 A 的二重特征值, α_1, α_2 是 A 的属于特征值 0 的线性无关的特征向量, 故 A 的属于特征值 0 的全部特征向量为 $k_1\alpha_1 + k_2\alpha_2$, 其中 k_1, k_2 是任意不全为零的实数.

(2) 将 α_1, α_2 正交化得 $\beta_1 = \alpha_1, \beta_2 = \alpha_2 - \dfrac{(\alpha_2, \beta_1)}{(\beta_1, \beta_1)}\beta_1 = \alpha_2 + \dfrac{1}{2}\beta_1 = \dfrac{1}{2}(-1,0,1)^{\mathrm{T}}$.

再将 $\beta_1, \beta_2, \alpha_3$ 单位化得 $\eta_1 = \dfrac{1}{\sqrt{6}}(-1,2,-1)^{\mathrm{T}}, \eta_2 - \dfrac{1}{\sqrt{2}}(-1,0,1)^{\mathrm{T}}, \eta_3 = \dfrac{1}{\sqrt{3}}(1,1,1)^{\mathrm{T}}$.

令 $Q = (\eta_1, \eta_2, \eta_3)$, 则 Q 是所求的正交矩阵, $\Lambda = \mathrm{diag}(0,0,3)$ 为所求对角矩阵, 且

$$Q^{\mathrm{T}}AQ = \Lambda = \mathrm{diag}(0,0,3).$$

例 5.3.3(2010 年全国硕士研究生入学统一考试数学二、三真题) 设矩阵 $A = \begin{pmatrix} 0 & -1 & 4 \\ -1 & 3 & a \\ 4 & a & 0 \end{pmatrix}$, 正交矩阵 Q 使得 $Q^{\mathrm{T}}AQ$ 为对角矩阵. 若 Q 的第一列为

$\gamma_1 = \dfrac{1}{\sqrt{6}}(1,2,1)^{\mathrm{T}}$，求 a,Q.

解 由题设知，$\xi_1 = (1,2,1)^{\mathrm{T}}$ 为 A 的一个特征向量，设其对应的特征值为 λ_1，则 $A\xi_1 = \lambda_1\xi_1$，即 $\lambda_1\xi_1 = (2,5+a,4+2a)^{\mathrm{T}}$，解得 $\lambda_1 = 2, a = -1$.

当 $a = -1$ 时，A 为实对称矩阵，于是 A 相似于对角矩阵，A 的特征多项式为
$$f(\lambda) = |\lambda E - A| = (\lambda-2)(\lambda-5)(\lambda+4),$$
所以 A 的全部特征值为 $\lambda_1 = 2, \lambda_2 = 5, \lambda_3 = -4$.

对特征值 $\lambda_2 = 5, \lambda_3 = -4$，解齐次线性方程组 $(5E-A)X = 0, (-4E-A)X = 0$，得 A 的属于这两个特征值的特征向量分别为 $\xi_2 = (1,-1,1)^{\mathrm{T}}, \xi_3 = (-1,0,1)^{\mathrm{T}}$，将 ξ_2, ξ_3 单位化得
$$\gamma_2 = \frac{1}{\sqrt{3}}(1,-1,1)^{\mathrm{T}}, \quad \gamma_3 = \frac{1}{\sqrt{2}}(-1,0,1)^{\mathrm{T}}.$$

令 $Q = (\gamma_1, \gamma_2, \gamma_3)$，则 Q 为所求正交矩阵，且 $Q^{\mathrm{T}}AQ = \mathrm{diag}(2,5,-4)$.

例 5.3.4 设矩阵 $A = \begin{pmatrix} 1 & 1 & a \\ 1 & a & 1 \\ a & 1 & 1 \end{pmatrix}$ 和向量 $\beta = \begin{pmatrix} 1 \\ 1 \\ -2 \end{pmatrix}$，若线性方程组 $AX = \beta$ 有解，但不唯一，试求

(1) a 的值；

(2) 正交矩阵 Q，使得 $Q^{\mathrm{T}}AQ$ 为对角矩阵.

解 (1) 不难计算 $|A| = -(a+2)(a-1)^2$.

当 $|A| \neq 0$，即 $a \neq -2$，且 $a \neq 1$ 时，方程组 $AX = \beta$ 有唯一解；

当 $a = 1$ 时，$r(A) = 1, r(A,\beta) = 2$，方程组 $AX = \beta$ 无解；

当 $a = -2$ 时，$r(A) = r(A,\beta) = 2 < 3$，方程组 $AX = \beta$ 有无穷多解，故由题设知，$a = -2$.

(2) 当 $a = -2$ 时，A 为实对称矩阵，于是 A 相似于对角矩阵. A 的特征多项式为
$$f(\lambda) = |\lambda E - A| = \lambda(\lambda-3)(\lambda+3),$$
所以 A 的全部特征值为 $\lambda_1 = 0, \lambda_2 = 3, \lambda_3 = -3$.

对特征值 $\lambda_1 = 0, \lambda_2 = 3, \lambda_3 = -3$，解齐次线性方程组 $(0E-A)X = 0, (3E-A)X = 0, (-3E-A)X = 0$，得 A 的属于这三个特征值的彼此正交的特征向量为
$$\xi_1 = (1,1,1)^{\mathrm{T}}, \quad \xi_2 = (1,0,-1)^{\mathrm{T}}, \quad \xi_3 = (1,-2,1)^{\mathrm{T}}.$$

将 ξ_1, ξ_2, ξ_3 单位化得

$$\eta_1 = \frac{1}{\sqrt{3}}(1,1,1)^T, \quad \eta_2 = \frac{1}{\sqrt{2}}(1,0,-1)^T, \quad \eta_3 = \frac{1}{\sqrt{6}}(1,-2,1)^T.$$

令 $Q = (\eta_1, \eta_2, \eta_3)$，则 Q 为所求正交矩阵，且 $Q^T A Q = \mathrm{diag}(0,3,-3)$.

例 5.3.5　设三维列向量 $\xi = (2,0,1)^T$ 是实对称矩阵 $A = \begin{pmatrix} 2 & 2 & -2 \\ 2 & 5 & b \\ -2 & b & a \end{pmatrix}$ 的一个特

征向量.

(1) 求 a, b 的值；

(2) 求一个正交矩阵 Q，使得 $Q^{-1}AQ$ 为对角矩阵，并给出这个对角矩阵.

解　(1) 设 λ 是 A 的对应于特征向量 ξ 的特征值，则有 $A\xi = \lambda\xi$，于是 $(2,b$ $+4, a-4)^T = \lambda(2,0,1)^T$，解得 $\lambda = 1, a = 5, b = -4$.

(2) 当 $a = 5, b = -4$ 时，由例 5.3.1 知，所求正交矩阵和对角矩阵分别为

$$Q = \begin{pmatrix} \dfrac{2}{\sqrt{5}} & \dfrac{2}{3\sqrt{5}} & \dfrac{1}{3} \\[3mm] -\dfrac{1}{\sqrt{5}} & \dfrac{4}{3\sqrt{5}} & \dfrac{2}{3} \\[3mm] 0 & \dfrac{5}{3\sqrt{5}} & -\dfrac{2}{3} \end{pmatrix}, \quad \mathrm{diag}(1,1,10).$$

2. 实对称矩阵中的逆问题

已知实对称矩阵 A 的(部分)特征值、(部分)特征向量，求实对称矩阵 A 的步骤如下：

(1) 利用实对称矩阵的性质和题设条件，求出 A 的全部特征值和特征向量；

(2) 用施密特正交化方法求一个正交矩阵 Q，利用 $Q^T A Q = \Lambda$，即可求出 A.

例 5.3.6(2011 年全国硕士研究生入学统一考试数学一、二、三真题)　设 A 为

三阶实对称矩阵，$r(A) = 2$，且 $A\begin{pmatrix} 1 & 1 \\ 0 & 0 \\ -1 & 1 \end{pmatrix} = \begin{pmatrix} -1 & 1 \\ 0 & 0 \\ 1 & 1 \end{pmatrix}$.

(1) 求 A 的全部特征值与特征向量；

(2) 求矩阵 A.

解　(1) 令 $\alpha_1 = (1,0,-1)^T, \alpha_2 = (1,0,1)^T$，则由题设得，$A\alpha_1 = -\alpha_1, A\alpha_2 = \alpha_2$，即 $-1, 1$ 是 A 的特征值，α_1, α_2 分别是 A 的属于特征值 $-1, 1$ 的特征向量. 由 $r(A) = 2$ 知，A 的另一个特征值为 0，设 $\alpha_3 = (x_1, x_2, x_3)^T$ 是 A 的属于特征值 0 的一个特征向

量, 则 $(\alpha_i,\alpha_3)=0(i=1,2)$, 即 $\begin{cases} x_1-x_3=0, \\ x_1+x_3=0, \end{cases}$ 解得 $\alpha_3=(0,1,0)^T$, 故 A 的全部特征值

为 $-1,1,0$, A 的属于这三个特征值的全部特征向量分别为 $k_1\alpha_1, k_2\alpha_2, k_3\alpha_3$, 其中 k_1,k_2,k_3 均为任意非零实数.

(2) 由 A 是实对称矩阵知, A 能相似于对角矩阵. 由(1)知, $\alpha_1,\alpha_2,\alpha_3$ 两两正交, 将它们单位化得 $\eta_1=\dfrac{1}{\sqrt{2}}(1,0,-1)^T, \eta_2=\dfrac{1}{\sqrt{2}}(1,0,1)^T, \eta_3=(0,1,0)^T$.

令 $Q=(\eta_1,\eta_2,\eta_3)$, 则 Q 为正交矩阵, $Q^T AQ=\mathrm{diag}(-1,1,0)$, 于是

$$A=Q\begin{pmatrix} -1 & & \\ & 1 & \\ & & 0 \end{pmatrix}Q^T=\begin{pmatrix} 0 & 0 & 1 \\ 0 & 0 & 0 \\ 1 & 0 & 0 \end{pmatrix}.$$

例 5.3.7 设三阶实对称矩阵 A 的特征值为 $\lambda_1=1,\lambda_2=2,\lambda_3=-2$, $\alpha_1=(1,-1,1)^T$ 是 A 的属于特征值 λ_1 的一个特征向量, 记 $B=A^5-4A^3+E$, 其中 E 为三阶单位矩阵.

(1) 验证 α_1 是矩阵 B 的特征向量, 并求 B 的全部特征值与特征向量;

(2) 求矩阵 B.

解 (1) 由 A 为实对称矩阵知, B 为实对称矩阵. 由于

$$B\alpha_1=(A^5-4A^3+E)\alpha_1=(\lambda_1^5-4\lambda_1^3+1)\alpha_1=-2\alpha_1,$$

因此, -2 是 B 的一个特征值, α_1 是 B 的属于特征值 -2 的特征向量.

令 $g(x)=x^5-4x^3+1$, 则 $B=g(A)$, 由命题 5.1.2 知, B 的另外两个特征值为 $g(\lambda_2)=g(\lambda_3)=1$, 设 $\alpha=(x_1,x_2,x_3)^T$ 是 B 的属于特征值 1 的特征向量, 则 $(\alpha_1,\alpha)=0$, 即 $x_1-x_2+x_3=0$, 解得 B 的属于特征值 1 的线性无关的特征向量为

$$\alpha_2=(1,1,0)^T, \quad \alpha_3=(-1,0,1)^T.$$

因此, B 的全部特征值为 $-2,1$ (二重), B 的属于特征值为 $-2,1$ 的全部特征向量分别为 $k_1\alpha_1$ 和 $k_2\alpha_2+k_3\alpha_3$, 其中 k_1 是任意不为零的实数, k_2,k_3 是任意不全为零的实数.

(2) 将 α_2,α_3 正交化得 $\beta_2=\alpha_2$, $\beta_3=\alpha_3-\dfrac{(\alpha_3,\beta_2)}{(\beta_2,\beta_2)}\beta_2=\alpha_3+\dfrac{1}{2}\beta_2=\dfrac{1}{2}(-1,1,2)^T$.

再将 α_1,β_2,β_3 单位化得 $\eta_1=\dfrac{1}{\sqrt{3}}(1,-1,1)^T, \eta_2=\dfrac{1}{\sqrt{2}}(1,1,0)^T, \eta_3=\dfrac{1}{\sqrt{6}}(-1,1,2)^T$.

令 $Q=(\eta_1,\eta_2,\eta_3)$, 则 Q 是正交矩阵, $Q^T BQ=\mathrm{diag}(-2,1,1)$, 于是

$$B = Q \begin{pmatrix} -2 & & \\ & 1 & \\ & & 1 \end{pmatrix} Q^{\mathrm{T}} = \begin{pmatrix} 0 & 1 & -1 \\ 1 & 0 & 1 \\ -1 & 1 & 0 \end{pmatrix}.$$

3. 其他题型

例 5.3.8　设矩阵 $A = \begin{pmatrix} 1 & 2 & 3 \\ 2 & 4 & 6 \\ 3 & 6 & 9 \end{pmatrix}$，求 A^n.

分析　例 5.3.8 除用 2.1 节的方法求解外，还可利用实对称矩阵的对角化求解.

解　由 A 是实对称矩阵知，A 能相似于对角矩阵. A 的特征多项式为 $f(\lambda) = |\lambda E - A| = \lambda^2 (\lambda - 14)$，所以 A 的全部特征值为 $\lambda_1 = 14$ 和 $\lambda_2 = 0$(二重).

对 $\lambda_1 = 14, \lambda_2 = 0$，解齐次线性方程组 $(14E - A)X = 0, (0E - A)X = 0$，得 A 的属于这两个特征值的线性无关的特征向量分别为

$$\xi_1 = (1,2,3)^{\mathrm{T}}, \quad \xi_2 = (-2,1,0)^{\mathrm{T}}, \quad \xi_3 = (-3,0,1)^{\mathrm{T}}.$$

将 ξ_2, ξ_3 正交化得 $\beta_2 = \xi_2, \beta_3 = \xi_3 - \dfrac{(\xi_3, \beta_2)}{(\beta_2, \beta_2)} \beta_2 = \xi_3 - \dfrac{6}{5} \beta_2 = -\dfrac{1}{5}(3,6,-5)^{\mathrm{T}}$.

再将 ξ_1, β_2, β_3 单位化得

$$\eta_1 = \frac{1}{\sqrt{14}}(1,2,3)^{\mathrm{T}}, \quad \eta_2 = \frac{1}{\sqrt{5}}(-2,1,0)^{\mathrm{T}}, \quad \eta_3 = -\frac{1}{\sqrt{70}}(3,6,-5)^{\mathrm{T}}.$$

令 $Q = (\eta_1, \eta_2, \eta_3)$，则 Q 是一个正交矩阵，$Q^{\mathrm{T}} A Q = \mathrm{diag}(14,0,0)$，于是

$$A^n = Q \begin{pmatrix} 14^n & & \\ & 0 & \\ & & 0 \end{pmatrix} Q^{\mathrm{T}} = 14^{n-1} A.$$

例 5.3.9(2012 年全国硕士研究生入学统一考试数学一真题)　设 α 为三维单位列向量，E 为三阶单位矩阵，则 $E - \alpha\alpha^{\mathrm{T}}$ 的秩为 _____.

分析　可利用命题 5.1.3、命题 5.1.2 和相似矩阵的性质求解.

解　由 $E - \alpha\alpha^{\mathrm{T}}$ 为实对称矩阵知，$E - \alpha\alpha^{\mathrm{T}}$ 能相似于对角矩阵，故由相似矩阵的性质知，$E - \alpha\alpha^{\mathrm{T}}$ 秩等于它的非零特征值的个数. 由 α 为三维单位列向量知，$\alpha^{\mathrm{T}}\alpha = (\alpha, \alpha) = |\alpha|^2 = 1$，于是由命题 5.1.3 知，$\alpha\alpha^{\mathrm{T}}$ 的全部特征值为 0(二重),1，从而由命题 5.1.2 得 $E - \alpha\alpha^{\mathrm{T}}$ 的全部特征值为 1(二重), 0，故 $r(E - \alpha\alpha^{\mathrm{T}}) = 2$.

例 5.3.10　设 A 为 n 阶实对称矩阵，$r(A) = r$，且 $A^2 - 2A = O$，求 $|A^2 + A - 3E|$.

分析　可利用实对称矩阵的性质和命题 5.1.2 求解.

解　由 A 为实对称矩阵知，A 能相似于对角矩阵，故由相似矩阵的性质知，A 的秩等于其非零特征值的个数，于是由 $r(A) = r$ 知，0 是 A 的 $n-r$ 重特征值. 设 λ 是 A 的任一非零特征值，则由 $A^2 - 2A = O$ 得，$\lambda^2 - 2\lambda = 0$，即 $\lambda = 0$ 或 $\lambda = 2$，因此，A 的全部特征值为 $2(r\,重)$，$0(n-r\,重)$，从而由命题 5.1.2 得，$A^2 + A - 3E$ 的全部特征值为 $3(r\,重)$ 和 $-3(n-r\,重)$，故

$$\left| A^2 + A - 3E \right| = 3^r(-3)^{n-r} = (-1)^{n-r}3^n.$$

检 测 题 5

一、选择题

1. (2017 年全国硕士研究生入学考试数学一、三真题)　设 α 为 n 维单位列向量，E 为 n 阶单位矩阵，则(　　).

(A) $E - \alpha\alpha^{\mathrm{T}}$ 不可逆　　　　　　(B) $E + \alpha\alpha^{\mathrm{T}}$ 不可逆

(C) $E + 2\alpha\alpha^{\mathrm{T}}$ 不可逆　　　　　　(D) $E - 2\alpha\alpha^{\mathrm{T}}$ 不可逆

2. 设向量 α_1, α_2 分别为方阵 A 的属于两个不同特征值 λ_1, λ_2 的特征向量，k_1, k_2 为任意常数，且 $k_2 \neq 0$，则 $\alpha_1, A(k_1\alpha_1 + k_2\alpha_2)$ 线性相关的充分必要条件是(　　).

(A) $\lambda_1 \neq 0$　　(B) $\lambda_2 \neq 0$　　(C) $\lambda_1 = 0$　　(D) $\lambda_2 = 0$

3. (2010 年全国硕士研究生入学统一考试数学一、二、三真题)　设 A 是四阶实对称矩阵，且 $A^2 + A = 0$，若 $r(A) = 3$，则 A 相似于(　　).

(A) $\begin{pmatrix} 1 & & & \\ & 1 & & \\ & & 1 & \\ & & & 0 \end{pmatrix}$ (B) $\begin{pmatrix} 1 & & & \\ & 1 & & \\ & & -1 & \\ & & & 0 \end{pmatrix}$ (C) $\begin{pmatrix} 1 & & & \\ & -1 & & \\ & & -1 & \\ & & & 0 \end{pmatrix}$ (D) $\begin{pmatrix} -1 & & & \\ & -1 & & \\ & & -1 & \\ & & & 0 \end{pmatrix}$

4. (2017 年全国硕士研究生入学统一考试数学一、二、三真题)　已知矩阵 $A = \begin{pmatrix} 2 & 0 & 0 \\ 0 & 2 & 1 \\ 0 & 0 & 1 \end{pmatrix}$，$B = \begin{pmatrix} 2 & 1 & 0 \\ 0 & 2 & 0 \\ 0 & 0 & 1 \end{pmatrix}$，$C = \begin{pmatrix} 1 & 0 & 0 \\ 0 & 2 & 0 \\ 0 & 0 & 2 \end{pmatrix}$，则(　　).

(A) A 与 C 相似，B 与 C 相似　　　(B) A 与 C 相似，B 与 C 不相似

(C) A 与 C 不相似，B 与 C 相似　　(D) A 与 C 不相似，B 与 C 不相似

5. (2013 年全国硕士研究生入学统一考试数学一、二、三真题)　矩阵 $A = \begin{pmatrix} 1 & a & 1 \\ a & b & a \\ 1 & a & 1 \end{pmatrix}$ 与 $B = \begin{pmatrix} 2 & 0 & 0 \\ 0 & b & 0 \\ 0 & 0 & 0 \end{pmatrix}$ 相似的充分必要条件是(　　).

(A) $a = 0, b = 2$　　　　　　　　　　(B) $a = 0, b$ 为任意常数

(C) $a = 2, b = 0$　　　　　　　　　　(D) $a = 2, b$ 为任意常数

6. (2016 年全国硕士研究生入学统一考试数学一、二、三真题) 设 A, B 是可逆矩阵, 且 A 与 B 相似, 则下列结论错误的是(　　).

(A) A^T 与 B^T 相似　　　　　　　(B) A^{-1} 与 B^{-1} 相似

(C) $A + A^\mathrm{T}$ 与 $B + B^\mathrm{T}$ 相似　　　(D) $A + A^{-1}$ 与 $B + B^{-1}$ 相似

二、填空题

1. (2018 年全国硕士研究生入学统一考试数学二、三真题) 设 A 为三阶矩阵, $\alpha_1, \alpha_2, \alpha_3$ 为线性无关的向量组. 若 $A\alpha_1 = 2\alpha_1 + \alpha_2 + \alpha_3$, $A\alpha_2 = \alpha_2 + 2\alpha_3$, $A\alpha_3 = -\alpha_2 + \alpha_3$, 则 A 的实特征值为 _____ .

2. (2015 年全国硕士研究生入学统一考试数学二、三真题) 若三阶矩阵 A 的特征值为 $2, -2, 1$ 矩阵 $B = A^2 - A + E$, 其中 E 为三阶单位矩阵, 则行列式 $|B| =$ _____ .

3. 设四阶矩阵 A 满足 $|2E + A| = 0$, $AA^\mathrm{T} = 3E$, $|A| < 0$, 则 A^* 必有特征值 _____ .

4. (2008 年全国硕士研究生入学统一考试数学一真题) 设 A 为二阶矩阵, α_1, α_2 为线性无关的二维列向量, 且 $A\alpha_1 = 0$, $A\alpha_2 = 2\alpha_1 + \alpha_2$, 则 A 的非零特征值为 _____ .

5. (2018 年全国硕士研究生入学统一考试数学一真题) 设二阶矩阵 A 有两个不同的特征值, α_1, α_2 是 A 的线性无关的特征向量, 且满足 $A^2(\alpha_1 + \alpha_2) = \alpha_1 + \alpha_2$, 则 $|A| =$ _____ .

6. (2017 年全国硕士研究生入学统一考试数学二真题) 设矩阵 $A = \begin{pmatrix} 4 & 1 & -2 \\ 1 & 2 & a \\ 3 & 1 & -1 \end{pmatrix}$ 的一个特征向量为 $(1, 1, 2)^\mathrm{T}$, 则 $a =$ _____ .

三、计算题与证明题

1. 设矩阵 $A = \begin{pmatrix} 1 & 1 & 8 \\ 0 & 2 & 4 \\ 0 & 0 & 3 \end{pmatrix}$, $B = A^2 + 2A^{-1} + A^* + 2E$, 其中 A^* 为矩阵 A 的伴随矩阵, E 为三阶单位矩阵, 求 B 的特征值和特征向量.

2. 设向量 $\alpha = (a_1, a_2, \cdots, a_n)^\mathrm{T}$, $\beta = (b_1, b_2, \cdots, b_n)^\mathrm{T}$ 都是 n 维非零列向量, 且满足 $\alpha^\mathrm{T}\beta = 0$, 记 n 阶矩阵 $A = \alpha\beta^\mathrm{T}$, 求

(1) A^2;

(2) A 的特征值和特征向量.

3. 设 $\alpha = (a_1, a_2, \cdots, a_n)^T, a_1 \neq 0, A = \alpha\alpha^T$.

(1) 证明 $A^k = \left(\sum_{i=1}^{n} a_i^2 \right)^{k-1} A$, 其中 k 为正整数;

(2) 求 A 的特征值和特征向量;

(3) 判断 A 能否相似于对角矩阵 Λ, 若能, 求一个可逆矩阵 P, 使得 $P^{-1}AP = \Lambda$.

4. 设 A 为 n 阶矩阵.

(1) 若线性方程组 $AX = \beta$ 有解, 证明 $AX = \beta$ 有两个不同的解的充分必要条件是 0 为 A 的特征值;

(2) 若线性方程组 $(4A + 3E)X = \beta$ 有两个不同的解, 求 A 的一个特征值.

5. 设 n 阶矩阵 A 满足 $A^2 + 2A = O$, 证明 A 的特征值只能是 0 或 –2.

6. 设 n 维非零列向量 α, β 均为 n 阶矩阵 A 的属于特征值 λ 的特征向量, 证明 α, β 的非零线性组合也是 A 的属于特征值 λ 的特征向量.

7. 若 n 阶矩阵 A, B 满足 $r(A) + r(B) < n$, 证明 A 与 B 有公共的特征值和公共的特征向量.

8. 设 A 为 n 阶正交矩阵, 若 $|A| = -1$, 证明 –1 是 A 的特征值.

9. 设二阶矩阵 $A = \begin{pmatrix} 6 & 5 \\ -3 & -2 \end{pmatrix}$, 求

(1) $B = \begin{pmatrix} A & O \\ O & A \end{pmatrix}$ 的全部特征值和特征向量;

(2) $C = \begin{pmatrix} O & A \\ A & O \end{pmatrix}$ 的全部特征值和特征向量.

10. 设矩阵 $A = \begin{pmatrix} a & -1 & c \\ 5 & b & 3 \\ 1-c & 0 & -a \end{pmatrix}, |A| = -1$, A 的伴随矩阵 A^* 有一个特征值 λ_0, A^* 的属于特征值 λ_0 的一个特征向量为 $\alpha = (-1, -1, 1)^T$, 求 a, b, c 和 λ_0 的值.

11. 设 X 为三维单位实列向量, E 为三阶单位矩阵, 求矩阵 $2E - XX^T$ 的秩.

12. 设三阶矩阵 A 的特征值分别为 $\lambda_1 = -1, \lambda_2 = 1, \lambda_3 = 3$, 对应的特征向量分别为

$$\xi_1 = (1, -1, 0)^T, \quad \xi_2 = (1, -1, 1)^T, \quad \xi_3 = (0, 1, -1)^T.$$

(1) 将向量 $\beta = (3, -2, 0)^T$ 用 ξ_1, ξ_2, ξ_3 线性表示;

(2) 求 $A^n\beta$(n 为自然数).

13. 已知矩阵 $A = \begin{pmatrix} 0 & -1 & 1 \\ 2 & -3 & 0 \\ 0 & 0 & 0 \end{pmatrix}$.

(1) 求 A^{2020};

(2) 设三阶矩阵 $B = \begin{pmatrix} \alpha_1 \\ \alpha_2 \\ \alpha_3 \end{pmatrix}$, 满足 $B^2 = AB$. 记 $B^{2021} = \begin{pmatrix} \beta_1 \\ \beta_2 \\ \beta_3 \end{pmatrix}$, 将 $\beta_1, \beta_2, \beta_3$ 分别表

示为 $\alpha_1, \alpha_2, \alpha_3$ 的线性组合.

14. 设矩阵 $A = \begin{pmatrix} 1 & 2 & -3 \\ -1 & 4 & -3 \\ 1 & a & 5 \end{pmatrix}$ 的特征方程有一个二重根, 求 a 的值, 并讨论 A

是否相似于对角矩阵.

15. 设 $\alpha = (1,1,-1)^{\mathrm{T}}$ 是矩阵 $A = \begin{pmatrix} 2 & -1 & 2 \\ 5 & a & 3 \\ -1 & b & -2 \end{pmatrix}$ 的一个特征向量.

(1) 求 a,b 的值及特征向量 α 所对应的特征值;

(2) 判断 A 是否相似于对角矩阵, 并说明理由.

16. 若矩阵 $A = \begin{pmatrix} 3 & 2 & -2 \\ -a & -1 & a \\ 4 & 2 & -3 \end{pmatrix}$ 相似于对角形矩阵 Λ, 试确定常数 a 的值, 并求

一个可逆矩阵 P, 使得 $P^{-1}AP$ 为对角矩阵.

17. 设二阶矩阵 $A = \begin{pmatrix} a & b \\ c & d \end{pmatrix}$, 若 $ad - bc = 1, |a+d| > 2$, 证明 A 与对角矩阵相似.

18. 设 A 为 n 阶上三角形矩阵, 证明

(1) 若 $a_{ii} \neq a_{jj}(i \neq j, i, j = 1, 2, \cdots, n)$, 则 A 与对角矩阵相似;

(2) 若 $a_{ii} = a_{jj}(i \neq j, i, j = 1, 2, \cdots, n)$, 且至少有一 $a_{ij} \neq 0(i < j, i, j = 1, 2, \cdots, n)$, 则 A 不与对角矩阵相似.

19. 设 n 阶矩阵 A 满足 $(A - aE)(A - bE) = O$, 其中 a, b 为不同的常数. 证明 A 与对角矩阵相似, 且求一个 n 阶可逆矩阵 P, 使得

$$P^{-1}AP = \mathrm{diag}(a, \cdots, a, b, \cdots, b).$$

20. 已知矩阵 $A = \begin{pmatrix} 2 & 0 & 0 \\ 0 & 0 & 1 \\ 0 & 1 & a \end{pmatrix}$ 与 $B = \begin{pmatrix} 2 & 0 & 0 \\ 0 & b & 0 \\ 0 & 0 & -1 \end{pmatrix}$ 相似.

(1) 求 a,b 的值;

(2) 求一个可逆矩阵 P, 使得 $P^{-1}AP = B$.

21. 设矩阵 $A = \begin{pmatrix} 1 & -2 & -4 \\ -2 & x & -2 \\ -4 & -2 & 1 \end{pmatrix}$ 与对角矩阵 $\Lambda = \begin{pmatrix} 5 & & \\ & -4 & \\ & & y \end{pmatrix}$ 相似, 求 x,y, 并求一

个正交矩阵 Q, 使得 $Q^{\mathrm{T}}AQ = \Lambda$.

22. 设矩阵 $A = \begin{pmatrix} -1 & 2 & -2 \\ -2 & 3 & -1 \\ 2 & -2 & 4 \end{pmatrix}, B = \begin{pmatrix} 1 & 0 & -1 \\ 1 & 2 & 1 \\ 2 & 2 & 3 \end{pmatrix}$.

(1) 证明 A 与 B 相似;

(2) 求一个可逆矩阵 P, 使得 $B = P^{-1}AP$.

23. 设 A 为元素全为 1 的 $n(n \geqslant 2)$ 阶矩阵, $f(x) = ax + b$, 其中 a,b 是实数, $B = f(A)$.

(1) 求 A 的特征值和特征向量;

(2) 求 B 的特征值和特征向量, 并求一个可逆矩阵 P, 使得 $P^{-1}BP$ 为对角矩阵.

24. 设三阶矩阵 A 与三维列向量 α 满足 $A^3\alpha = 3A\alpha - A^2\alpha$, 且向量组 $\alpha, A\alpha, A^2\alpha$ 线性无关.

(1) 记 $P = (\alpha, A\alpha, A^2\alpha)$, 求三阶矩阵 B, 使得 $AP = PB$;

(2) 求 $|A|$.

25. 设 A 为三阶矩阵, $\alpha_1, \alpha_2, \alpha_3$ 为线性无关的三维列向量, 且满足
$$A\alpha_1 = \alpha_1 + \alpha_2 + \alpha_3, \quad A\alpha_2 = 2\alpha_2 + \alpha_3, \quad A\alpha_3 = 2\alpha_2 + 3\alpha_3.$$

(1) 求矩阵 B, 使得 $A(\alpha_1, \alpha_2, \alpha_3) = (\alpha_1, \alpha_2, \alpha_3)B$;

(2) 求矩阵 A 的特征值;

(3) 求可逆矩阵 P, 使得 $P^{-1}AP$ 为对角矩阵.

26. 设三阶实对称矩阵 A 的特征值为 $\lambda_1 = 1, \lambda_2 = -1, \lambda_3 = 0$, 且 A 的属于特征值 λ_1, λ_2 的特征向量分别为 $\alpha_1 = (1,2,2)^{\mathrm{T}}, \alpha_2 = (2,1,-2)^{\mathrm{T}}$, 求 A.

27. 设三阶实对称矩阵 A 的特征值为 $\lambda_1 = 6, \lambda_2 = 3$(二重), 且 A 的属于特征值 λ_1 的特征向量为 $\alpha_1 = (1,1,1)^{\mathrm{T}}$, 求 A.

28. 设三阶实对称矩阵 A 的秩为 2, 且 6 是 A 的二重特征值, 而 $\alpha_1 = (1,1,0)^{\mathrm{T}}$, $\alpha_2 = (2,1,1)^{\mathrm{T}}$ 是 A 的属于特征值 A 的特征向量, 求 A.

第6章 二 次 型

6.1 二次型及其标准形

6.1.1 基本理论

定义 6.1.1 含有 n 个变量 $x_1, x_2, \cdots, x_n$ 的二次齐次多项式

$$
\begin{aligned}
f(x_1, x_2, \cdots, x_n) = {} & a_{11}x_1^2 + 2a_{12}x_1x_2 + \cdots + 2a_{1n}x_1x_n \\
& + a_{22}x_2^2 + 2a_{23}x_2x_3 + \cdots + 2a_{2n}x_2x_n \\
& + \cdots + 2a_{nn}x_n^2,
\end{aligned}
$$

称为 n 元二次型, 简称为二次型. 当 $a_{ij}(i, j = 1, 2, \cdots, n)$ 都是实数时, 称 f 为实二次型; 当 $a_{ij}(i, j = 1, 2, \cdots, n)$ 都是复数时, 称 f 为复二次型. 若一个二次型只含变量的平方项, 则称这个二次型为标准形.

n 元二次型 f 都可以表示成矩阵形式 $f = X^{\mathrm{T}}AX$, 其中 A 为 n 阶对称矩阵, $X = (x_1, x_2, \cdots, x_n)^{\mathrm{T}}$, 称 A 为二次型 f 的矩阵, 称 $r(A)$ 为二次型 f 的秩.

定义 6.1.2 设 $x_1, x_2, \cdots, x_n; y_1, y_2, \cdots, y_n$ 是两组变量, 关系式 $X = CY$ 称为由变量 $x_1, x_2, \cdots, x_n$ 到变量 $y_1, y_2, \cdots, y_n$ 的一个线性替换, 简称为线性替换, 其中 $C = (c_{ij})_n, X = (x_1, x_2, \cdots, x_n)^{\mathrm{T}}, Y = (y_1, y_2, \cdots, y_n)^{\mathrm{T}}$. 当 $c_{ij}(i, j = 1, 2, \cdots, n)$ 都为实数时, 称 $X = CY$ 为实线性替换. 当 $|C| \neq 0$ 时, 称 $X = CY$ 为非退化的线性替换. 当 C 是正交矩阵时, 称 $X = CY$ 为正交线性替换.

定义 6.1.3 设 A, B 均为 n 阶方阵, 若存在 n 阶可逆矩阵 C, 使得 $C^{\mathrm{T}}AC = B$, 则称 A 与 B 合同.

二次型经非退化线性替换后, 仍为二次型, 且其矩阵与原二次型的矩阵合同.

定理 6.1.1 数域 P 上任意一个 n 元二次型都可经 P 上的非退化的线性替换化为标准形

$$
d_1 y_1^2 + d_2 y_2^2 + \cdots + d_n y_n^2.
$$

定理 6.1.1 的证明可参阅文献(北京大学数学系前代数小组, 2013)[211]. 定理 6.1.1 用矩阵的语言可叙述为

定理 6.1.2 在数域 P 上, 任意一个对称矩阵都合同于一对角矩阵.

定理 6.1.3 任意一个 n 元实二次型 $f = X^{\mathrm{T}}AX$ 都可经正交线性替换 $X = QY$

化为标准形 $\lambda_1 y_1^2 + \lambda_2 y_2^2 + \cdots + \lambda_n y_n^2$, 其中 $\lambda_1, \lambda_2, \cdots, \lambda_n$ 为 A 的全部特征值.

定理 6.1.4 任一 n 元实二次型 $f = X^{\mathrm{T}} A X$ 都可经非退化的实线性替换 $X = CY$ 化为标准形 $d_1 y_1^2 + d_2 y_2^2 + \cdots + d_n y_n^2$, 其中 $d_i \in R(i=1,2,\cdots,n)$.

若 $d_i(i=1,2,\cdots,n)$ 只在 $-1,0,1$ 三个数中取值, 即标准形为

$$y_1^2 + y_2^2 + \cdots + y_p^2 - y_{p+1}^2 - \cdots - y_r^2, \qquad (6.1.1)$$

则称 (6.1.1) 式为实二次型 f 的规范形, 规范形中, 正平方项的个数 p 称为正惯性指数, 负平方项的个数 $r-p$ 称为负惯性指数, 二者之差 $2p-r$ 称为符号差, 其中 $r = r(A)$.

二次型 f 的正(负)惯性指数就是 f 的标准形中系数为正(负)的平方项的个数, 也是 f 的矩阵的大于(小于)零的特征值的个数, f 的秩就是 f 的标准形中非零平方项的个数, 也是 f 的矩阵的不等于零的特征值的个数.

定理 6.1.5 任意一个实数域上的二次型, 经过一适当的非退化线性替换可以变成规范形, 并且规范形是唯一的.

定理 6.1.5 通常称为惯性定理, 其证明可参阅文献(北京大学数学系前代数小组, 2013)[224].

定理 6.1.6 任意秩为 r 的 n 阶实对称矩阵 A 都合同于一个形如 $\Lambda = \begin{pmatrix} E_p & & \\ & E_{r-p} & \\ & & O \end{pmatrix}_n$ 的对角矩阵, 其中 $p(0 \leqslant p \leqslant r)$ 是由 A 唯一确定的, 称 Λ 为 A 的合同标准形, 合同标准形 Λ 中, 主对角线上 1 的个数 p, -1 的个数 $r-p$ 分别称为 A 的正惯性指数和负惯性指数, 二者之差 $2p-r$ 称为 A 的符号差.

定理 6.1.7 设 A,B 均为 n 阶实对称矩阵, 则 A 与 B 在实数域上合同的充分必要条件是 A,B 有相同的秩和相同的正惯性指数.

推论 6.1.1 设 A,B 均为 n 阶实对称矩阵, 则 A 与 B 在实数域上合同当且仅当 A 与 B 有相同的正、负特征值个数.

命题 6.1.1 设 A,B 均为 n 阶实对称矩阵, 若 A 与 B 相似, 则 A 与 B 必合同.

6.1.2 题型与方法

1. 二次型的矩阵

例 6.1.1 (1) 写出二次型 $f(x_1,x_2,x_3,x_4) = \sum_{i=1}^{4}(a_i x_1 + b_i x_2 + c_i x_3 + d_i x_4)^2$ 的矩阵, 其中 $a_i,b_i,c_i,d_i(i=1,2,3,4)$ 为常数;

(2) 设 A 为 n 阶方阵, $X = (x_1,x_2,\cdots,x_n)^{\mathrm{T}}$, 求二次型 $f = X^{\mathrm{T}} A X$ 的矩阵;

(3) 若二次型 $f = X^{\mathrm{T}}AX = X^{\mathrm{T}}BX$，判断矩阵 A 与 B 是否相等？若相等，请给出证明；若不相等，请举出反例.

解 (1) 令 $y_i = a_i x_1 + b_i x_2 + c_i x_3 + d_i x_4 (i = 1,2,3,4)$，则 $Y = AX$，其中

$$Y = \begin{pmatrix} y_1 \\ y_2 \\ y_3 \\ y_4 \end{pmatrix}, \quad X = \begin{pmatrix} x_1 \\ x_2 \\ x_3 \\ x_4 \end{pmatrix}, \quad A = \begin{pmatrix} a_1 & b_1 & c_1 & d_1 \\ a_2 & b_2 & c_2 & d_2 \\ a_3 & b_3 & c_3 & d_3 \\ a_4 & b_4 & c_4 & d_4 \end{pmatrix},$$

于是 $f = Y^{\mathrm{T}}Y = (AX)^{\mathrm{T}}AX = X^{\mathrm{T}}(A^{\mathrm{T}}A)X$，很显然，$A^{\mathrm{T}}A$ 是对称矩阵，故二次型 f 的矩阵为 $A^{\mathrm{T}}A$.

(2) 由于 $X^{\mathrm{T}}AX = (X^{\mathrm{T}}AX)^{\mathrm{T}} = X^{\mathrm{T}}A^{\mathrm{T}}X$，于是

$$f = X^{\mathrm{T}}AX = \frac{1}{2}(X^{\mathrm{T}}AX + X^{\mathrm{T}}A^{\mathrm{T}}X) = X^{\mathrm{T}}\left(\frac{1}{2}(A + A^{\mathrm{T}})\right)X,$$

很显然，$\frac{1}{2}(A + A^{\mathrm{T}})$ 为对称矩阵，故二次型 f 的矩阵为 $\frac{1}{2}(A + A^{\mathrm{T}})$.

(3) A 与 B 不一定相等. 例如，取 $A = \begin{pmatrix} 1 & 2 \\ 0 & 1 \end{pmatrix}, B = \begin{pmatrix} 1 & 0 \\ 2 & 1 \end{pmatrix}$，则

$$f(x_1, x_2) = X^{\mathrm{T}}AX = X^{\mathrm{T}}BX = x_1^2 + 2x_1 x_2 + x_2^2,$$

但 $A \neq B$.

注 6.1.1 (1) 例 6.1.1 (1) 中的二次型 f 的矩阵的求法，可推广到 n 元的情形；

(2) 由例 6.1.1 中 (2) 知，对 n 元二次型 $f = X^{\mathrm{T}}AX$，若 A 是对称矩阵，则 f 的矩阵为 A；若 A 不是对称矩阵，则 f 的矩阵为 $\frac{1}{2}(A + A^{\mathrm{T}})$；

(3) 在例 6.1.1(3) 中，若 A, B 均为对称矩阵，则 $X^{\mathrm{T}}AX = X^{\mathrm{T}}BX$ 当且仅当 $A = B$.

2. 矩阵合同的判断(证明)

可根据定义 6.1.3 判断(证明)两个 n 阶方阵是否合同，对实对称矩阵，还可根据定理 6.1.7、推论 6.1.1 和命题 6.1.1 判断(证明).

例 6.1.2 设矩阵 $A = \begin{pmatrix} 2 & -2 & 0 \\ -2 & 1 & -2 \\ 0 & -2 & 0 \end{pmatrix}$，下列矩阵中不与 A 合同的是(　　).

(A) $\begin{pmatrix} 1 & 0 & 0 \\ 0 & 1 & 0 \\ 0 & 0 & -1 \end{pmatrix}$　(B) $\begin{pmatrix} 2 & 0 & 0 \\ 0 & 4 & 0 \\ 0 & 0 & -1 \end{pmatrix}$　(C) $\begin{pmatrix} 1 & 0 & 0 \\ 0 & -1 & 0 \\ 0 & 0 & -5 \end{pmatrix}$　(D) $\begin{pmatrix} 1 & 0 & 0 \\ 0 & 2 & 0 \\ 0 & 0 & -2 \end{pmatrix}$

分析 可利用推论 6.1.1 和命题 6.1.1 判断.

解 A 是实对称矩阵, A 的特征多项式为 $f(\lambda)=|\lambda E-A|=(\lambda-1)(\lambda+2)$ $(\lambda-4)$, 可见, A 的全部特征值为 $\lambda_1=1,\lambda_2=-2,\lambda_3=4$, 其中正、负特征值的个数分别为 2 和 1, 选项(A)、(B)、(D)中矩阵的正、负特征值个数都分别为 2 和 1, 由推论 6.1.1 中知, 选项(A)、(B)、(D)中的矩阵都与 A 合同, 故应排除, 从而选项(C)正确.

例 6.1.3 设矩阵 $A=\begin{pmatrix}1&1&1&1\\1&1&1&1\\1&1&1&1\\1&1&1&1\end{pmatrix}, B=\begin{pmatrix}4&0&0&0\\0&0&0&0\\0&0&0&0\\0&0&0&0\end{pmatrix}$, 则 A 与 B ( ).

(A) 合同且相似　(B) 合同但不相似　(C) 不合同但相似　(D) 不合同且不相似

分析 可利用推论 6.1.1 判断 A 与 B 是否合同, 利用命题 5.2.2 判断 A 与 B 是否相似.

解 B 为对角矩阵, 全部特征值为 4, 0(三重). A 是实对称矩阵,可以对角化. 令 $\alpha=(1,1,1,1)$, 则 $A=\alpha^{\mathrm{T}}\alpha, \alpha\alpha^{\mathrm{T}}=4$, 由命题 5.1.3 知, A 的全部特征值为 4, 0(三重), 于是 A 与 B 有相同的特征值, 因此, 由推论 6.1.1 知, A 与 B 合同, 由命题 5.2.2 知, A 相似于对角矩阵 B, 故选项(A)正确.

例 6.1.4 设 A,B 均为 n 阶实对称矩阵, 下列命题正确的是( ).

(A) 若 A 与 B 等价, 则 A 与 B 相似　(B) 若 A 与 B 相似, 则 A 与 B 合同

(C) 若 A 与 B 合同, 则 A 与 B 相似　(D) 若 A 与 B 等价, 则 A 与 B 合同

解 由命题 6.1.1 知, 选项(B)正确.

注 6.1.2 (1) 矩阵的等价、相似以及合同都是矩阵之间的关系, 等价是对同型矩阵而言, 相似与合同是对同阶方阵而言, 它们之间的关系如下:

A 与 B 相似 $\Rightarrow$ A 与 B 等价; A 与 B 合同 $\Rightarrow$ A 与 B 等价;

对实对称矩阵 A,B, A 与 B 相似 $\Rightarrow$ A 与 B 合同,

反之, 则不一定成立;

(2) 例 6.1.4 也可根据矩阵之间的等价、相似与合同的关系的定义判断.

3. 与二次型的秩、正(负)惯性指数有关的题

例 6.1.5(2019 年全国硕士研究生入学统一考试数学一、二、三真题) 设 A 是三阶实对称矩阵, E 是三阶单位矩阵,若 $A^2+A=2E$, 且 $|A|=4$,则二次型 $f=X^{\mathrm{T}}AX$ 的规范形为( ).

(A) $y_1^2+y_2^2+y_3^2$ (B) $y_1^2+y_2^2-y_3^2$ (C) $y_1^2-y_2^2-y_3^2$ (D) $-y_1^2-y_2^2-y_3^2$

分析 只需根据题设条件, 求出二次型的秩和正惯性指数即可.

解　设 λ 是矩阵 A 的任一特征值，则由题设得 $\lambda^2 + \lambda = 2$，解得 $\lambda = -2$ 或 $\lambda = 1$，由 $|A| = 4$ 知，A 特征值为 $1, -2$(二重)，可见，f 的秩和正惯性指数分别为 3 和 1，规范形为 $y_1^2 - y_2^2 - y_3^2$，故选项(C)正确.

例 6.1.6(2016 年全国硕士研究生入学统一考试数学二、三真题)　设二次型
$$f(x_1, x_2, x_3) = a(x_1^2 + x_2^2 + x_3^2) + 2x_1x_2 + 2x_1x_3 + 2x_2x_3$$
的正、负惯性指数分别为 1,2，则(　　).

(A) $a > 1$　　　　(B) $a < -2$　　　　(C) $-2 < a < 1$　　　　(D) $a = 1$ 或 $a = -2$

解　二次型 f 的矩阵 A 的特征多项式为 $f(\lambda) = |\lambda E - A| = (\lambda - a - 2)(\lambda - a + 1)^2$，可见，$A$ 的全部特征值为 $\lambda_1 = a + 2, \lambda_2 = a - 1$(二重)，由题设知，$A$ 的特征值中有两个小于零，一个大于零，于是 $\lambda_1 = a + 2 > 0, \lambda_2 = a - 1 < 0$，解得 $-2 < a < 1$，故选项(C)正确.

例 6.1.7(2011 年全国硕士研究生入学统一考试数学二真题)　设二次型
$$f(x_1, x_2, x_3) = x_1^2 + 3x_2^2 + x_3^2 + 2x_1x_2 + 2x_1x_3 + 2x_2x_3,$$
则 f 的正惯性指数为 _____.

解　二次型 f 的矩阵 A 的特征多项式为 $f(\lambda) = |\lambda E - A| = \lambda(\lambda - 1)(\lambda - 4)$，可见，$A$ 的全部特征值为 $\lambda_1 = 0, \lambda_2 = 1, \lambda_3 = 4$. 故 f 的正惯性指数为 2.

注 6.1.3　例 6.1.6 和例 6.1.7 也可利用二次型 f 的标准形求解.

例 6.1.8　设有实二次型 $f(x_1, x_2, \cdots, x_n) = \sum_{i=1}^{s} (a_{i1}x_1 + a_{i2}x_2 + \cdots + a_{in}x_n)^2$，证明二次型 f 的秩等于矩阵 $A = (a_{ij})_{s \times n}$ 的秩.

分析　可类似例 6.1.1 中(1)求出二次型的矩阵，再利用例 3.6.5 证明即可.

证明　设 $y_i = a_{i1}x_1 + a_{i2}x_2 + \cdots + a_{in}x_n (i = 1, 2, \cdots, n)$，于是
$$f(x_1, x_2, \cdots, x_n) = Y^{\mathrm{T}}Y = X^{\mathrm{T}}(A^{\mathrm{T}}A)X,$$
其中 $Y = (y_1, y_2, \cdots, y_n)^{\mathrm{T}}, X = (x_1, x_2, \cdots, x_n)^{\mathrm{T}}$. 由于 $(A^{\mathrm{T}}A)^{\mathrm{T}} = A^{\mathrm{T}}A$，即 $A^{\mathrm{T}}A$ 是实对称矩阵，因此，f 的矩阵为 $A^{\mathrm{T}}A$，由例 3.6.5 知，$r(A^{\mathrm{T}}A) = r(A)$，故 f 的秩等于 $r(A)$.

4. 其他题型

例 6.1.9　证明 n 元实二次型 $f(x_1, x_2, \cdots, x_n) = X^{\mathrm{T}}AX$ 在 $|X| = 1$ 时的最大值和最小值分别为二次型 f 的矩阵 A 的最大特征值和最小特征值.

证明　设实二次型 f 经正交线性替换 $X = QY$ 可化为标准形
$$f = \lambda_1 y_1^2 + \lambda_2 y_2^2 + \cdots + \lambda_n y_n^2,$$
其中 $X = (x_1, x_2, \cdots, x_n)^{\mathrm{T}}, Y = (y_1, y_2, \cdots, y_n)^{\mathrm{T}}, \lambda_i (i = 1, 2, \cdots, n)$ 是 A 的 n 个特征值(重根按重数计算)，不妨设 $\lambda_t = \min_{1 \leqslant i \leqslant n} \{\lambda_i\}, \lambda_s = \max_{1 \leqslant i \leqslant n} \{\lambda_i\}$. 由 $|X| = 1$ 可得，$|Y| = 1$，于是

$$\lambda_t = \lambda_t |Y|^2 = \lambda_t (y_1^2 + y_2^2 + \cdots + y_n^2) \leqslant \lambda_1 y_1^2 + \lambda_2 y_2^2 + \cdots + \lambda_n y_n^2 = f,$$

$$f = \lambda_1 y_1^2 + \lambda_2 y_2^2 + \cdots + \lambda_n y_n^2 \leqslant \lambda_s (y_1^2 + y_2^2 + \cdots + y_n^2) = \lambda_s |Y|^2 = \lambda_s,$$

故 f 在 $|X|=1$ 时的最大值不超过 A 的最大特征值, 最小值不小于 A 的最小特征值.

下面证明 A 的最大特征值是 f 在 $|X|=1$ 时的最大值.

取 $Y_0 = (0,\cdots,0,1,0,\cdots,0)^{\mathrm{T}}$ (第 s 个分量为 1,其余分量全为零), 代入标准形得 $f(Y_0) = \lambda_s$. 令 $X_0 = QY_0$, 则 $X_0^{\mathrm{T}} X_0 = (QY_0)^{\mathrm{T}} QY_0 = Y_0^{\mathrm{T}} (Q^{\mathrm{T}}Q) Y_0 = Y_0^{\mathrm{T}} Y_0 = 1$, 且

$$f(X_0) = X_0^{\mathrm{T}} A X_0 = (QY_0)^{\mathrm{T}} A Q Y_0 = Y_0^{\mathrm{T}} (Q^{\mathrm{T}} A Q) Y_0$$
$$= Y_0^{\mathrm{T}} \mathrm{diag}(\lambda_1, \lambda_2, \cdots, \lambda_n) Y_0 = \lambda_s,$$

故 λ_s 是 f 在 $|X|=1$ 时的最大值. 类似可证 λ_t 是 f 在 $|X|=1$ 时的最小值.

注 6.1.4 例 6.1.9 给出了求实二次 f 在 $|X|=1$ 时的最大值和最小值的方法, 和 f 达到最大值和最小值时, 求 $x_i (i=1,2,\cdots,n)$ 的取值的方法.

例 6.1.10 设三元实二次型 $f(x,y,z) = x^2 + 3y^2 + z^2 + 4xz$, 并设 x,y,z 满足 $x^2 + y^2 + z^2 = 1$, 试求二次型 f 的最大值和最小值. 并求二次型 f 达到最大值和最小值时, x,y,z 的取值.

解 二次型 f 的矩阵为 $A = \begin{pmatrix} 1 & 0 & 2 \\ 0 & 3 & 0 \\ 2 & 0 & 1 \end{pmatrix}$, A 的特征多项式为

$$f(\lambda) = |\lambda E - A| = \begin{vmatrix} \lambda-1 & 0 & -2 \\ 0 & \lambda-3 & 0 \\ -2 & 0 & \lambda-1 \end{vmatrix} = (\lambda+1)(\lambda-3)^2,$$

可见, A 的全部特征值为 $\lambda_1 = -1, \lambda_2 = 3$ (二重). 于是由例 6.1.9 知, 二次型 f 在 $x^2 + y^2 + z^2 = 1$, 即 $|X|=1$ 时的最大值和最小值分别为 3 和 -1.

下面求二次型 f 达到最大值 3 和最小值 -1 时, x,y,z 的取值.

对于 $\lambda_1 = -1$, 解齐次线性方程组 $(-E-A)X = 0$, 得 A 的属于特征值 $\lambda_1 = -1$ 的特征向量 $\xi_1 = (1,0,-1)^{\mathrm{T}}$, 单位化得 $\eta_1 = \dfrac{1}{\sqrt{2}} (1,0,-1)^{\mathrm{T}}$.

对于 $\lambda_2 = 3$, 解齐次线性方程组 $(3E-A)X = 0$, 得 A 的属于特征值 $\lambda_2 = 3$ 的正交的特征向量 $\xi_2 = (0,1,0)^{\mathrm{T}}, \xi_3 = (1,0,1)^{\mathrm{T}}$, 单位化得 $\eta_2 = (0,1,0)^{\mathrm{T}}, \eta_3 = \dfrac{1}{\sqrt{2}} (1,0,1)^{\mathrm{T}}$.

令 $Q = (\eta_1, \eta_2, \eta_3)$, $\begin{pmatrix} x \\ y \\ z \end{pmatrix} = Q \begin{pmatrix} u \\ v \\ w \end{pmatrix}$, 则 Q 是正交矩阵, $\begin{pmatrix} x \\ y \\ z \end{pmatrix} = Q \begin{pmatrix} u \\ v \\ w \end{pmatrix}$ 是正交线性替

换, 二次型 f 经此正交线性替换可化为标准形 $-u^2 + 3v^2 + 3w^2$.

由 $x^2 + y^2 + z^2 = 1$ 和

$$\begin{pmatrix} u \\ v \\ w \end{pmatrix} = Q^{\mathrm{T}} \begin{pmatrix} x \\ y \\ z \end{pmatrix} = \begin{pmatrix} \dfrac{1}{\sqrt{2}} & 0 & -\dfrac{1}{\sqrt{2}} \\ 0 & 1 & 0 \\ \dfrac{1}{\sqrt{2}} & 0 & \dfrac{1}{\sqrt{2}} \end{pmatrix} \begin{pmatrix} x \\ y \\ z \end{pmatrix} = \begin{pmatrix} \dfrac{1}{\sqrt{2}}x - \dfrac{1}{\sqrt{2}}z \\ y \\ \dfrac{1}{\sqrt{2}}x + \dfrac{1}{\sqrt{2}}z \end{pmatrix}$$

得 $u^2 + v^2 + w^2 = 1$, 于是

$$f = -u^2 + 3v^2 + 3w^2 = -4u^2 + 3(u^2 + v^2 + w^2) = -4u^2 + 3 \leqslant 3,$$

$$f = -u^2 + 3v^2 + 3w^2 = -(u^2 + v^2 + w^2) + 4v^2 + 4w^2 = -1 + 4v^2 + 4w^2 \geqslant -1,$$

即当 $u = 0$ 时, 二次型 f 取最大值 3; 当 $v = w = 0$ 时, 二次型 f 取最小值 -1.

由 $\begin{pmatrix} x \\ y \\ z \end{pmatrix} = Q \begin{pmatrix} u \\ v \\ w \end{pmatrix}, u = 0$ 和 $\begin{pmatrix} x \\ y \\ z \end{pmatrix} = Q \begin{pmatrix} u \\ v \\ w \end{pmatrix}, v = w = 0$ 分别得

$$x = z, \quad y = 0, \quad \frac{1}{\sqrt{2}}x + \frac{1}{\sqrt{2}}z = 0,$$

即 $x = z$ 和 $y = 0, x = -z$. 于是有 $x = z$ 和 $y = 0, x^2 = \dfrac{1}{2}$, 故当 $x = z$ 时, 二次型 f 取最大

值; 当 $x = \dfrac{1}{\sqrt{2}}, y = 0, z = -\dfrac{1}{\sqrt{2}}$ 和 $x = -\dfrac{1}{\sqrt{2}}, y = 0, z = \dfrac{1}{\sqrt{2}}$ 时, 二次型 f 取最小值 -1.

6.2　化实二次型为标准形的方法

6.2.1　基础理论

引理 6.2.1　对 n 阶对称矩阵 A, 存在初等矩阵 $P_1, P_2, \cdots, P_s$, 使得

$$P_s^{\mathrm{T}} \cdots (P_2^{\mathrm{T}}(P_1^{\mathrm{T}} A P_1) P_2) \cdots P_s = \mathrm{diag}(\lambda_1, \lambda_2, \cdots, \lambda_n).$$

引理 6.2.1 的证明参阅文献(上海交通大学数学系, 2007)[178]. 在引理 6.2.1 中, $P_k^{\mathrm{T}} A P_k (k = 1, 2, \cdots, s)$ 相当于对 A 施行了一次初等列变换和一次对应的初等行变换, 即对 A 施行了一次成对相应的初等行、列变换(合同变换). 引理 6.2.1 表明, 任意一个 n 阶对称矩阵都可经有限次成对相应的初等行、列变换(合同变换)化为对角矩阵.

定义 6.2.1　在 n 阶矩阵 A 中由第 1 行、第 2 行、$\cdots$、第 k 行和第 1 列、第 2

列、…、第 k 列交叉处元素组成的 k 阶子式, 称为 A 的 k 阶顺序主子式.

命题 6.2.1 设 n 元实二次型 $f(X) = X^{\mathrm{T}}AX$ 的矩阵 A 的各阶顺序主子式为 $\Delta_1, \Delta_2, \cdots, \Delta_n$, 则

(1) 若 $\Delta_i \neq 0$ $(i = 1, 2, \cdots, n-1)$, 则二次型 f 可经非退化的线性替换化为标准形 $\lambda_1 y_1^2 + \lambda_2 y_2^2 + \cdots + \lambda_n y_n^2$, 其中 $\lambda_i = \dfrac{\Delta_i}{\Delta_{i-1}} (i = 1, 2, \cdots, n), \Delta_0 = 1$;

(2) 若 $\Delta_i \neq 0$ $(i = 1, 2, \cdots, n)$, 则二次型 f 可经非退化的线性替换化为标准形 $\lambda_1 y_1^2 + \lambda_2 y_2^2 + \cdots + \lambda_n y_n^2$, 其中 $\lambda_i = \dfrac{\Delta_{i-1}}{\Delta_i} (i = 1, 2, \cdots, n), \Delta_0 = 1$.

命题 6.2.1 的证明参阅文献(李师正等, 2004)[156], 用矩阵语言可叙述为

命题 6.2.2 设 A 为 n 阶实对称矩阵, A 的各阶顺序主子式为 $\Delta_1, \Delta_2, \cdots, \Delta_n$, 则

(1) 若 $\Delta_i \neq 0$ $(i = 1, 2, \cdots, n-1)$, 则 A 合同于对角矩阵 $\mathrm{diag}(\lambda_1, \lambda_2, \cdots, \lambda_n)$, 其中

$$\lambda_i = \frac{\Delta_i}{\Delta_{i-1}} \quad (i = 1, 2, \cdots, n), \quad \Delta_0 = 1;$$

(2) 若 $\Delta_i \neq 0$ $(i = 1, 2, \cdots, n)$, 则 A 合同于对角矩阵 $\mathrm{diag}(\lambda_1, \lambda_2, \cdots, \lambda_n)$, 其中

$$\lambda_i = \frac{\Delta_{i-1}}{\Delta_i} \quad (i = 1, 2, \cdots, n), \quad \Delta_0 = 1.$$

6.2.2 题型与方法

1. 化实二次型为标准形(规范形)

设 n 元实二次型 $f(x_1, x_2, \cdots, x_n) = \sum_{i=1}^{n} a_{ij} x_i x_j (a_{ij} = a_{ji}, i, j = 1, 2, \cdots, n)$, 化二次型 f 为标准形(规范形)的常见方法, 一般有下列几种.

1) 配方法

配方法就是将二次型 f 中的变量逐个配成完全平方形式, 从而将二次型 f 化为标准形(规范形), 一般分为下列两种情形.

情形 1 当二次型 f 中平方项的系数不全为零时, 不妨设 $a_{11} \neq 0$, 先把含变量 x_1 的项归并起来, 配方, 再对其他变量逐个进行配方. 如例 6.2.1.

情形 2 当 $a_{11} = a_{22} = \cdots = a_{nn} = 0$, 但 $a_{ij}(i \neq j, i, j = 1, 2, \cdots, n)$ 不全为零时, 不妨设 $a_{12} \neq 0$, 令 $\begin{cases} x_1 = y_1 + y_2, \\ x_2 = y_1 - y_2, \\ x_i = y_i (i = 3, 4, \cdots, n), \end{cases}$ 则可化为情形 1. 如例 6.2.2.

2) 合同变换法

利用引理 6.2.1, 对二次型 f 的矩阵 A 施行有限次成对相应的初等行、列变换

化为对角矩阵, 从而化 f 为标准形(规范形), 具体步骤如下

(i) 写出 n 元二次型 f 的矩阵 A;

(ii) 构造 $2n \times n$ 矩阵 $\begin{pmatrix} A \\ E \end{pmatrix}$, 其中 E 为 n 阶单位矩阵, 对 $\begin{pmatrix} A \\ E \end{pmatrix}$ 中的矩阵 A 施行有限次成对相应的初等行、列变换, 将 A 化为对角矩阵 Λ, 同时, 对 E 仅施行其中的初等列变换化为矩阵 C, 即 $\begin{pmatrix} A \\ E \end{pmatrix} \xrightarrow[\text{对}E\text{仅施行其中的列变换}]{\text{对}A\text{施行成对相应的初等行、列变换}} \begin{pmatrix} \Lambda \\ C \end{pmatrix}$;

(iii) 写出 Λ 对应的二次型, 即为 f 的标准形(规范形), 所作非退化的线性替换为 $X = CY$.

3) 正交线性替换法

根据定理 6.1.3, 利用实对称矩阵正交相似于对角矩阵将 f 化为标准形, 具体步骤见 5.3 节.

4) 利用偏导数求

此方法与配方法本质上相同, 一般分下列两种情形.

情形 1 若 $a_{ii}(i=1,2,\cdots,n)$ 不全为零, 则不妨设 $a_{11} \neq 0$, 先求出 $f_1 = \dfrac{1}{2} \dfrac{\partial f}{\partial x_1}$, 则 $f = \dfrac{1}{a_{11}}(f_1)^2 + g$, 其中 $g = f - \dfrac{1}{a_{11}}(f_1)^2$ (不含变量 x_1), 再对 $n-1$ 元二次型 g 进行类似计算, 直至配成平方为止. 如例 6.2.1.

情形 2 若 $a_{ii}(i=1,2,\cdots,n)$ 全为零, 但 $a_{ij}(i \neq j, i,j=1,2,\cdots,n)$ 不全为零时, 不妨设 $a_{12} \neq 0$, 先求出 $f_1 = \dfrac{1}{2} \dfrac{\partial f}{\partial x_1}, f_2 = \dfrac{1}{2} \dfrac{\partial f}{\partial x_2}$, 则 $f = \dfrac{1}{2a_{12}}[(f_1+f_2)^2 - (f_1-f_2)^2] + g$, 其中 $g = f - \dfrac{1}{2a_{12}}[(f_1+f_2)^2 - (f_1-f_2)^2]$ (不含变量 x_1, x_2).

再考虑 $n-2$ 元二次型 g, 若二次型 g 不含平方项, 则属于情形 2, 再按情形 2 的方法进行计算; 若二次型 g 含有平方项, 则属于情形 1, 再按情形 1 的方法进行计算, 如此下去, 直至配成平方为止. 如例 6.2.2.

5) 利用二次型的矩阵的各阶顺序主子式求

若二次型 f 的矩阵的各阶(前 $n-1$)阶顺序主子式都不等于零, 则可根据命题 6.2.1 化 f 为标准形.

注 6.2.1 上述化二次型为标准形的方法, 都不会改变空间曲面的类型, 正交线性替换法还不改变向量的长度. 方法 5)仅适用于二次型的矩阵的各阶(前 $n-1$)阶顺序主子式都不等于零的二次型, 也不能求出所作的非退化的线性替换.

例 6.2.1 将二次型 $f(x_1, x_2, x_3) = x_1^2 + x_2^2 + 2x_3^2 + 2x_1x_2$ 化为标准形, 并写出所作的非退化线性替换.

解法一 二次型 f 的矩阵为 $A = \begin{pmatrix} 1 & 1 & 0 \\ 1 & 1 & 0 \\ 0 & 0 & 2 \end{pmatrix}$, A 的特征多项式为

$$f(\lambda) = |\lambda E - A| = \lambda(\lambda - 2)^2,$$

可见, A 的全部特征值为 $\lambda_1 = 0, \lambda_2 = 2$ (二重).

对于 $\lambda_1 = 0$, 解齐次线性方程组 $(0E - A)X = 0$, 得其一个基础解系为 $\xi_1 = (1, -1, 0)^T$, 单位化得 $\eta_1 = \frac{1}{\sqrt{2}}(1, -1, 0)^T$.

对于 $\lambda_2 = 2$, 解齐次线性方程组 $(2E - A)X = 0$, 得其一个正交的基础解系为 $\xi_2 = (0, 0, 1)^T, \xi_3 = (1, 1, 0)^T$, 单位化得 $\eta_2 = (0, 0, 1)^T, \eta_3 = \frac{1}{\sqrt{2}}(1, 1, 0)^T$.

令 $Q = (\eta_1, \eta_2, \eta_3)$, 则 Q 是正交矩阵, 故 $X = QY$ 是所作的正交线性替换, 二次型 f 经此正交线性替换可化为标准形 $2y_2^2 + 2y_3^2$.

解法二 由于二次型 f 中含变量 x_1 的平方项, 故先将含 x_1 的项合并起来, 配方得

$$f = (x_1^2 + 2x_1x_2 + x_2^2) + 2x_3^2 = (x_1 + x_2)^2 + 2x_3^2.$$

令 $\begin{cases} y_1 = x_1 + x_2, \\ y_2 = x_2, \\ y_3 = x_3, \end{cases}$ 即 $\begin{cases} x_1 = y_1 - y_2, \\ x_2 = y_2, \\ x_3 = y_3, \end{cases}$ 用矩阵表示为 $\begin{pmatrix} x_1 \\ x_2 \\ x_3 \end{pmatrix} = \begin{pmatrix} 1 & -1 & 0 \\ 0 & 1 & 0 \\ 0 & 0 & 1 \end{pmatrix} \begin{pmatrix} y_1 \\ y_2 \\ y_3 \end{pmatrix}.$

上述线性替换是所作的非退化的线性替换, 二次型 f 经此非退化的线性替换可化为标准形 $y_1^2 + 2y_3^2$.

解法三 二次型 f 的矩阵为 $A = \begin{pmatrix} 1 & 1 & 0 \\ 1 & 1 & 0 \\ 0 & 0 & 2 \end{pmatrix}$, 对矩阵 $\begin{pmatrix} A \\ E_3 \end{pmatrix}$ 施行下列合同变换, 得

$$\begin{pmatrix} A \\ E \end{pmatrix} = \begin{pmatrix} 1 & 1 & 0 \\ 1 & 1 & 0 \\ 0 & 0 & 2 \\ 1 & 0 & 0 \\ 0 & 1 & 0 \\ 0 & 0 & 1 \end{pmatrix} \xrightarrow[c_2 - c_1]{r_2 - r_1} \begin{pmatrix} 1 & 0 & 0 \\ 0 & 0 & 0 \\ 0 & 0 & 2 \\ 1 & -1 & 0 \\ 0 & 1 & 0 \\ 0 & 0 & 1 \end{pmatrix}.$$

令 $C = \begin{pmatrix} 1 & -1 & 0 \\ 0 & 1 & 0 \\ 0 & 0 & 1 \end{pmatrix}$, 则 C 可逆, 故所作的非退化的线性替换为 $X = CY$, 二次

型 f 经此非退化线性替换可化为标准形 $y_1^2 + 2y_3^2$.

解法四　由于 $a_{11} = 1 \neq 0$, 故令 $f_1 = \dfrac{1}{2}\dfrac{\partial f}{\partial x_1} = x_1 + x_2$, 则 $f = (f_1)^2 + g = (x_1 + x_2)^2$

$+g$, 其中 $g = f - (f_1)^2 = f - (x_1 + x_2)^2 = 2x_3^2$, 于是 $f = (x_1 + x_2)^2 + 2x_3^2$.

令 $\begin{cases} y_1 = x_1 + x_2, \\ y_2 = x_2, \\ y_3 = x_3, \end{cases}$ 即 $\begin{cases} x_1 = y_1 - y_2, \\ x_2 = y_2, \\ x_3 = y_3, \end{cases}$ 用矩阵表示为 $\begin{pmatrix} x_1 \\ x_2 \\ x_3 \end{pmatrix} = \begin{pmatrix} 1 & -1 & 0 \\ 0 & 1 & 0 \\ 0 & 0 & 1 \end{pmatrix} \begin{pmatrix} y_1 \\ y_2 \\ y_3 \end{pmatrix}$.

上述线性替换就是所作的非退化的线性替换, 二次型 f 经此非退化的线性替换可化为标准形 $y_1^2 + 2y_3^2$.

例 6.2.2　化二次型 $f(x_1, x_2, x_3) = 2x_1x_2 + 2x_1x_3 - 6x_2x_3$ 为标准形, 并写出所作的非退化的线性替换.

解法一　二次型 f 中不含变量的平方项, 含有 $x_ix_j(i = 1, 2; j = 2, 3)$ 乘积项, 不

妨选乘积项 x_1x_2, 作一个非退化的线性替换 $\begin{cases} x_1 = y_1 + y_2, \\ x_2 = y_1 - y_2, \\ x_3 = y_3, \end{cases}$ 用矩阵表示为 $X = C_1Y$,

其中

$$X = \begin{pmatrix} x_1 \\ x_2 \\ x_3 \end{pmatrix}, \quad Y = \begin{pmatrix} y_1 \\ y_2 \\ y_3 \end{pmatrix}, \quad C_1 = \begin{pmatrix} 1 & 1 & 0 \\ 1 & -1 & 0 \\ 0 & 0 & 1 \end{pmatrix},$$

则

$$\begin{aligned} f &= 2(y_1 + y_2)(y_1 - y_2) + 2(y_1 + y_2)y_3 - 6(y_1 - y_2)y_3 \\ &= 2y_1^2 - 2y_2^2 - 4y_1y_3 + 8y_2y_3, \end{aligned}$$

先将含 y_1 的项合并起来, 配方, 再将含 y_2 的项合并起来, 配方得

$$f = 2(y_1 - y_3)^2 - 2y_3^2 - 2y_2^2 + 8y_2y_3 = 2(y_1 - y_3)^2 - 2(y_2 - 2y_3)^2 + 6y_3^2.$$

令 $\begin{cases} z_1 = y_1 - y_3, \\ z_2 = y_2 - 2y_3, \\ z_3 = y_3, \end{cases}$ 即 $\begin{cases} y_1 = z_1 + z_3, \\ y_2 = z_2 + 2z_3, \\ y_3 = z_3, \end{cases}$ 用矩阵表示为 $Y = C_2Z$, 其中

$$Y = \begin{pmatrix} y_1 \\ y_2 \\ y_3 \end{pmatrix}, \quad Z = \begin{pmatrix} z_1 \\ z_2 \\ z_3 \end{pmatrix}, \quad C_2 = \begin{pmatrix} 1 & 0 & 1 \\ 0 & 1 & 2 \\ 0 & 0 & 1 \end{pmatrix},$$

则二次型 f 化为标准形 $f = 2z_1^2 - 2z_2^2 + 6z_3^2$, 令

$$C = C_1 C_2 = \begin{pmatrix} 1 & 1 & 0 \\ 1 & -1 & 0 \\ 0 & 0 & 1 \end{pmatrix}\begin{pmatrix} 1 & 0 & 1 \\ 0 & 1 & 2 \\ 0 & 0 & 1 \end{pmatrix} = \begin{pmatrix} 1 & 1 & 3 \\ 1 & -1 & -1 \\ 0 & 0 & 1 \end{pmatrix},$$

则 $|C| = -2 \neq 0$, 即 C 可逆, 故所作的非退化的线性替换为 $X = CZ$.

解法二 二次型 f 的矩阵为 $A = \begin{pmatrix} 0 & 1 & 1 \\ 1 & 0 & -3 \\ 1 & -3 & 0 \end{pmatrix}$, 对矩阵 $\begin{pmatrix} A \\ E \end{pmatrix}$ 施行下列合同变

换, 得

$$\begin{pmatrix} A \\ E \end{pmatrix} = \begin{pmatrix} 0 & 1 & 1 \\ 1 & 0 & -3 \\ 1 & -3 & 0 \\ 1 & 0 & 0 \\ 0 & 1 & 0 \\ 0 & 0 & 1 \end{pmatrix} \xrightarrow[\substack{r_2-\frac{1}{2}r_1 \\ c_2-\frac{1}{2}c_1}]{\substack{r_1+r_2 \\ c_1+c_2}} \begin{pmatrix} 2 & 0 & -2 \\ 0 & -\frac{1}{2} & -2 \\ -2 & -2 & 0 \\ 1 & -\frac{1}{2} & 0 \\ 1 & \frac{1}{2} & 0 \\ 0 & 0 & 1 \end{pmatrix} \xrightarrow[\substack{r_3-4r_2 \\ c_3-4c_2}]{\substack{r_3+r_1 \\ c_3+c_1}} \begin{pmatrix} 2 & 0 & 0 \\ 0 & -\frac{1}{2} & 0 \\ 0 & 0 & 6 \\ 1 & -\frac{1}{2} & 3 \\ 1 & \frac{1}{2} & -1 \\ 0 & 0 & 1 \end{pmatrix}.$$

令 $C = \begin{pmatrix} 1 & -\frac{1}{2} & 3 \\ 1 & \frac{1}{2} & -1 \\ 0 & 0 & 1 \end{pmatrix}$, 则所作的非退化的线性替换为 $X = CY$, 且经此非退化的

线性替换 f 化为标准形 $2y_1^2 - \frac{1}{2}y_2^2 + 6y_3^2$.

例 6.2.3 化二次型 $f(x_1, x_2, x_3) = x_1^2 - 8x_2^2 - 2x_1x_2 + 2x_1x_3 - 8x_2x_3$ 为标准形.

解 二次型 f 的矩阵为 $A = \begin{pmatrix} 1 & -1 & 1 \\ -1 & -8 & -4 \\ 1 & -4 & 0 \end{pmatrix}$, 由于 A 的各阶顺序主子式为

$$\Delta_1 = 1, \quad \Delta_2 = \begin{vmatrix} 1 & -1 \\ -1 & -8 \end{vmatrix} = -9, \quad \Delta_3 = |A| = 0,$$

故由命题 6.2.1 知, 二次型 f 的标准形为 $\dfrac{\Delta_1}{\Delta_0}y_1^2 + \dfrac{\Delta_2}{\Delta_1}y_2^2 + \dfrac{\Delta_3}{\Delta_2}y_3^2 = y_1^2 - 9y_2^2$.

例 6.2.4(2012 年全国硕士研究生入学统一考试数学一、二、三真题)　设矩阵

$$A = \begin{pmatrix} 1 & 0 & 1 \\ 0 & 1 & 1 \\ -1 & 0 & a \\ 0 & a & -1 \end{pmatrix}, \quad A^T \text{ 为矩阵 } A \text{ 的转置矩阵}, \quad r(A^T A) = 2, \text{ 且二次型 } f = X^T A^T A X.$$

(1) 求 a;

(2) 求二次型 f 对应的矩阵, 并将二次型 f 化为标准形, 写出正交变换过程.

分析　可根据题设条件求参数 a 的值, 也可以利用例 3.6.5 求参数 a 的值.

解　**(1) 解法一**　$A^T A = \begin{pmatrix} 2 & 0 & 1-a \\ 0 & 1+a^2 & 1-a \\ 1-a & 1-a & 3+a^2 \end{pmatrix}$, 由 $r(A^T A) = 2$ 知

$$|A^T A| = \begin{vmatrix} 2 & 0 & 1-a \\ 0 & 1+a^2 & 1-a \\ 1-a & 1-a & 3+a^2 \end{vmatrix} = (a+1)^2(a^2+3) = 0,$$

解得 $a = -1$.

解法二　由例 3.6.5 知, $r(A) = r(A^T A) = 2$, 对 A 施行初等行变换可化为行阶

梯形矩阵 $\begin{pmatrix} 1 & 0 & 1 \\ 0 & 1 & 1 \\ 0 & 0 & a+1 \\ 0 & 0 & 0 \end{pmatrix}$, 故 $a = -1$.

(2) 由于 $A^T A$ 是实对称矩阵, 故二次型 f 的矩阵为 $A^T A = \begin{pmatrix} 2 & 0 & 2 \\ 0 & 2 & 2 \\ 2 & 2 & 4 \end{pmatrix}$, $A^T A$ 的

特征多项式为 $f(\lambda) = |\lambda E - A^T A| = \lambda(\lambda - 2)(\lambda - 6)$, 可见, $A^T A$ 的全部特征值为

$$\lambda_1 = 0, \quad \lambda_2 = 2, \quad \lambda_3 = 6.$$

对特征值 $\lambda_1 = 0, \lambda_2 = 2, \lambda_3 = 6$, 解齐次线性方程组

$$(0E - A^T A)X = 0, \quad (2E - A^T A)X = 0, \quad (6E - A^T A)X = 0,$$

得它们的一个基础解系分别为 $\xi_1 = (1,1,-1)^T$, $\xi_2 = (1,-1,0)^T$, $\xi_3 = (1,1,2)^T$.

由 $\lambda_1, \lambda_2, \lambda_3$ 互异知, ξ_1, ξ_2, ξ_3 相互正交, 将它们单位化得

$$\eta_1 = \frac{1}{\sqrt{3}}(1,1,-1)^T, \quad \eta_2 = \frac{1}{\sqrt{2}}(1,-1,0)^T, \quad \eta_3 = \frac{1}{\sqrt{6}}(1,1,2)^T.$$

令 $Q=(\eta_1,\eta_2,\eta_3)$, 则 Q 为正交矩阵, 故所求正交线性替换为 $X=QY$, 且经此正交线性替换二次型 f 化为标准形 $2y_2^2+6y_3^2$.

2. 与二次型的标准形(规范形)有关的题

例 6.2.5(2009 年全国硕士研究生入学统一考试数学一、二、三真题) 设二次型
$$f(x_1,x_2,x_3)=ax_1^2+ax_2^2+(a-1)x_3^2+2x_1x_3-2x_2x_3.$$

(1) 求二次型 f 的矩阵的所有特征值;

(2) 若二次型 f 的规范形为 $y_1^2+y_2^2$, 求 a 的值.

解 (1) 二次型 f 的矩阵为 $A=\begin{pmatrix} a & 0 & 1 \\ 0 & a & -1 \\ 1 & -1 & a-1 \end{pmatrix}$, A 的特征多项式为
$$f(\lambda)=\left|\lambda E-A\right|=(\lambda-a)[\lambda-(a-2)][\lambda-(a+1)],$$

可见, A 的所有特征值为 $\lambda_1=a,\lambda_2=a-2,\lambda_3=a+1$.

(2) 由 f 的规范形为 $y_1^2+y_2^2$ 知, f 的正惯性指数和秩都等于 2, 故 A 的特征值中有一个等于零, 两个大于零. 很显然, $\lambda_3>\lambda_1>\lambda_2$, 于是 $\lambda_3>\lambda_1>0$, $\lambda_2=0$, 故 $a=2$.

例 6.2.6(2013 年全国硕士研究生入学统一考试数学一、二、三真题) 设二次型
$$f(x_1,x_2,x_3)=2(a_1x_1+a_2x_2+a_3x_3)^2+(b_1x_1+b_2x_2+b_3x_3)^2,$$
记 $\alpha=(a_1,a_2,a_3)^{\mathrm{T}},\beta=(b_1,b_2,b_3)^{\mathrm{T}}$.

(1) 证明二次型 f 对应的矩阵为 $2\alpha\alpha^{\mathrm{T}}+\beta\beta^{\mathrm{T}}$;

(2) 若向量 α,β 正交, 且均为单位向量, 证明 f 在正交变换下的标准形为 $2y_1^2+y_2^2$.

分析 (1) 中, 只需把 f 表示成矩阵形式即可; (2)中, 只需求出 f 的矩阵的特征值即可.

证明 (1) 因为
$$f(x_1,x_2,x_3)=2(a_1x_1+a_2x_2+a_3x_3)^2+(b_1x_1+b_2x_2+b_3x_3)^2$$
$$=2(x_1,x_2,x_3)\begin{pmatrix}a_1\\a_2\\a_3\end{pmatrix}(a_1,a_2,a_3)\begin{pmatrix}x_1\\x_2\\x_3\end{pmatrix}+(x_1,x_2,x_3)\begin{pmatrix}b_1\\b_2\\b_3\end{pmatrix}(b_1,b_2,b_3)\begin{pmatrix}x_1\\x_2\\x_3\end{pmatrix}$$
$$=(x_1,x_2,x_3)\left(2\begin{pmatrix}a_1\\a_2\\a_3\end{pmatrix}(a_1,a_2,a_3)+\begin{pmatrix}b_1\\b_2\\b_3\end{pmatrix}(b_1,b_2,b_3)\right)\begin{pmatrix}x_1\\x_2\\x_3\end{pmatrix}$$

$$= (x_1, x_2, x_3)(2\alpha\alpha^{\mathrm{T}} + \beta\beta^{\mathrm{T}}) \begin{pmatrix} x_1 \\ x_2 \\ x_3 \end{pmatrix} = X^{\mathrm{T}} A X,$$

其中 $A = 2\alpha\alpha^{\mathrm{T}} + \beta\beta^{\mathrm{T}}, X = (x_1, x_2, x_3)^{\mathrm{T}}$，很显然，$A$ 为对称矩阵, 故 f 的矩阵为

$$A = 2\alpha\alpha^{\mathrm{T}} + \beta\beta^{\mathrm{T}}.$$

(2) 由题设知，$\alpha^{\mathrm{T}}\beta = 0, \alpha^{\mathrm{T}}\alpha = 1, \beta^{\mathrm{T}}\beta = 1$, 于是

$$A\alpha = 2\alpha\alpha^{\mathrm{T}}\alpha + \beta\beta^{\mathrm{T}}\alpha = 2\alpha, \quad A\beta = 2\alpha\alpha^{\mathrm{T}}\beta + \beta\beta^{\mathrm{T}}\beta = \beta,$$

可见, 2 和 1 为 A 的特征值, α, β 分别为 A 的属于特征值 2 和 1 的特征向量. 因为

$$r(A) = r(2\alpha\alpha^{\mathrm{T}} + \beta\beta^{\mathrm{T}}) \leqslant r(2\alpha\alpha^{\mathrm{T}}) + r(\beta\beta^{\mathrm{T}}) = r(\alpha\alpha^{\mathrm{T}}) + r(\beta\beta^{\mathrm{T}})$$
$$= r(\alpha^{\mathrm{T}}\alpha) + r(\beta^{\mathrm{T}}\beta) = 1 + 1 = 2 < 3,$$

所以 $|A| = 0$, 于是 A 的另一个特征值为 0, 故 f 在正交变换下的标准形为 $2y_1^2 + y_2^2$.

例 6.2.7(2018 年全国硕士研究生入学统一考试数学一、二、三真题)　设实二次型

$$f(x_1, x_2, x_3) = (x_1 - x_2 + x_3)^2 + (x_2 + x_3)^2 + (x_1 + ax_3)^2,$$

其中 a 是参数.

(1) 求 $f(x_1, x_2, x_3) = 0$ 的解;

(2) 求 $f(x_1, x_2, x_3)$ 的规范形.

分析　(1) 可转化为含参数 a 的齐次线性方程组求解. (2) 中, 只需根据 a 的取值, 分情况求出二次型的矩阵的特征值(标准形)即可.

解　(1) 由 $f(x_1, x_2, x_3) = 0$ 得齐次线性方程组(I) $\begin{cases} x_1 - x_2 + x_3 = 0, \\ x_2 + x_3 = 0, \\ x_1 + ax_3 = 0. \end{cases}$

对方程组(I)的系数矩阵 A 施行初等行变换化为行阶梯形矩阵

$$A = \begin{pmatrix} 1 & -1 & 1 \\ 0 & 1 & 1 \\ 1 & 0 & a \end{pmatrix} \xrightarrow[r_3 - r_2]{r_3 - r_1} \begin{pmatrix} 1 & -1 & 1 \\ 0 & 1 & 1 \\ 0 & 0 & a - 2 \end{pmatrix}.$$

当 $a = 2$ 时, $r(A) = 2 < 3$, 方程组(I)有非零解, 解方程组(I), 得其一个基础解系为 $\xi = (2, 1, -1)^{\mathrm{T}}$, 故方程组 $f(x_1, x_2, x_3) = 0$ 的通解为 $k\xi$, 其中 k 是任意实数.

当 $a \neq 2$ 时, $r(A) = 3$, 方程组 $f(x_1, x_2, x_3) = 0$ 只有零解, 即 $x_1 = x_2 = x_3 = 0$.

(2) 当 $a \neq 2$ 时, 令 $\begin{cases} y_1 = x_1 - x_2 + x_3, \\ y_2 = x_2 + x_3, \\ y_3 = x_1 + ax_3, \end{cases}$ 即 $Y = AX$, 其中

$$Y = \begin{pmatrix} y_1 \\ y_2 \\ y_3 \end{pmatrix}, \quad X = \begin{pmatrix} x_1 \\ x_2 \\ x_3 \end{pmatrix}, \quad A = \begin{pmatrix} 1 & -1 & 1 \\ 0 & 1 & 1 \\ 1 & 0 & a \end{pmatrix}.$$

由(1)知, A 可逆, 故 $X = A^{-1}Y$ 是非退化的线性替换, 且二次型 f 经此非退化的线性替换化为规范形 $y_1^2 + y_2^2 + y_3^2$.

当 $a = 2$ 时, $f(x_1, x_2, x_3) = 2x_1^2 + 2x_2^2 + 6x_3^2 - 2x_1x_2 + 6x_1x_3$, 设 f 的矩阵为 B, 对矩阵 $\begin{pmatrix} B \\ E \end{pmatrix}$ 施行下列合同变换, 得

$$\begin{pmatrix} B \\ E \end{pmatrix} = \begin{pmatrix} 2 & -1 & 3 \\ -1 & 2 & 0 \\ 3 & 0 & 6 \\ 1 & 0 & 0 \\ 0 & 1 & 0 \\ 0 & 0 & 1 \end{pmatrix} \xrightarrow[\substack{c_2 + \frac{1}{2}c_1 \\ r_3 - \frac{3}{2}r_1 \\ c_3 - \frac{3}{2}c_1}]{r_2 + \frac{1}{2}r_1} \begin{pmatrix} 2 & 0 & 0 \\ 0 & \frac{3}{2} & \frac{3}{2} \\ 0 & \frac{3}{2} & \frac{3}{2} \\ 1 & \frac{1}{2} & -\frac{3}{2} \\ 0 & 1 & 0 \\ 0 & 0 & 1 \end{pmatrix} \xrightarrow[\substack{c_3 - c_2 \\ r_1 \times \frac{1}{\sqrt{2}} \\ c_1 \times \frac{1}{\sqrt{2}} \\ r_2 \times \frac{2}{\sqrt{6}} \\ c_2 \times \frac{2}{\sqrt{6}}}]{r_3 - r_2} \begin{pmatrix} 1 & 0 & 0 \\ 0 & 1 & 0 \\ 0 & 0 & 0 \\ \frac{1}{\sqrt{2}} & \frac{1}{\sqrt{6}} & -2 \\ 0 & \frac{2}{\sqrt{6}} & -1 \\ 0 & 0 & 1 \end{pmatrix}.$$

令 $C = \begin{pmatrix} \frac{1}{\sqrt{2}} & \frac{1}{\sqrt{6}} & -2 \\ 0 & \frac{2}{\sqrt{6}} & -1 \\ 0 & 0 & 1 \end{pmatrix}$, 则 C 可逆, $X = CY$ 是一个非退化的线性替换, 且二次型 f 经此非退化线性替换化为规范形 $y_1^2 + y_2^2$.

3. 判断二次曲面的类型及与其有关的题

例 6.2.8(2016 年全国硕士研究生入学统一考试数学一真题) 设二次型
$$f(x_1, x_2, x_3) = x_1^2 + x_2^2 + x_3^2 + 4x_1x_2 + 4x_1x_3 + 4x_2x_3,$$
则 $f(x_1, x_2, x_3) = 2$ 在空间直角坐标系下表示的二次曲面为(   ).

(A) 单叶双曲面　　(B) 双叶双曲面　　(C) 椭球面　　(D) 柱面

分析 只需把 f 化为规范形或求出 f 的矩阵的特征值即可.

解 二次型 f 的矩阵为 $A = \begin{pmatrix} 1 & 2 & 2 \\ 2 & 1 & 2 \\ 2 & 2 & 1 \end{pmatrix}$, A 的特征多项式为

$$f(\lambda)=|\lambda E - A|=(\lambda-5)(\lambda+1)^2,$$

可见, A 的全部特征值为 $\lambda_1=5,\lambda_2=-1$(二重), 于是 f 的秩、正惯性指数和负惯性指数分别为 3, 1 和 2, 因此, f 的规范形为 $f=y_1^2-y_2^2-y_3^2$, 从而二次曲面 $f(x_1,$ $x_2,x_3)=2$ 可经一个非退化线性替换化为 $y_1^2-y_2^2-y_3^2=2$, 于是 $\dfrac{y_1^2}{(\sqrt{2})^2}-\dfrac{y_2^2}{(\sqrt{2})^2}-$ $\dfrac{y_3^2}{(\sqrt{2})^2}=1$, 故选项(B)正确.

例 6.2.9　已知二次曲面 $x^2+ay^2+z^2+2bxy+2xz+2yz=4$ 经正交线性替换 $X=QY$ 可化为椭圆柱面方程 $y_1^2+4z_1^2=4$, 其中 $X=(x,y,z)^T,Y=(x_1,y_1,z_1)^T$, 求 a,b 的值和正交矩阵 Q.

解　设二次型 $f(x,y,z)=x^2+ay^2+z^2+2bxy+2xz+2yz$, 则 f 的矩阵为 $A=\begin{pmatrix}1 & b & 1\\ b & a & 1\\ 1 & 1 & 1\end{pmatrix}$, A 的特征多项式为 $f(\lambda)=|\lambda E-A|=\begin{vmatrix}\lambda-1 & -b & -1\\ -b & \lambda-a & -1\\ -1 & -1 & \lambda-1\end{vmatrix}$, 由题设知, A 的特征值为 $\lambda_1=0,\lambda_2=1,\lambda_3=4$, 于是 $f(0)=0,f(1)=0,f(4)=0$, 从而

$$-|A|=(b-1)^2=0,\quad |E-A|=a-2b-1=0,$$

解得 $a=3,b=1$.

当 $a=3,b=1$ 时, 对特征值 $\lambda_1=0,\lambda_2=1,\lambda_3=4$, 解齐次线性方程组

$$(0E-A)X=0,\quad (E-A)X=0\quad,(4E-A)X=0$$

得它们的一个基础解系分别为 $\xi_1=(1,0,-1)^T,\xi_2=(1,-1,1)^T,\xi_3=(1,2,1)^T$.

由 $\lambda_1,\lambda_2,\lambda_3$ 互异知, ξ_1,ξ_2,ξ_3 相互正交, 将它们单位化得

$$\eta_1=\frac{1}{\sqrt{2}}(1,0,-1)^T,\quad \eta_2=\frac{1}{\sqrt{3}}(1,-1,1)^T,\quad \eta_3=\frac{1}{\sqrt{6}}(1,2,1)^T.$$

令 $Q=(\eta_1,\eta_2,\eta_3)$, 则 Q 为所求正交矩阵.

6.3　正定二次型

6.3.1　基础理论

定义 6.3.1　设 n 元实二次型 $f(x_1,x_2,\cdots,x_n)=X^TAX$, 如果对任意一组不全为零的实数 $c_1,c_2,\cdots,c_n$, 都有

(1) $f(c_1,c_2,\cdots,c_n)>0$, 则称 f 为正定的, 称 f 的矩阵 A 为正定矩阵;

(2) $f(c_1,c_2,\cdots,c_n)<0$, 则称 f 为负定的, 称 f 的矩阵 A 为负定矩阵;

(3) $f(c_1,c_2,\cdots,c_n) \geqslant 0$，则称 f 为半正定的，称 f 的矩阵 A 为半正定矩阵；

(4) $f(c_1,c_2,\cdots,c_n) \leqslant 0$，则称 f 为半负定的，称 f 的矩阵 A 为半负定矩阵.

如果 f 既不是半正定的，也不是半负定的，则称 f 为不定的.

定理 6.3.1　设 n 元实二次型 $f(x_1,x_2,\cdots,x_n)=X^{\mathrm{T}}AX$，则下列命题等价：

(1) f 是正定二次型；

(2) f 的正惯性指数等于 n；

(3) f 的规范形为 $y_1^2+y_2^2+\cdots+y_n^2$；

(4) A 是正定矩阵；

(5) $C^{\mathrm{T}}AC$ 是正定矩阵，其中 C 为 n 阶实可逆矩阵；

(6) A 与 n 阶单位矩阵 E 合同；

(7) 存在 n 阶实可逆矩阵 C，使得 $A=C^{\mathrm{T}}C$；

(8) A 的各阶主子式都大于零；

(9) A 的各阶顺序主子式都大于零；

(10) A 的特征值都大于零.

定理 6.3.1 的证明参阅文献(陈祥恩等，2013)[211]，(5)用二次型的语言可表述为：非退化的实线性替换保持二次型的正定性不变.

性质 6.3.1　设 A 是正定矩阵，则

(1) $|A|>0$；

(2) A 可逆，A^{-1} 为正定矩阵；

(3) kA 为正定矩阵，其中 k 为任意正实数；

(4) A 的伴随矩阵 A^* 为正定矩阵；

(5) A^m 为正定矩阵，其中 m 为任意的整数.

定理 6.3.2　设 n 元实二次型 $f(x_1,x_2,\cdots,x_n)=X^{\mathrm{T}}AX$，则下列命题等价：

(1) f 是半正定二次型；

(2) f 的正惯性指数与秩相等；

(3) 存在 n 阶实可逆矩阵 C，使得 $C^{\mathrm{T}}AC=\mathrm{diag}(d_1,d_2,\cdots,d_n)$，其中 $d_i(i=1,2,\cdots,n)$ 都是大于或等于零的实数；

(4) 存在 n 阶实矩阵 C，使得 $A=C^{\mathrm{T}}C$；

(5) A 的特征值都大于或等于零；

(6) A 的所有主子式大于或等于零.

实二次型 f 为负定(半负定)的充分必要条件是 $-f$ 为正定(半正定)的，因此，根据定理 6.3.1、定理 6.3.2 不难给出实二次型 f 为负定(半负定)二次型的判别条件，这里从略.

6.3.2　题型与方法

1. 实二次型的正定性的判断(证明)

判断(证明)实二次型的正定性的常见的方法, 一般有下列几种.

(1) 利用定义 6.3.1 来判断(证明).

(2) 利用实二次型的标准形判断(证明).

n 元实二次型 f 是正定的当且仅当 f 的标准形中的 n 个系数均大于零.

(3) 利用实二次型的矩阵的特征值判断(证明).

(4) 利用实二次型的矩阵的各阶顺序主子式判断(证明).

(5) 利用实二次型的矩阵的各阶主子式判断(证明).

例 6.3.1　判断下列二次型的正定性.

(1)　$f(x_1, x_2, x_3) = 5x_1^2 + 5x_2^2 + 5x_3^2 + 4x_1x_2 - 4x_1x_3 - 2x_2x_3$;

(2)　$f(x_1, x_2, x_3) = -5x_1^2 - 6x_2^2 - 4x_3^2 + 4x_1x_2 + 4x_1x_3$.

(1) **解法一**　二次型 f 的矩阵为 $A = \begin{pmatrix} 5 & 2 & -2 \\ 2 & 5 & -1 \\ -2 & -1 & 5 \end{pmatrix}$, A 的特征多项式为

$$f(\lambda) = |\lambda E - A| = (\lambda - 4)\left(\lambda - \frac{11 + \sqrt{33}}{2}\right)\left(\lambda - \frac{11 - \sqrt{33}}{2}\right),$$

可见, A 的全部特征值为 $\lambda_1 = 4, \lambda_2 = \dfrac{11 + \sqrt{33}}{2}, \lambda_3 = \dfrac{11 - \sqrt{33}}{2}$, 由于 A 的特征值都大于零, 故 f 是正定的.

解法二　对二次型 f 的矩阵 A 施行合同变换化为对角矩阵 Λ.

$$A \xrightarrow[\substack{r_3 + \frac{2}{5}r_1 \\ c_3 + \frac{2}{5}c_1}]{\substack{r_2 - \frac{2}{5}r_1 \\ c_2 - \frac{2}{5}c_1}} \begin{pmatrix} 5 & 0 & 0 \\ 0 & \frac{21}{5} & -\frac{1}{5} \\ 0 & -\frac{1}{5} & \frac{21}{5} \end{pmatrix} \xrightarrow[\substack{c_3 + \frac{1}{21}c_2}]{\substack{r_3 + \frac{1}{21}r_2}} \begin{pmatrix} 5 & 0 & 0 \\ 0 & \frac{21}{5} & 0 \\ 0 & 0 & \frac{88}{21} \end{pmatrix} = \Lambda,$$

可见, A 合同于对角矩阵 Λ, 由 Λ 主对角线上元素都为大于零的实数知, Λ 是正定的, 故 A 是正定的, 从而 f 是正定的.

解法三　二次型 f 的矩阵 A 的各阶顺序主子式分别为

$$\Delta_1 = |5| = 5 > 0, \quad \Delta_2 = \begin{vmatrix} 5 & 2 \\ 2 & 5 \end{vmatrix} = 21 > 0, \quad \Delta_3 = |A| = 88 > 0,$$

故 f 是正定的.

(2) **解法一** 二次型 f 的矩阵为 $A = \begin{pmatrix} -5 & 2 & 2 \\ 2 & -6 & 0 \\ 2 & 0 & -4 \end{pmatrix}$, A 的特征多项式为

$$f(\lambda) = |\lambda E - A| = (\lambda + 2)(\lambda + 5)(\lambda + 8),$$

可见, A 的全部特征值为 $\lambda_1 = -2, \lambda_2 = -5, \lambda_3 = -8$, 由于 A 的特征值都小于零, 故 f 是负定的.

解法二 二次型 f 的矩阵 A 的各阶顺序主子式分别为

$$\Delta_1 = |-5| = -5 < 0, \quad \Delta_2 = \begin{vmatrix} -5 & 2 \\ 2 & -6 \end{vmatrix} = 26 > 0, \quad \Delta_3 = |A| = -80 < 0,$$

可见 A 的一阶、三阶顺序主子式全为负, 二阶顺序主子式为正, 故 A 是负定的, 从而 f 是负定的.

例 6.3.2 判断 n 元二次型 $f(x_1, x_2, \cdots, x_n) = \sum_{i=1}^{n} \left(x_i - \frac{1}{n} \sum_{i=1}^{n} x_i \right)^2$ 的正定性.

分析 可化为标准形来判断, 也可利用二次型的矩阵的各阶顺序主子式或特征值来判断.

解法一 类似例 6.1.1 中(1)可求得二次型 f 的矩阵为

$$A = \frac{1}{n} \begin{pmatrix} n-1 & -1 & \cdots & -1 \\ -1 & n-1 & \cdots & -1 \\ \vdots & \vdots & & \vdots \\ -1 & -1 & \cdots & n-1 \end{pmatrix},$$

A 的 k 阶顺序主子式为

$$\Delta_k = \frac{1}{n^k} \begin{vmatrix} n-1 & -1 & \cdots & -1 \\ -1 & n-1 & \cdots & -1 \\ \vdots & \vdots & & \vdots \\ -1 & -1 & \cdots & n-1 \end{vmatrix} = \frac{n-k}{n} \quad (1 \leqslant k \leqslant n),$$

由此得, $\Delta_k \neq 0 (1 \leqslant k < n), \frac{\Delta_k}{\Delta_{k-1}} = \frac{n-k}{n-k+1} \geqslant 0 (1 \leqslant k \leqslant n), \Delta_0 = 1$, 由命题 6.2.1 知, 二次型 f 可经一个非退化的线性替换化为标准形

$$\frac{n-1}{n} z_1^2 + \frac{n-2}{n-1} z_2^2 + \cdots + \frac{1}{2} z_{n-1}^2,$$

可见, f 的标准形中的 n 个系数均大于或等于零, 故 f 是半正定的.

解法二　二次型 f 的矩阵为 $A = \dfrac{1}{n}B$，其中 $B = \begin{pmatrix} n-1 & -1 & \cdots & -1 \\ -1 & n-1 & \cdots & -1 \\ \vdots & \vdots & & \vdots \\ -1 & -1 & \cdots & n-1 \end{pmatrix}$，$B$ 的特

征多项式为

$$f(\lambda) = |\lambda E - B| = \left| (\lambda - n)E - \begin{pmatrix} -1 \\ -1 \\ \vdots \\ -1 \end{pmatrix} (1, 1, \cdots, 1) \right| = \lambda(\lambda - n)^{n-1},$$

可见，B 的全部特征值为 $\lambda_1 = 0, \lambda_2 = n(n-1\,\text{重})$，于是 A 的全部特征值为 $\lambda_1 = 0$，$\lambda_2 = 1(n-1\,\text{重})$，故由定理 6.3.2 知，$f$ 是半正定的.

注 6.3.1　由例 6.3.2 的求解过程知，例 6.3.2 中的二次型 f 的秩和正惯性指数都为 $n-1$，故其规范形为 $y_1^2 + y_2^2 + \cdots + y_{n-1}^2$.

2. 根据二次型的正定性确定二次型中参数的取值

例 6.3.3　t 取何值时，下列二次型为正定二次型.

(1)　$f(x_1, x_2, x_3) = x_1^2 + x_2^2 + 5x_3^2 + 2tx_1x_2 - 2x_1x_3 + 4x_2x_3$;

(2)　$f(x_1, x_2, x_3, x_4) = x_1^2 + x_2^2 + x_3^2 + 3x_4^2 + 2t(x_1x_2 + x_1x_3 + x_2x_3)$.

分析　可化为标准形来求解，也可利用二次型的矩阵的各阶顺序主子式或特征值来求解.

(1) **解法一**　二次型 f 的矩阵为 $A = \begin{pmatrix} 1 & t & -1 \\ t & 1 & 2 \\ -1 & 2 & 5 \end{pmatrix}$. 由题设知，$A$ 的各阶顺序

主子式都大于零，即

$$\Delta_1 = |1| = 1 > 0, \quad \Delta_2 = 1 - t^2 > 0, \quad \Delta_3 = |A| = -5t^2 - 4t > 0,$$

解得 $-\dfrac{4}{5} < t < 0$.

解法二　对二次型 f 的矩阵 $A = \begin{pmatrix} 1 & t & -1 \\ t & 1 & 2 \\ -1 & 2 & 5 \end{pmatrix}$ 施行合同变换可化为对角矩阵

$\Lambda = \mathrm{diag}\left(1, 4, -\dfrac{t(5t+4)}{4} \right)$，由此得，$A$ 合同于 Λ，故 A 是正定的当且仅当 Λ 是正定

的当且仅当 $-\dfrac{t(5t+4)}{4} > 0$ 当且仅当 $-\dfrac{4}{5} < t < 0$.

(2) **解法一** 二次型 f 的矩阵为 $A = \begin{pmatrix} 1 & t & t & 0 \\ t & 1 & t & 0 \\ t & t & 1 & 0 \\ 0 & 0 & 0 & 3 \end{pmatrix}$. 由题设知, A 的各阶顺序

主子式都大于零, 即

$$\Delta_1 = |1| = 1 > 0, \quad \Delta_2 = \begin{vmatrix} 1 & t \\ t & 1 \end{vmatrix} = 1 - t^2 > 0,$$

$$\Delta_3 = \begin{vmatrix} 1 & t & t \\ t & 1 & t \\ t & t & 1 \end{vmatrix} = (1+2t)(1-t)^2 > 0, \quad \Delta_4 = |A| = 3(1+2t)(1-t)^2 > 0,$$

解得 $-\dfrac{1}{2} < t < 1$.

解法二 二次型 f 的矩阵 A 的特征多项式为

$$f(\lambda) = |\lambda E - A| = (\lambda - 3)[\lambda - (2t+1)][\lambda - (1-t)]^2,$$

可见, A 的全部特征值为 $\lambda_1 = 3, \lambda_2 = 2t+1, \lambda_3 = 1-t$ (二重), 由 f 是正定的得 $2t + 1 > 0, 1 - t > 0$, 解得 $-\dfrac{1}{2} < t < 1$.

例 6.3.4 设 n 元二次型 $f(x_1, x_2, \cdots, x_n) = \sum_{i=1}^{n-1}(x_i + a_i x_{i+1})^2 + (x_n + a_n x_1)^2$, 其中, $a_i (i = 1, 2, \cdots, n)$ 都为实数, 试问: 当 $a_1, a_2, \cdots, a_n$ 满足什么条件时, 二次型 f 是正定的.

解法一 令 $Y = AX$, 其中 $Y = \begin{pmatrix} y_1 \\ y_2 \\ \vdots \\ y_n \end{pmatrix}, X = \begin{pmatrix} x_1 \\ x_2 \\ \vdots \\ x_n \end{pmatrix}, A = \begin{pmatrix} 1 & a_1 & 0 & \cdots & 0 & 0 \\ 0 & 1 & a_2 & \cdots & 0 & 0 \\ \vdots & \vdots & \vdots & & \vdots & \vdots \\ 0 & 0 & 0 & \cdots & 1 & a_{n-1} \\ a_n & 0 & 0 & \cdots & 0 & 1 \end{pmatrix}$, 则

二次型 f 经此线性替换可化为 $y_1^2 + y_2^2 + \cdots + y_n^2$, 很显然, 二次型 $y_1^2 + y_2^2 + \cdots + y_n^2$ 是正定的, 由非退化的线性替换不改变二次型的正定性知, 当 $Y = AX$ 是非退化的线性替换, 即 $|A| \neq 0$ 时, f 必为正定二次型, 由于 $|A| = 1 + (-1)^{n+1} \prod_{i=1}^{n} a_i$, 因此, 当

$a_1, a_2, \cdots, a_n$ 满足 $1 + (-1)^{n+1} \prod_{i=1}^{n} a_i \neq 0$, 即当 $\prod_{i=1}^{n} a_i \neq (-1)^n$ 时, f 是正定的.

解法二 因为对任意的 $X = (x_1, x_2, \cdots, x_n)^T \neq 0$, 有 $f(x_1, x_2, \cdots, x_n) \geqslant 0$, 所以 f 正定当且仅当 $x_1 + a_1 x_2, x_2 + a_2 x_3, \cdots, x_{n-1} + a_{n-1} x_n, x_n + a_n x_1$ 不全为零当且仅当齐次线

性方程组(I) $\begin{cases} x_1 + a_1 x_2 = 0, \\ x_2 + a_2 x_3 = 0, \\ \quad\cdots\cdots \\ x_{n-1} + a_{n-1} x_n = 0, \\ x_n + a_n x_1 = 0 \end{cases}$　只有零解当且仅当方程组(I)的系数矩阵的行列式

$|A| = 1 + (-1)^{n+1} \prod\limits_{i=1}^{n} a_i \neq 0$ 当且仅当 $\prod\limits_{i=1}^{n} a_i \neq (-1)^n$, 因此, 当 $a_1, a_2, \cdots, a_n$ 满足 $\prod\limits_{i=1}^{n} a_i \neq (-1)^n$ 时, f 是正定的.

3. 实对称矩阵的正定性的证明(判断)

例 6.3.5　设 A, B 均为 n 阶正定矩阵, 证明对任意两个都大于零的实数 a, b, 矩阵 $aA + bB$ 为正定矩阵.

证明　由题设知, $A^{\mathrm{T}} = A, B^{\mathrm{T}} = B$, 且对任意的 n 维实列向量 $X \neq 0$, $X^{\mathrm{T}} A X > 0$, $X^{\mathrm{T}} B X > 0$, 于是 $(aA + bB)^{\mathrm{T}} = (aA)^{\mathrm{T}} + (bB)^{\mathrm{T}} = aA + bB$, 即 $aA + bB$ 是实对称矩阵, 且

$$X^{\mathrm{T}}(aA + bB)X = a X^{\mathrm{T}} A X + b X^{\mathrm{T}} B X > 0,$$

故 $aA + bB$ 是正定矩阵.

注 6.3.2　(1) 例 6.3.5 也可根据矩阵的特征值证明, 当 $a = b = 1$ 时, 得 $A + B$ 为正定矩阵, 即两个同阶正定矩阵的和为正定矩阵.

(2) 由性质 6.3.1 和例 6.3.5 知, 若 A 为 n 阶正定矩阵, 则对实系数多项式 $f(x) = a_m x^m + a_{m-1} x^{m-1} + \cdots + a_1 x + a_0$, $f(A)$ 为正定矩阵, 其中 $a_i \geqslant 0 (i = 0, 1, \cdots, m)$, 且至少有一个大于零.

例 6.3.6　设 A, B 分别为 m 阶和 n 阶正定矩阵, 证明 $\begin{pmatrix} A & O \\ O & B \end{pmatrix}$ 为正定矩阵.

证法一　由题设知, $A^{\mathrm{T}} = A, B^{\mathrm{T}} = B$, 于是 $\begin{pmatrix} A & O \\ O & B \end{pmatrix}^{\mathrm{T}} = \begin{pmatrix} A^{\mathrm{T}} & O \\ O & B^{\mathrm{T}} \end{pmatrix} = \begin{pmatrix} A & O \\ O & B \end{pmatrix}$, 即 $\begin{pmatrix} A & O \\ O & B \end{pmatrix}$ 是实对称矩阵.

对任意的 $m + n$ 维实列向量 $X \neq 0$, 令 $X = \begin{pmatrix} X_1 \\ X_2 \end{pmatrix}$, 其中 X_1, X_2 分别为 m 维, n 维实列向量, 由 $X \neq 0$ 知, X_1, X_2 不全为零, 不妨设 $X_1 \neq 0$, 则由题设知, $X_1^{\mathrm{T}} A X_1 > 0, X_2^{\mathrm{T}} B X_2 \geqslant 0$, 于是

$$X^{\mathrm{T}} \begin{pmatrix} A & O \\ O & B \end{pmatrix} X = (X_1^{\mathrm{T}}, X_2^{\mathrm{T}}) \begin{pmatrix} A & O \\ O & B \end{pmatrix} \begin{pmatrix} X_1 \\ X_2 \end{pmatrix} = X_1^{\mathrm{T}} A X_1 + X_2^{\mathrm{T}} B X_2 > 0,$$

故 $\begin{pmatrix} A & O \\ O & B \end{pmatrix}$ 是正定的.

证法二 同证法一, $\begin{pmatrix} A & O \\ O & B \end{pmatrix}$ 是实对称矩阵. 设 $\lambda_i (i = 1, 2, \cdots, m)$ 和 $\mu_j (j = 1, 2, \cdots, n)$ 分别为 A, B 的全部特征值(重根按重数计算), 则 A, B 的特征多项式分别为

$$f_A(\lambda) = (\lambda - \lambda_1)(\lambda - \lambda_2) \cdots (\lambda - \lambda_m), f_B(\lambda) = (\lambda - \mu_1)(\lambda - \mu_2) \cdots (\lambda - \mu_n),$$

于是 $\begin{pmatrix} A & O \\ O & B \end{pmatrix}$ 的特征多项式为

$$f(\lambda) = |\lambda E - A||\lambda E - B| = (\lambda - \lambda_1)(\lambda - \lambda_2) \cdots (\lambda - \lambda_m)(\lambda - \mu_1)(\lambda - \mu_2) \cdots (\lambda - \mu_n),$$

由题设知, $\lambda_i > 0, u_j > 0 (i = 1, 2, \cdots, m; j = 1, 2, \cdots, n)$, 故 $\begin{pmatrix} A & O \\ O & B \end{pmatrix}$ 是正定的.

注 6.3.3 例 6.3.6 也可利用顺序主子式证明.

例 6.3.7 设 A 是 n 阶实对称矩阵, 证明 A 是正定的充分必要条件是存在 n 阶正定矩阵 B, 使得 $A = B^k$, 其中 k 是自然数.

证明 必要性. 若 A 是正定的, 则存在 n 阶正交矩阵 Q, 使得

$$Q^{\mathrm{T}} A Q = \mathrm{diag}(\lambda_1, \lambda_2, \cdots, \lambda_n),$$

其中 $\lambda_1, \lambda_2, \cdots, \lambda_n$ 是 A 的全部特征值, 由 A 是正定的知, $\lambda_i (i = 1, 2, \cdots, n)$ 均为大于零的实数. 于是

$$A = Q\mathrm{diag}(\lambda_1, \lambda_2, \cdots, \lambda_n) Q^{\mathrm{T}} = Q\mathrm{diag}(\sqrt[k]{\lambda_1}, \sqrt[k]{\lambda_2}, \cdots, \sqrt[k]{\lambda_n}) Q^{\mathrm{T}}$$

$$\cdot Q\mathrm{diag}(\sqrt[k]{\lambda_1}, \sqrt[k]{\lambda_2}, \cdots, \sqrt[k]{\lambda_n}) Q^{\mathrm{T}} \cdots Q\mathrm{diag}(\sqrt[k]{\lambda_1}, \sqrt[k]{\lambda_2}, \cdots, \sqrt[k]{\lambda_n}) Q^{\mathrm{T}},$$

令 $B = Q\mathrm{diag}(\sqrt[k]{\lambda_1}, \sqrt[k]{\lambda_2}, \cdots, \sqrt[k]{\lambda_n}) Q^{\mathrm{T}}$, 则 B 的全部特征值为 $\sqrt[k]{\lambda_i} (i = 1, 2, \cdots, n)$ 都是大于零的实数, 故 B 是正定的, 且 $A = B^k$.

充分性. 设 $\mu_1, \mu_2, \cdots, \mu_n$ 是 B 的全部特征值, 则 $\mu_i (i = 1, 2, \cdots, n)$ 都是大于零的实数, 于是由 $A = B^k$ 得 A 的全部特征值为 $\mu_1^k, \mu_2^k, \cdots, \mu_n^k$, 且都是大于零的实数, 故 A 是正定的.

例 6.3.8 设 A, B 均为 n 阶正定矩阵, 证明 AB 的特征值都为大于零的实数.

证明 由例 6.3.7 和 A 正定知, 存在 n 阶正定矩阵 C, 使得 $A = C^2$, 于是

$$C^{-1} A B C = C^{-1} C^2 B C = C B C = C^{\mathrm{T}} B C,$$

即 AB 与 $C^{\mathrm{T}} B C$ 相似, 从而有相同的特征值. 又由 B 正定知, $C^{\mathrm{T}} B C$ 是正定的, 其

特征值都为大于零的实数, 故 AB 的特征值都为大于零的实数.

注 6.3.4 例 6.3.8 中, AB 的特征值都为大于零的实数, 但 AB 不一定是正定矩阵. AB 为正定的充分必要条件是 $AB = BA$.

例 6.3.9 设 A 为 $m \times n$ 实矩阵, 证明

(1) $A^{\mathrm{T}}A$ 是半正定的;

(2) 若 $r(A) = n$, 则 $A^{\mathrm{T}}A$ 是正定的.

证明 很显然, $A^{\mathrm{T}}A$ 是实对称矩阵.

(1) 对任意的实列向量 $X = (x_1, x_2, \cdots, x_n)^{\mathrm{T}} \neq 0$, 令 $AX = (y_1, y_2, \cdots, y_n)^{\mathrm{T}}$, 则
$X^{\mathrm{T}}A^{\mathrm{T}}AX = (AX)^{\mathrm{T}}AX = \sum_{i=1}^{n} y_i^2 > 0$, 故 $A^{\mathrm{T}}A$ 是半正定的.

(2) 对任意的实列向量 $X = (x_1, x_2, \cdots, x_n)^{\mathrm{T}} \neq 0$, 令 $AX = (y_1, y_2, \cdots, y_n)^{\mathrm{T}}$, 由
$r(A) = n$ 得 $AX \neq 0$, 于是 $X^{\mathrm{T}}A^{\mathrm{T}}AX = (AX)^{\mathrm{T}}AX = \sum_{i=1}^{n} y_i^2 > 0$, 故 $A^{\mathrm{T}}A$ 是正定的.

例 6.3.10 设 A 为 n 阶实对称矩阵, 证明

(1) 存在足够大的正实数 t, 使得 $tE + A$ 是正定矩阵;

(2) 存在足够小的正实数 k, 使得 $E + kA$ 是正定矩阵;

证明 (1) 由题设知, $A^{\mathrm{T}} = A$, 且存在 n 阶正交矩阵 Q, 使得 $Q^{\mathrm{T}}AQ = \mathrm{diag}(\lambda_1, \lambda_2, \cdots, \lambda_n)$, 其中 $\lambda_1, \lambda_2, \cdots, \lambda_n$ 为 A 的特征值, 于是 $tE + A$ 是实对称矩阵, $t + \lambda_i (i = 1, 2, \cdots, n)$ 为 $tE + A$ 的全部特征值, 且 $Q^{\mathrm{T}}(tE + A)Q = \mathrm{diag}(t + \lambda_1, t + \lambda_2, \cdots, t + \lambda_n)$.

取 $t > \max\{|\lambda_1|, |\lambda_2|, \cdots, |\lambda_n|\}$, 则 $t + \lambda_i > 0 (i = 1, 2, \cdots, n)$, 故 $tE + A$ 是正定的.

(2) 同(1)得 $E + kA$ 是实对称矩阵. 由(1)知, 存在足够大的正实数 t, 使得 $tE + A$ 是正定的, 令 $k = \dfrac{1}{t}$, 则 k 是足够小的正实数, 且 $E + kA = E + \dfrac{1}{t}A = \dfrac{1}{t}(tE + A)$, 故由 $tE + A$ 是正定的得 $E + kA$ 是正定的.

4. 综合题

例 6.3.11 设 $D = \begin{pmatrix} A & C \\ C^{\mathrm{T}} & B \end{pmatrix}$ 为正定矩阵, 其中 A, B 分别为 m 阶, n 阶对称矩阵, C 为 $m \times n$ 矩阵.

(1) 计算 $P^{\mathrm{T}}DP$, 其中 $P = \begin{pmatrix} E_m & -A^{-1}C \\ O & E_n \end{pmatrix}$;

(2) 利用(1)的结果判断矩阵 $B - C^T A^{-1} C$ 是否为正定矩阵, 并证明你的结论.

解 (1) 由 A 为对称矩阵知, $(A^{-1})^T = (A^T)^{-1} = A^{-1}$, 即 A^{-1} 为对称矩阵, 于是

$$P^T = \begin{pmatrix} E_m & -A^{-1}C \\ O & E_n \end{pmatrix}^T = \begin{pmatrix} E_m & O \\ -C^T(A^{-1})^T & E_n \end{pmatrix} = \begin{pmatrix} E_m & O \\ -C^T A^{-1} & E_n \end{pmatrix},$$

$$P^T D P = \begin{pmatrix} E_m & O \\ -C^T A^{-1} & E_n \end{pmatrix} \begin{pmatrix} A & C \\ C^T & B \end{pmatrix} \begin{pmatrix} E_m & -A^{-1}C \\ O & E_n \end{pmatrix}$$

$$= \begin{pmatrix} A & C \\ O & B - C^T A^{-1} C \end{pmatrix} \begin{pmatrix} E_m & -A^{-1}C \\ O & E_n \end{pmatrix} = \begin{pmatrix} A & O \\ O & B - C^T A^{-1} C \end{pmatrix}.$$

(2) $B - C^T A^{-1} C$ 为正定矩阵.

不难验证 $B - C^T A^{-1} C$ 是实对称矩阵, 对任意的实列向量 $X_2 = (x_1, x_2, \cdots, x_n)^T$ $\neq 0$, 令 $X = \begin{pmatrix} X_1 \\ X_2 \end{pmatrix}$, 其中 $X_1 = (\overbrace{0, 0, \cdots, 0}^{m\,\uparrow})^T$, 由 D 为正定的知, $P^T D P$ 为正定矩阵, 故 $X^T (P^T D P) X > 0$, 于是

$$X_2^T (B - C^T A^{-1} C) X_2 = X_1^T A X_1 + X_2^T (B - C^T A^{-1} C) X_2$$

$$= X^T \begin{pmatrix} A & O \\ O & B - C^T A^{-1} C \end{pmatrix} X = X^T (P^T D P) X > 0,$$

故 $B - C^T A^{-1} C$ 为正定矩阵.

例 6.3.12(2010 年全国硕士研究生入学统一考试数学一真题) 已知二次型 $f(x_1, x_2, x_3) = X^T A X$ 在正交线性替换 $X = QY$ 下的标准形为 $y_1^2 + y_2^2$, 且矩阵 Q 的第三列为 $\gamma_3 = \frac{1}{\sqrt{2}}(1, 0, 1)^T$.

(1) 求矩阵 A;

(2) 证明矩阵 $A + E$ 为正定矩阵, 其中 E 为三阶单位矩阵.

(1) **解** 由题设得, $Q^T A Q = \mathrm{diag}(1, 1, 0) = \Lambda$. 令 $Q = (\gamma_1, \gamma_2, \gamma_3)$, 则 $A\gamma_1 = \gamma_1$, $A\gamma_2 = \gamma_2$, $A\gamma_3 = 0\gamma_3$, 即 γ_1, γ_2 是 A 的属于特征值 1 的正交的单位特征向量, γ_3 是 A 的属于特征值 0 的单位特征向量.

设 R^3 中与 γ_3 正交的任一向量为 $\gamma = (x_1, x_2, x_3)^T$, 则 $x_1 + x_3 = 0$, 解此方程组得 A 的属于特征值 1 的正交的特征向量为 $\beta_1 = (-1, 0, 1)^T$, $\beta_2 = (0, 1, 0)^T$, 单位化得

$$\gamma_1 = \frac{1}{\sqrt{2}}(-1, 0, 1)^T, \quad \gamma_2 = (0, 1, 0)^T,$$

故 $Q = \begin{pmatrix} -\dfrac{1}{\sqrt{2}} & 0 & \dfrac{1}{\sqrt{2}} \\ 0 & 1 & 0 \\ \dfrac{1}{\sqrt{2}} & 0 & \dfrac{1}{\sqrt{2}} \end{pmatrix}$, 从而 $A = Q\Lambda Q^{\mathrm{T}} = Q\mathrm{diag}(1,1,0)Q^{\mathrm{T}} = \begin{pmatrix} \dfrac{1}{2} & 0 & -\dfrac{1}{2} \\ 0 & 1 & 0 \\ -\dfrac{1}{2} & 0 & \dfrac{1}{2} \end{pmatrix}$.

(2) **证法一**　很显然, $A + E$ 是实对称矩阵, 由(1)知, $A + E$ 的各阶顺序主子式分别为

$$\Delta_1 = \left| \dfrac{3}{2} \right| = \dfrac{3}{2} > 0, \quad \Delta_2 = \begin{vmatrix} \dfrac{3}{2} & 0 \\ 0 & 2 \end{vmatrix} = 3 > 0, \quad \Delta_3 = |A + E| = 4 > 0,$$

故 $A + E$ 是正定的.

证法二　很显然, $A + E$ 是实对称矩阵. 由题设知, A 的全部特征值为 $0,1$ (二重). 于是 $A + E$ 的全部特征值为 $1,2$ (二重), 故 $A + E$ 是正定的.

检 测 题 6

一、选择题

1. (2008 年全国硕士研究生入学统一考试数学二真题)　设 $A = \begin{pmatrix} 1 & 2 \\ 2 & 1 \end{pmatrix}$, 则在实数域上与 A 合同的矩阵为(　　).

(A) $\begin{pmatrix} -2 & 1 \\ 1 & -2 \end{pmatrix}$ 　　　(B) $\begin{pmatrix} 2 & -1 \\ -1 & 2 \end{pmatrix}$ 　　(C) $\begin{pmatrix} 2 & 1 \\ 1 & 2 \end{pmatrix}$ 　　(D) $\begin{pmatrix} 1 & -2 \\ -2 & 1 \end{pmatrix}$

2. 设矩阵 $A = \begin{pmatrix} 2 & -1 & -1 \\ -1 & 2 & -1 \\ -1 & -1 & 2 \end{pmatrix}, B = \begin{pmatrix} 1 & 0 & 0 \\ 0 & 1 & 0 \\ 0 & 0 & 0 \end{pmatrix}$, 则 A 与 B (　　).

(A) 合同且相似　　　　　　　　　　(B) 合同, 但不相似

(C) 不合同, 但相似　　　　　　　　(D) 既不合同也不相似

3. (2015 年全国硕士研究生入学统一考试数学一、二、三真题)　设二次型 $f(x_1, x_2, x_3)$ 在正交变换 $X = PY$ 下的标准形为 $2y_1^2 + y_2^2 - y_3^2$, 其中 $P = (e_1, e_2, e_3)$, 若 $Q = (e_1, -e_3, e_2)$, 则 $f(x_1, x_2, x_3)$ 在正交变换 $X = QY$ 下的标准形为(　　).

(A) $2y_1^2 - y_2^2 + y_3^2$ 　　　　　　　　　(B) $2y_1^2 + y_2^2 - y_3^2$

(C) $2y_1^2 - y_2^2 - y_3^2$ 　　　　　　　　　(D) $2y_1^2 + y_2^2 + y_3^2$

4. (2016 年全国硕士研究生入学统一考试数学二、三真题)　设二次型

$$f(x_1,x_2,x_3)=a(x_1^2+x_2^2+x_3^2)+2x_1x_2+2x_1x_3+2x_2x_3$$

的正负惯性指数分别为 1,2, 则(   ).

(A) $a>1$ (B) $a<-2$

(C) $-2<a<1$ (D) $a=1$ 或 $a=-2$

5. (2016 年全国硕士研究生入学统一考试数学一真题) 设二次型

$$f(x_1,x_2,x_3)=x_1^2+x_2^2+x_3^2+4x_1x_2+4x_1x_3+4x_2x_3,$$

则 $f(x_1,x_2,x_3)=2$ 在空间直角坐标系下表示的二次曲面为(   ).

(A) 单叶双曲面   (B) 双叶双曲面   (C) 椭球面   (D) 柱面

6. 设 A 为三阶实对称矩阵, 如果某二次曲面 $(x,y,z)A(x,y,z)^{\mathrm{T}}=1$ 在正交线性替换下的标准方程为 $\dfrac{x_1^2}{a^2}-\dfrac{y_1^2}{b^2}-\dfrac{z_1^2}{c^2}=1$, 则 A 的正特征值个数为(   ).

(A) 0   (B) 1   (C) 2   (D) 3

二、填空题

1. 二次型 $f(X)=X^{\mathrm{T}}\begin{pmatrix}1&1&2\\1&1&1\\0&1&1\end{pmatrix}X$ 的秩为 _____ .

2. (2011 年全国硕士研究生入学统一考试数学三真题) 二次型 $f(x_1,x_2,x_3)=X^{\mathrm{T}}AX$ 的秩为 1, A 的各行元素之和为 3, 则 f 在正交线性替换 $X=QY$ 下的标准形为 _____ .

3. (2011 年全国硕士研究生入学统一考试数学二真题) 设二次型

$$f(x_1,x_2,x_3)=x_1^2+3x_2^2+x_3^2+2x_1x_2+2x_1x_3+2x_2x_3,$$

则 f 的正惯性指数为 _____ .

4. (2014 年全国硕士研究生入学统一考试数学一、二、三真题) 二次型

$$f(x_1,x_2,x_3)=x_1^2-x_2^2+2ax_1x_3+4x_2x_3$$

的负惯性指数为 1, 则 a 的取值范围是 _____ .

5. (2011 年全国硕士研究生入学统一考试数学一真题) 若二次曲面的方程 $x^2+3y^2+z^2+2axy+2xz+2yz=4$ 经正交变换化为 $y_1^2+4z_1^2=4$, 则 $a=$ _____ .

6. 若实二次型 $f(x_1,x_2,x_3)=x_1^2+2x_2^2+(1-k)x_3^2+2kx_1x_2+2x_1x_3$ 是正定的, 则 k 的取值范围是 _____ .

三、计算题与证明题

1. 化下列二次型为标准形, 并写出所作的非退化的线性替换.

(1) $f(x_1, x_2, x_3) = -2x_1x_2 + 2x_1x_3 + 2x_2x_3$;

(2) $f(x_1, x_2, x_3, x_4) = x_1^2 + 2x_2^2 + 5x_3^2 + 2x_1x_2 + 2x_1x_3 + 6x_2x_3$;

(3) $f(x_1, x_2, x_3, x_4) = x_1^2 + x_2^2 + x_3^2 + x_4^2 + 2x_1x_2 + 2x_2x_3 + 2x_3x_4$.

2. 化二次曲面的方程 $3x^2 + 5y^2 + 5z^2 + 4xy - 4xz - 10yz = 1$ 为标准方程, 并写出所作的正交线性替换.

3. 判断下列二次型的正定性.

(1) $f(x_1, x_2, x_3) = 2x_1^2 + 2x_2^2 + 3x_3^2 + 2x_1x_2 + 4x_1x_3 + 2x_2x_3$;

(2) $f(x_1, x_2, x_3) = -2x_1^2 - 6x_2^2 - 4x_3^2 + 2x_1x_2 + 2x_1x_3$;

(3) $f(x_1, x_2, x_3, x_4) = x_1x_2 + x_1x_3 + x_1x_4 + x_2x_3$.

4. t 取何值时, 下列二次型为正定二次型.

(1) $f(x_1, x_2, x_3) = x_1^2 + x_2^2 + 5x_3^2 + 2tx_1x_2 - 2x_1x_3 + 4x_2x_3$;

(2) $f(x_1, x_2, x_3) = x_1^2 + 4x_2^2 + x_3^2 + 2tx_1x_2 + 10x_1x_3 + 6x_2x_3$;

(3) $f(x_1, x_2, x_3) = tx_1^2 + x_2^2 + x_3^2 + tx_1x_2 - x_1x_3$.

5. 设三阶实对称矩阵 A 的特征值为 $1, -1, 2, E$ 为三阶单位阵, k 为实数. 证明矩阵 $2A + kE$ 是正定矩阵的充分必要条件为 $k > 2$.

6. 设 $A = (a_{ij})$ 为 n 阶矩阵, $X = (x_1, x_2, \cdots, x_n)^{\mathrm{T}}$ 为 n 维列向量. 证明 $f(X) = \begin{vmatrix} O & X^{\mathrm{T}} \\ -X & A \end{vmatrix}$ 是关于变元 $x_1, x_2, \cdots, x_n$ 的 n 元二次型, 并求其矩阵.

7. 设三元实二次型 $f(X) = X^{\mathrm{T}}AX$ 的矩阵 A 的各行元素之和为 3, $\alpha_1 = (-1, 2, -1)^{\mathrm{T}}$, $\alpha_2 = (0, -1, 1)^{\mathrm{T}}$ 为齐次线性方程组 $AX = 0$ 的两个解.

(1) 求一个正交线性替换, 化二次型 f 为标准形;

(2) 求 A 及 $\left(A - \dfrac{3}{2}E \right)^6$, 其中 E 为三阶单位矩阵.

8. 设三元二次型 $f(x_1, x_2, x_3) = x_1^2 + x_2^2 + x_3^2 + 2ax_1x_2 + 2x_1x_3 + 2bx_2x_3$ 经正交线性替换 $X = QY$ 化成标准形 $f = y_1^2 + 2y_3^2$, 其中 $X = (x_1, x_2, x_3)^{\mathrm{T}}, Y = (y_1, y_2, y_3)^{\mathrm{T}}$ 是三维列向量, Q 是三阶正交矩阵, 试求 a, b 的值.

9. 若二次型 $f(x_1, x_2, x_3) = 2x_1^2 + ax_2^2 + 2x_3^2 + 2bx_1x_2 + 2x_1x_3 + 2x_2x_3$ 可经一个正交线性替换 $X = QY$ 化为标准形 $y_1^2 + y_2^2 + 4y_3^2$, 求 a, b 的值和正交矩阵 Q.

10. (2009 年全国硕士研究生入学统一考试数学一、二真题) 设二次型

$$f(x_1, x_2, x_3) = ax_1^2 + ax_2^2 + (a-1)x_3^2 + 2x_1x_3 - 2x_2x_3.$$

(1) 求二次型 f 的矩阵的所有特征值;

(2) 若二次型 f 的规范形为 $y_1^2 + y_2^2$，求 a 的值.

11. 已知三元二次型 $f = X^T AX$ 在正交线性替换 $X = QY$ 下的标准形为 $3y_1^2 + 3y_2^2 - 3y_3^2$，且矩阵 Q 的第三列为 $\dfrac{1}{\sqrt{3}}(1,1,1)^T$.

(1) 求矩阵 A;

(2) 证明矩阵 $A + 4E$ 为正定矩阵.

12. 已知实二次型 $f(x_1, x_2, x_3) = (1-a)x_1^2 + (1-a)x_2^2 + 2x_3^2 + 2(1+a)x_1 x_2$ 的秩为2.

(1) 求 a 的值，并求一个正交线性替换 $X = QY$，将 f 化为标准形;

(2) 求方程 $f(x_1, x_2, x_3) = 0$ 的解.

13. 设 A 是 n 阶实矩阵, 证明

(1) $-A^T A$ 是半负定矩阵;

(2) 若 A 是满秩矩阵, 则 $-A^T A$ 是负定矩阵.

14. 设 A, B 均为 n 阶正定矩阵, 则 AB 是正定矩阵的充要条件是 $AB = BA$.

15. 设 A 是 n 阶正定矩阵, B 为 $n \times m$ 实对称矩阵, 证明矩阵 $B^T AB$ 为正定矩阵的充分必要条件是 $r(B) = m$, 即 B 为列满秩矩阵.

16. 设 A 是 $m \times n$ 实矩阵, E 是 n 阶单位矩阵, n 阶矩阵 B 满足 $B = \lambda E + A^T A$, 证明 当 $\lambda > 0$ 时, B 是正定矩阵.

17. 设 A 为 n 阶实对称矩阵, 且满足 $A^3 - 5A^2 + A - 5E = O$, 证明 A 是正定矩阵.

18. 设矩阵 $A = \begin{pmatrix} 1 & 0 & 1 \\ 0 & 2 & 0 \\ 1 & 0 & 1 \end{pmatrix}$, 矩阵 $B = (aE + A)^2$, 其中 a 是实数, E 是三阶单位矩阵.

(1) 求一个对角矩阵 Λ, 使矩阵 B 与 Λ 相似.

(2) 证明当 $a \neq 0$ 且 $a \neq -2$ 时, 矩阵 B 是正定矩阵.

19. 设三元实二次型 $f(x, y, z) = 5x^2 + y^2 + 5z^2 + 4xy - 8xz - 4yz$, 并设 x, y, z 满足 $x^2 + y^2 + z^2 = 1$, 试求二次型 f 的最大值和最小值.

20. 设二次型 $f(x_1, x_2, x_3) = x_1^2 + x_2^2 + x_3^2 - 2x_1 x_2 - 2x_1 x_3 + 2ax_2 x_3$ 经正交线性替换化为标准形 $f = 2y_1^2 + 2y_2^2 + by_3^2$, 求 a, b 及所用的正交线性替换的矩阵 Q, 若 $x_1^2 + x_2^2 + x_3^2 = 3$, 求二次型 f 的最大值.

21. 已知二次型 $f(x_1, x_2, x_3) = 5x_1^2 + 5x_2^2 + ax_3^2 - 2x_1 x_2 + 6x_1 x_3 - 6x_2 x_3$ 的秩为 2, 求参数 a 的值, 并指出方程 $f(x_1, x_2, x_3) = 1$ 表示何种二次曲面.

22. 试问当参数 t 取什么值时, 二次曲面 $x^2 + (2+t)y^2 + tz^2 + 2xy - 2xz - yz = 5$ 为椭球面.

检测题答案与提示

检测题 1

一、选择题

1. (D);   2. (C);   3. (A);   4. (C);   5. (B).

二、填空题

1. $-m-2n$；   2. $(-1)^{n-1}(n-1)$；

3. $\lambda^4 + \lambda^3 + 2\lambda^2 + 3\lambda + 4$；   4. $2(2^n - 1)$；   5. 1.

三、计算题与证明题

1. (1)148; (2) 78; (3) -78; (4) 230.   2. $\left(1 - \sum\limits_{i=2}^{n} \dfrac{1}{i}\right) n!.$

3. (1) $D_n = x^n + (-1)^{n+1} y^n$;   (2) $D_n = \left(1 + \sum\limits_{i=1}^{n} \dfrac{a_i}{x_i - a_i}\right) \prod\limits_{i=1}^{n} (x_i - a_i)$;

    (3) $D_n = \prod\limits_{i=1}^{n} i!$;   (4) $D_n = \prod\limits_{i=2}^{n} (i + a_i)$;   (5) $D_n = \dfrac{3^{n+1} - 1}{2}$;

    (6) $D_n = (-1)^n \sum\limits_{i=1}^{n-1} a_i b_i$;   (7) $D_n = \dfrac{(x+a)^n + (x-a)^n}{2}$;

    (8) 当 $n = 2$ 时，$D_2 = (a_1 x_2 - a_2 x_1)(b_1 - b_2)$；当 $n > 2$ 时，$D_n = 0$.

4. $\prod\limits_{i=1}^{n} i!.$ 提示:化为 Vandermonde 行列式计算.

5. $\prod\limits_{i=1}^{n} y_i.$ 提示:化为三角形行列式计算.   6. $\lambda^n - 10^{10}$.

7. 证明略.   8. 提示: 类似例 1.2.4 证明.

9. $\dfrac{1}{2} n! + 2^{n-2}$. 提示:根据行列式展开式中正项和负项总数以及行列式的值求解.

10. 证明略.

检测题 2

一、选择题

1. (C);　2. (B);　3. (A);　4. (A);　5. (B);　(6) (A).

二、填空题

1. -27;　2. 3;　3. $P_1 A^{-1} P_2^{-1}$;　4. -2;　5. 2;　6. O.

三、计算题与证明题

1. $\begin{pmatrix} 3 & 0 & 0 \\ 0 & 3 & 0 \\ 0 & 0 & -1 \end{pmatrix}$.　　　2. $g(A) = O, f(A) = A - 2E = \begin{pmatrix} 3 & 2 & -4 \\ 2 & 6 & 2 \\ -4 & 2 & 3 \end{pmatrix}$.

3. (1) $5^{n-1}A$;　(2) $\begin{pmatrix} a^n & na^{n-1} & 0 & 0 \\ 0 & a^n & 0 & 0 \\ 0 & 0 & b^n & 0 \\ 0 & 0 & nb^{n-1} & b^n \end{pmatrix}$;　(3) $\begin{pmatrix} 2^n & 0 & 0 & 0 \\ 0 & 2^n & 0 & 0 \\ n2^{n-1} & 0 & 2^n & 0 \\ 0 & n2^{n-1} & 0 & 2^n \end{pmatrix}$.

4. $|A| = 1$.　5. $\dfrac{\sqrt{3}}{3}$.　6. 证明略.

7. $\begin{pmatrix} A & C \\ O & B \end{pmatrix}^{-1} = \begin{pmatrix} A^{-1} & -A^{-1}CB^{-1} \\ O & B^{-1} \end{pmatrix}$, $\begin{pmatrix} O & A \\ B & D \end{pmatrix}^{-1} = \begin{pmatrix} -B^{-1}DA^{-1} & B^{-1} \\ A^{-1} & O \end{pmatrix}$.

8. 提示: 类似例 2.3.2 证明或利用例 2.3.2 证明.

$$(A+B)^{-1} = A^{-1}(A^{-1} + B^{-1})^{-1} B^{-1}.$$

9. $\lambda = 1$.　　　10. (1) $\begin{pmatrix} 0 & 0 & 0 \\ 1 & 0 & 3 \\ 0 & 1 & -2 \end{pmatrix}$; (2) -4.

11. (1) $k = 1$; (2) $k = -2$; (3) $k \neq 1$ 且 $k \neq -2$.

12. $\lambda = 5, \mu = 1$. 提示: 可利用矩阵秩的定义或用初等行变换求.

13. 证明略.　　14. (1) $a = 2$; (2) $P = \begin{pmatrix} 3 & 4 & -2 \\ -1 & -1 & 1 \\ 0 & 0 & 1 \end{pmatrix}$.　　　15. 证明略.

16. (1) $\begin{pmatrix} A & \alpha \\ O & |A|(-\alpha^{\mathrm{T}} A^{-1}\alpha+b) \end{pmatrix}$;　(2) 证明略.

17. $X = \begin{vmatrix} 3 & 1 & 2 \\ 1 & -2 & 1 \\ 7 & 4 & 7 \end{vmatrix}$.　　　　18. $B = \begin{pmatrix} 6 & 0 & 0 & 0 \\ 0 & 6 & 0 & 0 \\ 6 & 0 & 6 & 0 \\ 0 & 3 & 0 & -1 \end{pmatrix}$.

19. 提示: 可利用例 2.4.5、矩阵的等价标准形和用分块矩阵的初等变换法等方法证明.

20～22. 证明略.

23. 是. $A^{-1} = \dfrac{1}{2}\begin{pmatrix} -3 & -2 & 3 & 2 \\ 2 & 1 & -2 & -1 \\ -3 & 2 & -3 & 2 \\ 2 & -1 & 2 & -1 \end{pmatrix}$.　24. $A^{-1} = -\dfrac{1}{6}\begin{pmatrix} -3 & -1 & 1 & 0 \\ -1 & 2 & 1 & 1 \\ 1 & 0 & -3 & -1 \\ 1 & 1 & -1 & 2 \end{pmatrix}$.提示: 利

用分块矩阵的初等变换或利用例 2.3.7 证明和求解.

25. $D^{-1} = \begin{pmatrix} E & -B \\ -B & E \end{pmatrix}$. 提示: 利用例 2.3.6 或用分块矩阵的初等变换证明.

26. (1) 证明略;　　　　(2) $A = \begin{pmatrix} 0 & 2 & 0 \\ -1 & -1 & 0 \\ 0 & 0 & -2 \end{pmatrix}$.

27. (1) 证明略. $(A-E)^{-1} = B-E$;　(2) 证明略; (3) $A = \dfrac{1}{6}\begin{pmatrix} 6 & 3 & 0 \\ -2 & 6 & 0 \\ 0 & 0 & 12 \end{pmatrix}$.

28. $F = \begin{pmatrix} 1 & 0 & 0 & 0 \\ 0 & 1 & 0 & 0 \\ 0 & 0 & 1 & 0 \end{pmatrix}, P = \dfrac{1}{5}\begin{pmatrix} 5 & 0 & 0 \\ -10 & -10 & 5 \\ -6 & -7 & 3 \end{pmatrix}, Q = \begin{pmatrix} 1 & 0 & -1 & -4 \\ 0 & 1 & -2 & -3 \\ 0 & 0 & 1 & 5 \\ 0 & 0 & 0 & 1 \end{pmatrix}$.

检测题 3

一、选择题

1. (A);　2. (A);　3. (B);　4. (A);　5. (C);　6. (A).

二、填空题

1. $a=1$;　　2. $\frac{1}{2}(\eta_2+\eta_3)+k(\eta_2-\eta_1)+l(\eta_3-\eta_1)$，其中 k,l 为任意常数;

3. $a=2,b=5$; 4. $k\xi$，其中 $\xi=(-1,2,-1)^{\mathrm{T}}$，$k$ 为任意常数; 5. 2; 6. $lm\neq1$.

三、计算题与证明题

1. (1) 当 $\lambda\neq0$，且 $\lambda\neq-3$ 时，方程组有唯一解; 当 $\lambda=0$ 时，方程组无解; 当 $\lambda=-3$ 时，方程组有无穷多解，且其通解为 $\gamma_0+k\xi$，其中 k 为任意常数，$\gamma_0=(-1,-2,0)^{\mathrm{T}},\xi=(1,1,1)^{\mathrm{T}}$.

(2) 当 $\lambda\neq1$，且 $\lambda\neq10$ 时，方程组有唯一解; 当 $\lambda=10$ 时，方程组无解; 当 $\lambda=1$ 时，方程组有无穷多解，且其通解为 $\gamma_0+k_1\xi_1+k_2\xi_2$，其中 k_1,k_2 为任意常数，
$$\gamma_0=(1,0,0)^{\mathrm{T}},\quad \xi_1=(-2,1,0)^{\mathrm{T}},\quad \xi_2=(2,0,1)^{\mathrm{T}}.$$

(3) 当 $\lambda\neq-2$，且 $\lambda\neq1$ 时，方程组有唯一解; 当 $\lambda=-2$ 时，方程组无解; 当 $\lambda=1$ 时，方程组有无穷多解，且其通解为 $\gamma_0+k_1\xi_1+k_2\xi_2$，其中 k_1,k_2 为任意常数，
$$\gamma_0=(1,0,0)^{\mathrm{T}},\quad \xi_1=(-1,1,0)^{\mathrm{T}},\quad \xi_2=(-1,0,1)^{\mathrm{T}}.$$

(4) 当 $\lambda\neq0$，且 $\lambda\neq1$ 时，方程组有唯一解; 当 $\lambda=0$ 或 $\lambda=1$ 时，方程组无解;

2. (1) 证明略; (2) 方程组的通解为 $\gamma_0+c\xi$，其中 c 为任意常数，
$$\gamma_0=(0,k^2,0)^{\mathrm{T}},\quad \xi=(-k^2,0,1)^{\mathrm{T}}\quad 或\quad r_0=\beta_1,\quad \xi=\beta_2-\beta_1=(2,0,-2)^{\mathrm{T}}$$

3. (1) $a=4$; (2) $a\neq-2$，且 $a\neq4$; (3) $a=-2$，表示式为
$$\beta=\frac{1}{3}(6k-1)\alpha_1+k\alpha_2-\frac{2}{3}\alpha_3,$$
其中 k 为任意常数.

4. (1) $a=-4,b\neq0$; (2) $a\neq-4$; (3) $a=-4,b=0$，表示式为
$$\beta=k\alpha_1-(2k+1)\alpha_2+\alpha_3,$$
其中 k 为任意常数.

5. $a=3$;　$\beta_1=\frac{2}{3}\alpha_1+\frac{2}{3}\alpha_2+\frac{1}{3}\alpha_3,\beta_2=\frac{4}{3}\alpha_1+\frac{1}{3}\alpha_2-\frac{1}{3}\alpha_3,\beta_3=2\alpha_1+\alpha_2$.

6. (1) $a\neq-1$; (2) $a=-1$. 7. (1) $a=2$; (2) $b=1,c=2$.

8. 证明略. 9. 提示: 用反证法证明. 10. $a=15,b=5$.

11. (1) $B=\begin{pmatrix}0&0&0\\1&0&3\\0&1&-1\end{pmatrix}$; (2) $|A|=|B|=0$.

12~15. 证明略.

16. 当 $a=0$ 或 $a=-\dfrac{n(n+1)}{2}$ 时, 方程组有非零解.

当 $a=0$ 时, 方程组的通解为 $k_1\xi_1+k_2\xi_2+\cdots+k_{n-1}\xi_{n-1}$, 其中 $k_i(i=1,2,\cdots,n-1)$ 为任意常数, $\xi_1=(-1,1,0,\cdots,0)^{\mathrm{T}},\xi_2=(-1,0,1,0,\cdots,0)^{\mathrm{T}},\cdots,\xi_{n-1}=(-1,0,\cdots,0,1)^{\mathrm{T}}$;

当 $a=-\dfrac{n(n+1)}{2}$ 时, 方程组的通解为 $k\xi$, 其中 k 为任意常数, $\xi=(1,2,\cdots,n)^{\mathrm{T}}$.

17. (1) $a=0$; (2) 方程组的通解为 $\gamma_0+k\xi$, 其中 k 是任意常数,
$$\gamma_0=(1,-2,0)^{\mathrm{T}}, \quad \xi=(0,-1,1)^{\mathrm{T}}.$$

18. (1) $1-a^4$; (2) $a=-1$, 方程组的通解为 $\gamma_0+k\xi$, 其中 k 是任意常数,
$$\gamma_0=(0,-1,0,0)^{\mathrm{T}}, \quad \xi=(1,1,1,1)^{\mathrm{T}}.$$

19. $b=1$, $a=0$ 或 $b=1$, $a\neq0$ 或 $b=3$, $a=0$.

当 $b=1,a=0$ 时, 方程组的通解为 $\gamma_0+k\xi$, 其中 k 为任意常数,
$$\gamma_0=(0,1,0)^{\mathrm{T}}, \quad \xi=(1,0,0)^{\mathrm{T}}.$$

当 $b=1$, $a\neq0$ 时, 方程组的通解为 $\gamma_0+k\xi$, 其中 k 为任意常数,
$$\gamma_0=\frac{1}{a}(1,0,0)^{\mathrm{T}}, \quad \xi=(-1,a,0)^{\mathrm{T}}.$$

当 $b=3$, $a=0$ 时, 方程组的通解为 $\gamma_0+k\xi$, 其中 k 为任意常数,
$$\gamma_0=(0,-1,2)^{\mathrm{T}}, \quad \xi=(1,0,0)^{\mathrm{T}}.$$

20. (1) 证明略; (2) $a\neq0$, 方程组的唯一解为 $x_1=\dfrac{n}{(n+1)a}$;

(3) $a=0$, 方程组的通解为 $\gamma_0+k\xi$, 其中 k 为任意常数,
$$\gamma_0=(0,1,0,\cdots,0)^{\mathrm{T}}, \quad \xi=(1,0,\cdots,0)^{\mathrm{T}}.$$

21. (1) 证明略; (2) $a=2,b=-3$, 方程组的通解为 $r_0+k_1\xi_1+k_2\xi_2$, 其中 k_1,k_2 是任意常数, $\gamma_0=(2,-3,0,0)^{\mathrm{T}},\xi_1=(-2,1,1,0)^{\mathrm{T}},\xi_2=(4,-5,0,1)^{\mathrm{T}}$.

22. 方程组的通解为 $\gamma_0+k\xi$, 其中 k 是任意常数, $\gamma_0=(1,1,1,1)^{\mathrm{T}}$, $\xi=(1,-2,1,0)^{\mathrm{T}}$.

23. 证明略.

24. (1) 方程组(I)的一个基础解系为 $\eta_1=(2,-1,1,0)^{\mathrm{T}},\eta_2=(-1,1,0,1)^{\mathrm{T}}$;

(2) 方程组(I)与(II)的全部非零公共解为 $k\eta$, 其中 k 是任意非零常数, $\eta=(1,0,1,1)^{\mathrm{T}}$.

方程组(I)与(II)的非零公共解分别用方程组(I)与(II)的基础解系可表示为 $k(\eta_1+\eta_2)$ 和 $0\xi_1+l\xi_2$, 其中 k,l 是任意非零常数.

25. $a=1$ 或 $a=2$. 当 $a=1$ 时, 两个方程组的公共解为 $k(-1,0,1)^{\mathrm{T}}$, 其中 k 为任意常数. 当 $a=2$ 时, 两个方程组的公共解为 $(0,1,-1)^{\mathrm{T}}$.

26. $a=c=2,b=1$. 27. $m=2,n=4,t=6$.

28. (1) 所求的齐次线性方程组为 $BX=0$, 其中 $B=\begin{pmatrix} 2 & 1 & -1 & 0 \\ \dfrac{3}{2} & 1 & 0 & -1 \end{pmatrix}$;

(2) 所求的齐次线性方程组为 $BX=0$, 其中 $B=\begin{pmatrix} 2 & 1 & -1 & 0 \\ 3 & 2 & 0 & -1 \end{pmatrix}$;

(3) 所求的齐次线性方程组为 $BX=0$, 其中

$$B=(\gamma_1,\gamma_2)^{\mathrm{T}}=\begin{pmatrix} -4k_1+l_1 & 5k_1+7l_1 & 3k_1 & 3l_1 \\ -4k_2+l_2 & 5k_2+7l_2 & 3k_2 & 3l_2 \end{pmatrix},$$

k_1,l_1 和 k_2,l_2 都是不全为零的常数, 且 $k_1l_2 \neq k_2l_1$.

29. 所求方程组 $BX=B\alpha_1$, 其中 $B=\begin{pmatrix} -3 & 0 & 0 & 2 & 5 \\ 0 & 1 & 0 & 0 & -1 \\ 0 & 0 & -3 & 4 & 1 \end{pmatrix}$.

30. 所求非齐次线性方程组为 $AX=\begin{pmatrix} -3 \\ 0 \\ 0 \\ 0 \end{pmatrix}$, 其中 $A=\begin{pmatrix} -2 & 1 & 0 \\ 1 & 0 & 1 \\ 0 & 0 & 0 \\ 0 & 0 & 0 \end{pmatrix}$.

31. 令 $B=(\eta_1,\eta_2,\eta_3)$. 当 $k \neq 9$ 时, 方程组的通解为 $k_1\eta_1+k_3\eta_3$ ($k_2\eta_2+k_3\eta_3$), 其中 k_1,k_3 (k_2,k_3) 是任意常数;

当 $k=9$ 时, 若 $r(A)=2$, 方程组的通解为 $l\eta_1$ (或 $l\eta_2$ 或 $l\eta_3$), 其中 l 是任意常数; 若 $r(A)=1$, 方程组的通解为 $k_1\eta_1+k_2\eta_2$, 其中 k_1,k_2 是任意常数.

$$\eta_1=(-b,a,0)^{\mathrm{T}}, \quad \eta_2=(-c,0,a)^{\mathrm{T}}.$$

32. (1) $\xi=(-1,1,1,0)^{\mathrm{T}}$;

(2) $B=\begin{pmatrix} \dfrac{5}{4}-k_1 & 3-k_2 & -\dfrac{1}{4}-k_3 \\ \dfrac{1}{4}+k_1 & 2+k_2 & -\dfrac{1}{4}+k_3 \\ k_1 & k_2 & k_3 \\ -\dfrac{1}{4} & -1 & \dfrac{1}{4} \end{pmatrix}$, 其中 k_1,k_2,k_3 是任意常数;

(3) 不存在满足 $BA=E$ 的矩阵 B, 因为矩阵方程 $XA=E$ 无解.

33. (1) 当 $a \neq -3$，且 $a \neq -1$ 时，$AX = B$ 有唯一解 $X = \dfrac{1}{a+3}\begin{pmatrix} -2(a+2) & 3a+2 \\ 2 & a-4 \\ a+3 & 0 \end{pmatrix}$；

(2) 当 $a = -3$ 时，$AX = B$ 无解；

(3) 当 $a = -1$ 时，$AX = B$ 有无穷多解，其通解为 $X = \begin{pmatrix} -\dfrac{1}{2}-\dfrac{1}{2}k_1 & -\dfrac{1}{2}-\dfrac{1}{2}k_2 \\ \dfrac{1}{2}+\dfrac{1}{2}k_1 & -\dfrac{5}{2}+\dfrac{1}{2}k_2 \\ k_1 & k_2 \end{pmatrix}$，

其中 k_1, k_2 是任意常数.

34. $a = -1, b = 0$，所求的矩阵 C 为 $\begin{pmatrix} -1+k_1+k_2 & -k_1 \\ k_1 & k_2 \end{pmatrix}$，其中 k_1, k_2 是任意常数.

35. 证明略.

检测题 4

一、选择题

1. (A)；　2. (A)；　3. (C)；　4. (D)；　5. (B)；　6. (B).

二、填空题

1. $a = 6$；　2. $\begin{pmatrix} 2 & 3 \\ -1 & -2 \end{pmatrix}$；　3. $\dfrac{1}{\sqrt{6}}(2\sqrt{2}, -4, -2\sqrt{3})^{\mathrm{T}}$；　4. 1；　5. $k = 1, t = 2$；

6. $2\sqrt{2}$.

三、计算题与证明题

1. (1) 不能；　　(2) 能；　　(3) 能；　　(4) 不能.

2. (1) 证明略；　　(2) 基为 $\eta_1 = (-2, -1, 2, 0)^{\mathrm{T}}, \eta_2 = (1, 0, 0, 1)^{\mathrm{T}}$，$\dim W = 2$.

3. 证明略；　　4. (1) 证明略；　(2) $-\dfrac{1}{4}(5, 3, 1, -5)^{\mathrm{T}}$.

5. (1) 证明略；(2) $k = -1$，所求的所有非零向量 ξ 为 $c(\alpha_1 + \alpha_2)$ 或 $c(\beta_1 + \beta_2)$，其中 c 为任意非零实数.

6. (1) $\begin{pmatrix} 2 & 3 & 4 \\ 0 & -1 & 0 \\ -1 & 0 & -1 \end{pmatrix}$；(2) $(-3, 1, 1)^{\mathrm{T}}$.

7. (1) $a = b = -1, c = 1$; (2) 过渡矩阵为 $\begin{pmatrix} 1 & 1 & 0 \\ 0 & -1 & 1 \\ 0 & 1 & 0 \end{pmatrix}$. 提示: 类似例 4.1.6 证明.

8. $\dfrac{1}{\sqrt{6}} \begin{pmatrix} \sqrt{2} & -\sqrt{2} & -1 & 1 \\ \sqrt{2} & 0 & 2 & 0 \\ -\sqrt{2} & -\sqrt{2} & 1 & 1 \\ 0 & \sqrt{2} & 0 & 2 \end{pmatrix}$. 提示: 类似例 4.4.6 求解.

9. $\beta = (0,0,1,0)^{\mathrm{T}}$ 和 $\beta^{\mathrm{T}} = (0,0,1,0)$. 提示: 类似例 4.4.8 求解.

10. $\eta_1 = \dfrac{1}{\sqrt{3}}(1,-1,1,0,0)^{\mathrm{T}}, \eta_2 = \dfrac{1}{\sqrt{3}}(-1,-1,0,1,0)^{\mathrm{T}}$.

11. $k_1\gamma_1 + k_2\gamma_2$, 其中 k_1, k_2 是任意不全为零的实数, $\gamma_1 = -\alpha_1 + \alpha_2 + \alpha_3$, $\gamma_2 = -\alpha_1 + \alpha_4$.

提示: 类似例 4.3.3 求解.

12. $\gamma_1 = \dfrac{1}{\sqrt{2}}(\alpha_1 + \alpha_4), \gamma_2 = -\alpha_2, \gamma_3 = \dfrac{1}{\sqrt{6}}(\alpha_1 + 2\alpha_3 - \alpha_4)$.

13. (1) $\dim W = 4$, 基为 $\alpha_1, \alpha_2, \alpha_3, \alpha_4$;

(2) a 为任意实数, 向量 β 在基 $\alpha_1, \alpha_2, \alpha_3, \alpha_4$ 下的坐标为

$$\frac{1}{2}(6a - 76, 5a - 66, 5a - 70, 10 - a)^{\mathrm{T}}.$$

14. 提示: 类似例 4.4.5 的证明.　15~16. 证明略.

17. 提示: 利用 $PP^{\mathrm{T}} = \begin{pmatrix} E_m & 0 \\ 0 & E_n \end{pmatrix}$ 证明.

18~22. 证明略.

检测题 5

一、选择题

1. (A);　2. (D);　3. (D);　4. (B);　5. (B);　6. (C).

二、填空题

1. 2;　2. 21;　3. $\dfrac{9}{2}$;　4. 1;　5. -1;　6. -1.

三、计算题与证明题

1. B 的全部特征值为 $11,10,\dfrac{41}{3}$,属于这三个特征值的全部特征向量分别为

$k_1\alpha_1, k_2\alpha_2, k_3\alpha_3$,其中 k_1, k_2, k_3 都为任意非零常数,

$$\alpha_1 = (1,0,0)^{\mathrm{T}}, \quad \alpha_2 = (1,1,0)^{\mathrm{T}}, \quad \alpha_3 = (6,4,1)^{\mathrm{T}}.$$

2. (1) $A^2 = O$; (2) A 的全部特征值为 $\lambda = 0$ (n 重),属于特征值 $\lambda = 0$ 全部特征向量为 $k_1\alpha_1 + k_2\alpha_2 + \cdots + k_{n-1}\alpha_{n-1}$,其中 $k_i(i=1,2,\cdots,n-1)$ 为不全为零的任意常数,

$$\alpha_1 = (-b_2, b_1, 0, \cdots, 0)^{\mathrm{T}}, \alpha_2 = (-b_3, 0, b_1, 0, \cdots, 0)^{\mathrm{T}}, \cdots, \alpha_{n-1} = (-b_n, 0, \cdots, 0, b_1)^{\mathrm{T}}.$$

3. (1) 证明略; (2) A 的全部特征值为 $\lambda_1 = 0$ ($n-1$ 重), $\lambda_2 = \sum\limits_{i=1}^{n} a_i^{\,2}$,属于特征值

$\lambda_2 = \sum\limits_{i=1}^{n} a_i^{\,2}$ 和 $\lambda_1 = 0$ 的全特征向量分别为 $k\eta$ 和 $\sum\limits_{i=2}^{n} k_i\eta_i$,其中 k 为任意非零常数,

$k_i(i=2,3,\cdots,n)$ 为不全为零的任意常数, $\eta = \alpha$,

$$\eta_2 = (-a_2, a_1, 0, \cdots, 0)^{\mathrm{T}}, \eta_3 = (-a_3, 0, a_1, 0, \cdots, 0)^{\mathrm{T}}, \cdots, \eta_n = (-a_n, 0, \cdots, 0, a_1)^{\mathrm{T}};$$

(3) A 可相似于对角矩阵, $P = (\eta, \eta_2, \cdots, \eta_n)$, $\Lambda = \mathrm{diag}\left(\sum\limits_{i=1}^{n} a_i^{\,2}, \overset{n-1\uparrow}{\overbrace{0, \cdots, 0}}\right)$.

4. (1) 证明略; (2) $-\dfrac{3}{4}$. 5. 提示:利用命题 5.1.2 证明.

6~8. 证明略.

9. (1) B 的全部特征值为 1 (二重), 3 (二重),属于这两个特征值的全部特征向量分别为 $k_1\begin{pmatrix}\alpha_1 \\ O_{2\times 1}\end{pmatrix} + k_2\begin{pmatrix}O_{2\times 1} \\ \alpha_1\end{pmatrix}$, $l_1\begin{pmatrix}\alpha_2 \\ O_{2\times 1}\end{pmatrix} + l_2\begin{pmatrix}O_{2\times 1} \\ \alpha_2\end{pmatrix}$,其中 k_1, k_2 和 l_1, l_2 是两组都不全为零的任意常数, $\alpha_1 = (-1,1)^{\mathrm{T}}, \alpha_2 = (5,-3)^{\mathrm{T}}$;

(2) C 的全部特征值为 $1, -1, 3, -3$,属于特征值 $1, -1, 3$ 和 -3 的全部特征向量分别为 $k_1\begin{pmatrix}\beta_1 \\ \beta_1\end{pmatrix}, k_2\begin{pmatrix}\beta_1 \\ -\beta_1\end{pmatrix}, k_3\begin{pmatrix}\beta_2 \\ \beta_2\end{pmatrix}$ 和 $k_4\begin{pmatrix}\beta_2 \\ -\beta_2\end{pmatrix}$,其中 $k_i(i=1,2,3,4)$ 都是不为零的任意常数,

$$\beta_1 = (-1,1)^{\mathrm{T}}, \quad \beta_2 = (5,-3)^{\mathrm{T}}.$$

10. $a = c = 2, b = -3, \lambda_0 = 1$. 11. 3.

12. (1) $\beta = 2\xi_1 + \xi_2 + \xi_3$; (2) $\begin{pmatrix} 2(-1)^n + 1 \\ 2(-1)^{n+1} + 3^n - 1 \\ 1 - 3^n \end{pmatrix}$. 提示:类似例 5.2.15 求解.

13. (1) $A^{2020} = P\Lambda^{2020}P^{-1} = \begin{pmatrix} 2-2^{2020} & 2^{2020}-1 & 2^{2019}-2 \\ 2-2^{2021} & 2^{2021}-1 & 2^{2020}-2 \\ 0 & 0 & 0 \end{pmatrix}$;

(2) $\beta_1 = (2-2^{2020})\alpha_1 + (2^{2020}-1)\alpha_2 + (2^{2019}-2)\alpha_3$

$\beta_2 = (2-2^{2021})\alpha_1 + (2^{2021}-1)\alpha_2 + (2^{2020}-2)\alpha_3$,

$\beta_3 = 0\alpha_1 + 0\alpha_2 + 0\alpha_3$.

提示: 可类似例 5.2.16 求解.

14. $a = -2$ 或 $a = -\dfrac{2}{3}$; 当 $a = -2$ 时, A 能相似于对角矩阵; 当 $a = -\dfrac{2}{3}$ 时, A 不能相似于对角矩阵.

15. (1) $a = -3, b = 0, \alpha$ 对应的特征值为 $\lambda = -1$; (2) A 不能相似于对角矩阵.

16. $a = 0$; $P = \begin{pmatrix} -1 & 1 & 1 \\ 2 & 0 & 0 \\ 0 & 2 & 1 \end{pmatrix}, \Lambda = \begin{pmatrix} -1 & & \\ & -1 & \\ & & 1 \end{pmatrix}$.

17. 提示: 利用推论 5.2.1, 类似例 5.2.7 证明.

18. 提示: (1) 可利用推论 5.2.1 证明, (2) 可用反证法证明.

19. 提示: 只需证明 A 有 n 个线性无关的特征向量即可.

$P = (\alpha_1, \alpha_2, \cdots, \alpha_s, \beta_1, \beta_2, \cdots, \beta_t)(s+t=n)$, 其中 $\beta_1, \beta_2, \cdots, \beta_t$ 和 $\alpha_1, \alpha_2, \cdots, \alpha_s$ 分别是方程组 $(aE-A)X = 0$ 和 $(bE-A)X = 0$ 的一个基础解系.

20. (1) $a = 0, b = 1$; (2) $P = \begin{pmatrix} 1 & 0 & 0 \\ 0 & 1 & -1 \\ 0 & 1 & 1 \end{pmatrix}$. 21. $x = 4, y = 5, Q = \begin{pmatrix} \dfrac{1}{\sqrt{2}} & \dfrac{2}{3} & \dfrac{1}{3\sqrt{2}} \\ 0 & \dfrac{1}{3} & -\dfrac{4}{3\sqrt{2}} \\ -\dfrac{1}{\sqrt{2}} & \dfrac{2}{3} & \dfrac{1}{3\sqrt{2}} \end{pmatrix}$.

22. (1) 提示: 可先求出矩阵 A 与 B 的特征值, 再利用命题 5.2.2 证明矩阵 A 与 B 相似; (2) $P = \begin{pmatrix} 1 & 0 & 1 \\ -1 & -2 & \dfrac{1}{2} \\ -3 & -3 & -1 \end{pmatrix}$.

23. (1) A 的全部特征值为 $\lambda_1 = 0$ ($n-1$ 重), $\lambda_2 = n$, 属于这两个特征值的全部特征向量分别为 $k_1\alpha_1 + k_2\alpha_2 + \cdots + k_{n-1}\alpha_{n-1}$ 和 $k_n\alpha_n$, 其中 $k_i (i = 1, 2, \cdots, n-1)$ 为不全为

零的任意常数, k_n 为不为零的任意常数,

$$\alpha_1 = (-1,1,0,\cdots,0)^{\mathrm{T}}, \alpha_2 = (-1,0,1,0,\cdots,0)^{\mathrm{T}}, \cdots,$$
$$\alpha_{n-1} = (-1,0,\cdots,0,1)^{\mathrm{T}}, \alpha_n = (1,1,\cdots,1)^{\mathrm{T}}.$$

(2) B 的全部特征值为 $f(\lambda_1) = b$ ($n-1$ 重), $f(\lambda_2) = an+b$, 属于这两个特征值的全部特征向量分别为 $k_1\alpha_1 + k_2\alpha_2 + \cdots + k_{n-1}\alpha_{n-1}$ 和 $k_n\alpha_n$, 其中 $k_i(i=1,2,\cdots,n-1)$ 为不全为任意零的常数, k_n 为不为零的任意常数, $\alpha_i(i=1,2,\cdots,n)$ 同(1).

所求可逆矩阵 $P = (\alpha_1,\alpha_2,\cdots,\alpha_n), P^{-1}BP = \mathrm{diag}(\overbrace{b,b,\cdots,b}^{n-1\text{个}},an+b)$.

24. (1) $B = \begin{pmatrix} 0 & 0 & 0 \\ 1 & 0 & 3 \\ 0 & 1 & -1 \end{pmatrix}$; (2). 0.

25. (1) $B = \begin{pmatrix} 1 & 0 & 0 \\ 1 & 2 & 2 \\ 1 & 1 & 3 \end{pmatrix}$; (2) A 的全部特征值为 $1,1,4$;

(3) $P = (\alpha_2 - \alpha_1, \alpha_3 - 2\alpha_1, \alpha_2 + \alpha_3), P^{-1}AP = \mathrm{diag}(1,1,4)$.

26. $A = \dfrac{1}{3}\begin{pmatrix} -1 & 0 & 2 \\ 0 & 1 & 2 \\ 2 & 2 & 0 \end{pmatrix}$. 27. $A = \begin{pmatrix} 4 & 1 & 1 \\ 1 & 4 & 1 \\ 1 & 1 & 4 \end{pmatrix}$. 28. $A = \begin{pmatrix} 4 & 2 & 2 \\ 2 & 4 & -2 \\ 2 & -2 & 4 \end{pmatrix}$.

检测题 6

一、选择题

1. (D); 2. (B); 3. (A); 4. (C); 5. (B); 6. (B).

二、填空题

1. 1; 2. $3y_1^2$; 3. 2; 4. $-2 \leqslant a \leqslant 2$; 5. 1; 6. $-1 < k < 0$.

三、计算题与证明题

1. (1) 标准形为 $-2y_1^2 + y_2^2 + y_3^2$, 所作的非退化线性替换为

$$\begin{pmatrix} x_1 \\ x_2 \\ x_3 \end{pmatrix} = \begin{pmatrix} -\dfrac{1}{\sqrt{3}} & -\dfrac{1}{\sqrt{2}} & \dfrac{1}{\sqrt{6}} \\ -\dfrac{1}{\sqrt{3}} & \dfrac{1}{\sqrt{2}} & \dfrac{1}{\sqrt{6}} \\ \dfrac{1}{\sqrt{3}} & 0 & \dfrac{2}{\sqrt{6}} \end{pmatrix} \begin{pmatrix} y_1 \\ y_2 \\ y_3 \end{pmatrix};$$

(2) 标准形为 $y_1^2 + y_2^2$, 所作的非退化线性替换为 $\begin{pmatrix} x_1 \\ x_2 \\ x_3 \end{pmatrix} = \begin{pmatrix} 1 & -1 & 1 \\ 0 & 1 & -2 \\ 0 & 0 & 1 \end{pmatrix} \begin{pmatrix} y_1 \\ y_2 \\ y_3 \end{pmatrix};$

(3) 标准形为 $y_1^2 + y_2^2 + y_3^2 - y_4^2$, 所作的非退化线性替换为

$$\begin{pmatrix} x_1 \\ x_2 \\ x_3 \\ x_4 \end{pmatrix} = \begin{pmatrix} 1 & 0 & 1 & -1 \\ 0 & 0 & -1 & 1 \\ 0 & 1 & 0 & -1 \\ 0 & 0 & 1 & 0 \end{pmatrix} \begin{pmatrix} y_1 \\ y_2 \\ y_3 \\ y_4 \end{pmatrix}.$$

2. 标准方程为 $2u^2 + 11v^2 = 1$, 所作的正交线性替换为

$$\begin{pmatrix} x \\ y \\ z \end{pmatrix} = \frac{1}{3\sqrt{2}} \begin{pmatrix} 4 & \sqrt{2} & 0 \\ -1 & 2\sqrt{2} & 3 \\ 1 & -2\sqrt{2} & 3 \end{pmatrix} \begin{pmatrix} u \\ v \\ w \end{pmatrix}.$$

3. (1) f 为正定的; (2) f 为负定的; (3) f 既不是正定的也不是负定的.

4. (1) $-\dfrac{4}{5} < t < 0$; (2) 不管 t 取何值, 二次型都不是正定的; (3) $2 - \sqrt{3} < t < 2 + \sqrt{3}$.

5. 证明略. 6. 二次型的矩阵为 $\dfrac{1}{2}[A^* + (A^*)^{\mathrm{T}}]$. 提示: 只需把 $f(X)$ 展开即可证明, 再利用例 6.1.1 中(2)即可求其矩阵.

7. (1) 标准形为 $3y_1^2$, 所作正交线性替换为 $\begin{pmatrix} x_1 \\ x_2 \\ x_3 \end{pmatrix} = \begin{pmatrix} \dfrac{1}{\sqrt{3}} & -\dfrac{1}{\sqrt{6}} & -\dfrac{1}{\sqrt{2}} \\ \dfrac{1}{\sqrt{3}} & \dfrac{2}{\sqrt{6}} & 0 \\ \dfrac{1}{\sqrt{3}} & \dfrac{1}{\sqrt{6}} & \dfrac{1}{\sqrt{2}} \end{pmatrix} \begin{pmatrix} y_1 \\ y_2 \\ y_3 \end{pmatrix};$

(2) $A = \begin{pmatrix} 1 & 1 & 1 \\ 1 & 1 & 1 \\ 1 & 1 & 1 \end{pmatrix}, \left(A - \dfrac{3}{2}E\right)^6 = \left(\dfrac{3}{2}\right)^6 E.$

8. $a=b=0$.　9. $a=2,b=1$, $Q=\dfrac{1}{\sqrt{6}}\begin{pmatrix} \sqrt{3} & 1 & \sqrt{2} \\ -\sqrt{3} & 1 & \sqrt{2} \\ 0 & -2 & \sqrt{2} \end{pmatrix}$.

10. (1) 特征值为 $\lambda_1=a,\lambda_2=a-2,\lambda_3=a+1$;　(2) $a=2$.

11. (1) $A=\begin{pmatrix} 1 & -2 & -2 \\ -2 & 1 & -2 \\ -2 & -2 & 1 \end{pmatrix}$,　(2) 提示: 类似例 6.3.12 证明.

12. (1) $a=0$;　所求正交线性替换为 $\begin{pmatrix} x_1 \\ x_2 \\ x_3 \end{pmatrix}=\begin{pmatrix} \dfrac{1}{\sqrt{2}} & 0 & \dfrac{1}{\sqrt{2}} \\ -\dfrac{1}{\sqrt{2}} & 0 & \dfrac{1}{\sqrt{2}} \\ 0 & 1 & 0 \end{pmatrix}\begin{pmatrix} y_1 \\ y_2 \\ y_3 \end{pmatrix}$, 标准形为

$2y_2^2+2y_3^2$;　(2) 方程 $f(x_1,x_2,x_3)=0$ 的全部解为 $k\eta$, 其中 $\eta=(-1,1,0)^{\mathrm{T}}$, k 为任意实数.

提示: 类似例 6.2.7 求解.

13. 提示: 类似例 6.3.9 证明.　14～15. 证明略.

16. 提示: 可利用例 6.3.10 证明.　17. 提示: 利用特征值证明.

18. (1) 所求对角矩阵 $\Lambda=\mathrm{diag}(a^2,(a+2)^2,(a+2)^2)$;　(2) 证明略.

19. f 的最大值和最小值分别为 $5+2\sqrt{6}$ 和 $5-2\sqrt{6}$.

20. $a=b=-1$;　$Q=\begin{pmatrix} \dfrac{1}{\sqrt{2}} & \dfrac{1}{\sqrt{6}} & \dfrac{1}{\sqrt{3}} \\ 0 & -\dfrac{2}{\sqrt{6}} & \dfrac{1}{\sqrt{3}} \\ -\dfrac{1}{\sqrt{2}} & \dfrac{1}{\sqrt{6}} & \dfrac{1}{\sqrt{3}} \end{pmatrix}$; 最大值为 6.　21. $a=3$; 椭圆柱面.

22. $t>\dfrac{\sqrt{5}}{2}$. 提示: 可根据二次曲面所对应的二次型为正定二次型来确定 t 的取值.

参 考 文 献

北京大学数学系前代数小组, 2013. 高等代数. 4 版. 北京: 高等教育出版社.

陈维新, 2008. 线性代数简明教程. 2 版. 北京: 科学出版社.

陈文灯, 2014. 考研数学综合题解题方法与技巧(理工类). 北京: 北京理工大学出版社.

陈祥恩, 程辉, 乔虎生, 等, 2013. 高等代数专题选讲. 北京: 中国科学技术出版社.

李师正, 张玉芬, 李桂荣, 等, 2004. 高等代数解题方法与技巧. 北京: 高等教育出版社.

毛纲源, 2017. 线性代数解题方法技巧归纳. 武汉: 华中科技大学出版社.

蒲和平, 2014. 线性代数疑难问题选讲. 北京: 高等教育出版社.

上海交通大学数学系, 2007. 线性代数. 2 版. 北京: 科学出版社.

同济大学数学系, 2014. 线性代数(工程数学). 6 版. 北京: 高等教育出版社.

屠伯埙, 1986. 线性代数——方法导引. 上海: 复旦大学出版社.

杨子胥, 2008. 高等代数精选题解. 北京: 高等教育出版社.

张禾瑞, 郝炳新, 2007. 高等代数. 5 版. 北京: 高等教育出版社.